创新中国书系

AI风暴

中美博弈与全球新秩序

刘典 著

中国人民大学出版社
·北京·

推荐序
风暴将至之际，我们如何看清方向

高奇琦

复旦大学国际关系与公共事务学院教授、博士生导师

当一种技术不仅改变了工具的形态、生产的方式、人类与世界的关系，还同时改变了国家之间的力量结构与社会运行的底层逻辑，它便不再是"技术"，而是文明进程中一场深刻的"变革"。人工智能（AI）正是这样一种存在。

在过往的历史中，我们不乏见证技术引发结构性剧变的瞬间。火药改变了战争的形态，印刷术重构了知识的分布，蒸汽机开启了资本与工业的狂飙之旅，而计算机和互联网则重新定义了信息与权力的边界。而今，AI以其空前的能力和模糊不清的界限，把我们带到了一个从未有人涉足的十字路口。它既像是一种召唤，也像是一场预言，它使得"未来"这个词，不再只属于诗人和哲人，也属于程序员、工程师、国家安全顾问甚至市场监管者。

如果说以往的技术革命仍然停留在"增强人类"，那么AI带来的则是某种"替代"与"自治"的可能性。它不再仅仅是工具，而是参与判断、介入决策甚至塑造世界的一种力量。当我们说AI正在改变社会时，我们谈论的，不仅仅是一个聊天机器人能写出一首像样的诗歌，或者一辆汽车能自动辨别红灯绿灯；我们真正面对的是一种非人类的智能，它正被嵌入我们的金融系统、司法系统、教

育系统、军事系统，悄然改变着世界的运转逻辑，乃至社会的伦理架构。

更关键的是，这场技术革命并不是在一个风平浪静的世界中发生的。它发生在一个充满张力的时代：旧秩序正在崩解，而新秩序尚未确立。全球化遭遇逆流，国际制度陷入失衡，意识形态的裂缝不断加深，国家之间的信任逐渐流失。在这样的背景下，AI 所承载的不只是效率与创新，更是权力与战略。在某种意义上，AI 既是技术的奇迹，也是政治的赌注。

尤其是当我们把目光投向世界舞台，就会发现这场 AI 革命实际上是被两种截然不同的制度意志所牵引着的。它既是科技的竞速场，又是价值观的竞技场。技术路径的选择，不只是对"更优解"的寻找，更是制度结构对自身逻辑的捍卫与延伸。算法的背后站着的，是政治的影子，是文化的背景，是一整套对未来的想象力。

在如此复杂而微妙的语境中，我们迫切需要一本书来将技术、国家、秩序三者之间的关系串联起来——一本不仅谈 AI 之"术"，更关注 AI 之"势"、AI 之"道"的著作；一本可以跨越工程与人文、宏观与微观，为我们勾勒出 AI 风暴中心图景的书。

《AI 风暴：中美博弈与全球新秩序》正是这样一部作品。

它并不试图用高亢的口号去掩饰复杂的现实，也不沉溺于某一种意识形态的颂歌，而是用冷静的思维、平实的语音、宽广的视角，为我们梳理出 AI 与当代世界秩序之间错综复杂的关联。这本书将我们拉离技术的细枝末节，引导我们看到背后的制度逻辑、权力布局与文化深流。它让我们意识到，AI 之争，不只是芯片、代码、算力之间的较量，更是一场关于未来世界组织方式的深刻辩论。

这本书最值得称道之处，并非它提供了多少"答案"，而是它以足够的深度与格局，让我们重新提出那些真正重要的问题：谁来制定 AI 的规则？谁来承担技术带来的风险？国家的边界是否还能约束跨国算法的流动？在没有共识的世界中，我们如何避免技术成为新的冷战武器？而个人，又如何在这场大国技术棋局中保有尊严与选择？

读这本书时，我时常想起哲学家汉娜·阿伦特（Hannah Arendt）的那句话："我们总是在危机中才开始思考人类的本质。" AI 既是我们的危机，也是我们的机会。而真正的思考，永远不会只关注技术本身，而是关注我们愿意走向什么样的未来。

《AI 风暴：中美博弈与全球新秩序》以其沉稳而敏锐的笔触，为这个时代提供了一面可以映照未来的镜子。它提醒我们，站在技术风暴的前夜，保持清醒远比追逐热潮更为重要；而在新秩序即将孕育的混沌中，真正的竞争力，不在于谁拥有更多的数据或更快的算法，而在于谁更早理解这场变革背后的真正意义，并据此做出深刻而稳健的抉择。

这本书不是终点，而是一个必要的起点。

序 言
AI 时代的中美竞合与全球秩序重构

在 21 世纪的第三个十年，AI 已经从一个抽象的学术问题跃升为全球社会最深刻的变革力量。它不仅改变了我们的工作方式、生活模式，甚至影响了国家之间的战略博弈与国际秩序的重构。如今，AI 技术以前所未有的速度发展，突破了数据、算力和算法的传统边界，深刻改变了全球的政治经济格局。当大型语言模型如 GPT-4 以类人的思维方式撰写文章、量子计算挑战计算能力的极限、无人机群体在战场上自主决策时，AI 的影响已远超技术本身。它正重新定义人类文明的未来，同时也使全球力量格局进入了一个新的、复杂的阶段。

这场由技术驱动的革命，背后隐藏的是国家战略的深刻对决，特别是在中美两国之间。美国依托其先发优势和技术封锁政策，试图通过技术壁垒巩固其全球领导地位；而中国则通过独特的制度优势和超大规模市场加速追赶，并寻求在 AI 技术的浪潮中实现非对称赶超。这种全球技术竞争，不仅是对数据、算力、算法等基础设施的较量，更是对国际规则、治理模式和全球秩序的深度重塑。

然而，在这场变革的背后，我们不仅需要关注技术的进步，更需要反思其带来的全球性挑战和潜在危机。AI 作为"新石油"和"战略资产"，已经不再只是科研领域的独立项目，它融入了国家安全、经济发展、社会治理等各个方面，并成为国家竞争力的核心支柱。在这个信息化、数字化高度集中的时代，数据、算力和算法成为新的权力来源，而谁能控制这些资源，谁就能够在这场全球博弈中占据有利地位。美国凭借其强大的技术平台和市场主导地位，牢牢把握着全球的 AI 话语权，而中国则通过庞大的市场和国家层面的制度协同，争取在这场技术战争中找到突破口。这种竞争究竟意味着什么？又将如何影响世界的未来？

本书便是在这一背景下展开的，它不仅深入探讨了中美两国在 AI 技术竞争中的博弈，更试图解构这一竞争背后的深层次机制和全球治理的新动向。从技术革命的源头，到中美两国各自的制度路径，再到全球秩序的重塑，本书通过**"技术革命—制度博弈—秩序重构"**的框架，全面呈现了这场 AI 革命如何影响国家竞争力、国际规则的变迁以及全球治理体系的演进。

在第一维度中，本书揭示了中美两国在 AI 领域的竞争格局，特别是**围绕数据、算力与算法的"新三权分立"**展开的博弈。这不仅是技术层面的较量，更是权力与影响力的争夺。第二维度则深入分析了**两国不同的 AI 发展路径**，分别是美国以"军方-硅谷"复合体为支撑的军事化技术模式，以及中国依靠举国体制和超大市场推动的创新路线。这种路径的分化，不仅揭示了两国技术竞争的差异，更反映了背后制度与战略思维的差异。第三维度剖析了**全球 AI 治理的悖论与冲突**，尤其是数据主权、安全与算法透明度之间的张力，展示了全球治理框架在技术民族主义与多边合作的冲突中所面临的困境。第四维度通过**"韧性权力"**理论提出了中国如何在全球竞争中通过技术创新、制度改革和国际合作，塑造未来的全球 AI 秩序。

这场技术革命不仅关乎技术本身，更关乎如何平衡创新与安全、开放与自主、合作与对抗。在全球 AI 发展日益复杂的今天，我们不能仅仅依赖现有的技术框架来指导未来的走向，而必须从全球视野出发，审视 AI 如何深刻影响国际政治经济、社会伦理和人类文明的未来。随着中美两国在 AI 领域的竞争变得日益激烈，世界正面临前所未有的选择：**我们是走向分裂与封闭，还是追求开放与合作？AI 究竟会成为推动全球合作的桥梁，还是沦为新的"冷战"工具？这些问题不仅是本书讨论的核心，也是我们时代面临的深刻命题。**

在这场从硅基芯片到量子计算、从大数据到智能体的全球技术竞赛中，真正的挑战不在于技术能否突破，而在于如何通过技术创新和制度设计，确保人类能够共同享受技术带来的成果，并避免其可能带来的社会不公与安全风险。本书通过对中美两国 AI 博弈的深度剖析，提供了对未来全球 AI 秩序的思考，并在全球治理的框架中为我们提出了创新的视角。AI 的未来，远不止于技术的革新，它代表着全新的社会结构、经济体系和全球政治秩序的塑造。如何在技术的快速发展中找到人类社会的共同利益，将是我们这一代人面临的最艰巨的挑战之一。

目　录

第一章　**权力演化：中美 AI 战略竞争全景** // **001**
　　一、中美 AI 竞争战略比较 // 003
　　二、中美数据资源、算力基础设施的对比与差距 // 015
　　三、AI 的国际竞争要素——人才、政策、供应链、
　　　　国际话语权 // 018
　　四、"机器人革命"：从代码跃迁到工业主权的竞争 // 025

第二章　**算力为王：AI 技术的底层逻辑与三大支柱** // **033**
　　一、AI 算法——现代社会的"新货币体系" // 037
　　二、算力——21 世纪的"石油"与"发动机" // 045

第三章　**智联网时代：互联网范式的重塑与跃迁** // **059**
　　一、中美互联网路径分化 // 062
　　二、从"连接"到"理解"——AI 如何重构
　　　　互联网竞争格局 // 064
　　三、智能驱动的信息分发——竞争新格局重新定义
　　　　"注意力经济" // 074
　　四、平台经济转向赋能经济——AI 如何颠覆
　　　　传统价值链 // 088

第四章　融合之路：AI 软硬件生态的协同演进 // **097**

一、半导体战争——芯片即战略制高点 // 101

二、软件生态的裂变与集成——从开源到闭环的博弈 // 111

三、从工具到系统——AI 驱动的全面技术栈再造 // 121

四、AI 驱动产业变革：技术趋势、规则博弈与全球影响 // 131

第五章　路径分野：中美 AI 发展的制度轨道与技术选择 // **137**

一、规模与创新——美国的开放体系对抗中国的集中体系 // 142

二、基础研究与应用实践——两种范式的权衡与张力 // 149

三、技术人才的争夺——从硅谷到深港 // 156

第六章　标准之争：全球技术生态的主导权博弈 // **161**

一、谁定义未来——标准之争的背后是话语权争夺 // 165

二、开放、封闭与技术孤岛化的风险 // 169

三、供应链制裁的逻辑与反制策略 // 173

第七章　安全边界：AI 治理的全球困境 // **179**

一、技术伦理与政治伦理的冲突 // 182

二、算法偏见与"数字霸权"的隐性输出 // 189

三、从无人战场到信息战场——AI 军事化的挑战 // 194

四、主权 AI：从中国实践看数据与制度的主权化路径 // 199

五、中美 AI 政策博弈新趋势：一线专家的观点与对策 // 203

第八章　制度映像：中美 AI 政策的差异与对照 // **209**

一、美国的"科技资本主义"与中国的"政策主导型创新" // 212

二、政府、企业与科研机构——资源配置的制度性差异 // 221

三、科技监管与伦理博弈——两国国内的内在矛盾 // 231

第九章　合作对抗：全球化退潮下的 AI 国际互动 // **239**
一、AI 的地缘政治——技术合作的新联盟与冷战 // 242
二、多边主义的回归还是单边主义的强化？ // 250
三、中美博弈正在重塑 AI 治理话语权 // 260

第十章　未知棋局：技术战略与未来权力博弈 // **269**
一、中国的"创新前沿跃升"与"卡脖子"技术攻关路线 // 272
二、美国的遏制战略与技术包围圈 // 279
三、从竞争到共生——是否可能存在"技术冷战"的缓和路径？ // 285

结　语　未来的 AI 世界秩序 // **291**
一、AI 时代的人类命运共同体是否可能？ // 294
二、技术奇点与制度奇点的冲突与融合 // 304

后　记　不做时代的旁观者：技术、国家与全球秩序的未来想象 // **315**

第一章
权力演化:中美 AI 战略竞争全景

一、中美 AI 竞争战略比较

当 AI 成为国家发展战略的关键支点时，中美两国的对抗迅速演变成全球关注的"竞速赛"。这场竞争不仅仅是技术层面的比拼，更是围绕全球科技主导权、经济动力和产业转型展开的战略博弈。在数据、算法和算力三大核心要素构成的 AI 竞争中，尽管两国都在追求技术的领先，但各自的发展路径和侧重点却存在显著差异。这种差异不仅影响着各自的科技优势，还将深刻塑造全球未来的生产方式和经济格局。

美国在 AI 领域的战略，通常被称为"技术摸高"路线，强调基础研究和前沿技术的突破。美国的 AI 发展聚焦于算法、算力优化及大规模数据整合等领域，力图在理论基础和技术底层架构上占据全球制高点。这一战略的核心是不断推动理论研究的突破，特别是在深度学习、机器学习等先进算法的创新，以及硬件设施上的算力提升方面。通过大量资本投入和硅谷等创新生态的形成，美国在基础研究、AI算法开发、技术创新等方面拥有不可替代的优势。无论是在自动驾驶、语音识别、自然语言处理等领域，还是在量子计算等前沿技术的探索方面，美国都凭借其强大的科研能力和资金支持保持领先地位。

然而，中国的AI发展模式则呈现出另一种特色，即"工业创新"路线。中国的AI战略将技术与实际生产场景紧密结合，强调将AI技术迅速应用到制造业、物流、金融、医疗等行业，通过高效整合资源、跨场景推广实现产业的智能化升级与结构性变革。中国的优势在于其庞大的市场和丰富的应用场景，这为AI的快速发展提供了巨大的实验平台和真实世界的数据支持。中国通过政策引导和资源配置，使得智能制造、智能物流、智慧城市等新兴产业得以迅速崛起，并且推动了整个产业链的升级和跨领域融合。中国不拘泥于纯粹的科研技术突破，而是更加注重如何将技术迅速转化为生产力，推动产业的智能化、信息化和数字化，进而实现经济的高效协同和全面升级。

2020—2025年中美两国各领域累计成果发表量如图1-1所示。这种差异化的竞争模式，深刻影响了中美两国在全球AI竞争中的地位和优势。美国的"技术摸高"路线，使其在基础科研、理论创新和技术前沿等领域保持领先地位，但其侧重于高端技术的研发与基础研究，可能导致在实际应用层面的一定滞后。而中国的"工业创新"路线，则使其在AI的产业化应用、跨场景的推广以及产业融合方面具有明显优势，中国通过智能化改造传统行业，成功推动了产业升级，提升了社会生产力，并在全球AI应用市场中占据了重要地位。**两者的不同策略不仅影响着技术优势的形成，也预示着全球经济模式的未来走向。**

从长远来看，随着信息化、数字化、智能化、智慧化的浪潮席卷全球，未来的生产方式和经济体系必将沿着这四个方向不断演进。美国在理论研究和技术创新上的优势，可能引领全球在一些高端领域的技术标准和规范制定，但中国通过工业创新，推动传统产业的智能化升级，也将在全球产业链中占据关键地位。全球经济体系将趋向更高效、更协同的转型，两个不同的路径将推动整个产业格局的变化，并进一步加剧全球在技术、市场、资源以及规则上的博弈。通过这种差异化的竞争，中美两国不仅在AI领域形成了各自的优势，也为全球经济的未来发展提供了多样化的选择与可能性。从图1-1中我们可以发现，中国在计算机视觉和综合人工智能领域略高于美国，但在自然语言处理、机器学习、机器人学、认知推理、多智能体系统及模拟仿真等领域，美国均大幅领先。整体来看，美国在算法、理论与复杂系统研究方面保持优势，而中国在应用导向领域如计算机视觉方面表现突出。

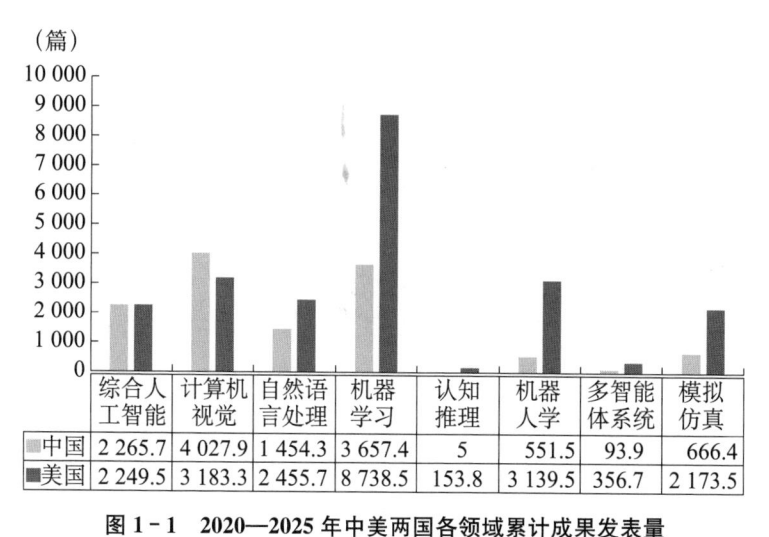

(篇)

	综合人工智能	计算机视觉	自然语言处理	机器学习	认知推理	机器人学	多智能体系统	模拟仿真
中国	2 265.7	4 027.9	1 454.3	3 657.4	5	551.5	93.9	666.4
美国	2 249.5	3 183.3	2 455.7	8 738.5	153.8	3 139.5	356.7	2 173.5

图1-1　2020—2025年中美两国各领域累计成果发表量

资料来源：AI Rankings Website (https://airankings.org)，截至2025年3月20日。

(一) 美国路径：科技主导型＋科工复合体

美国在 AI 领域的竞争策略呈现出科技主导型模式，核心依托于其长期的基础研究积累和强大的技术生态系统。大型科技企业如谷歌、微软和亚马逊，凭借其雄厚的研发能力和全球布局，始终占据技术领先地位。这些企业通过集中资源的方式，将全球顶尖的算力与数据平台整合，在大规模模型训练、算法优化和产品应用上建立了显著的技术壁垒。

美国的 AI 战略背后，是通过中心化的训练模式加速技术迭代。这种模式依赖先进的 GPU 和专用 AI 芯片，为模型训练提供坚实的硬件基础。通过大规模的计算和数据处理，美国企业能在数据处理、算法优化等方面保持统一性与高效性，进一步巩固技术领先优势。此外，科技企业通过资本、研发投入以及全球供应链整合，推动技术突破与市场应用紧密结合，形成全球竞争中的技术垄断地位。

这种科技主导型模式逐渐演化成一个全新的科工复合体，由科技企业、政府和产业链中的其他关键角色共同构成。美国政府、企业和军方的合作已不再仅仅局限于军事和科技领域，而是扩展到国家战略层面。科技企业，尤其是 OpenAI、微软、谷歌等，逐渐成为战略决策的重要参与者，与白宫和国会共同构建了一种新的产业生态。这些科技企业不仅推动技术创新，还在全球技术规则制定和国家安全战略中发挥着重要作用。

美国科工复合体的形成，体现了其在全球 AI 竞争中的独特优势，并且展现了科技资本与国家治理相融合的趋势。这一结构不仅是军事动员机制的延伸，也是中美科技治理模式分野的重要体现。科技企业在这一体系中的角色，远超单纯的技术供应商，变成了影响国家政策和国际战略的关键决策者。

美国的 AI 竞争战略不仅强调技术研发，还高度依赖产业链控制和全球市场布局。其大数据、大算力、大模型的叙事成为全球资本流向的核心路径，推动了技术和资本的快速聚集。与此同时，"通用人工智能"（AGI）作为目标的炒作，加剧了全球对 AI 的焦虑，但 AGI 的实现仍处于远期阶段。尽管如此，美国的主导地位和技术壁垒，使得全球资本和媒体对其创新能力持续看好，尤其是 AlphaGo 等早期突破所引发的热潮至今未退。图 1-2 显示，2020—2024 年间中美两国顶尖高校 AI 成果发表量呈现显著差异化趋势。北京大学以强劲增长从 2020 年的 220.5 篇上升至 2024 年的 431.4 篇，跃居第一；2024 年，清华大学和浙江大学分别以 341.6 篇和 326.2 篇紧随其后。相比之下，美国高校中卡内基梅隆大学虽曾领先，但 2024 年降至 303.6 篇；斯坦福大学和麻省理工学院则相对平稳，2024 年分别为 217.5 篇和 192.3 篇。整体趋势显示，中国高校在 AI 研究产出方面迅速崛起，已逐步超越美国名校。

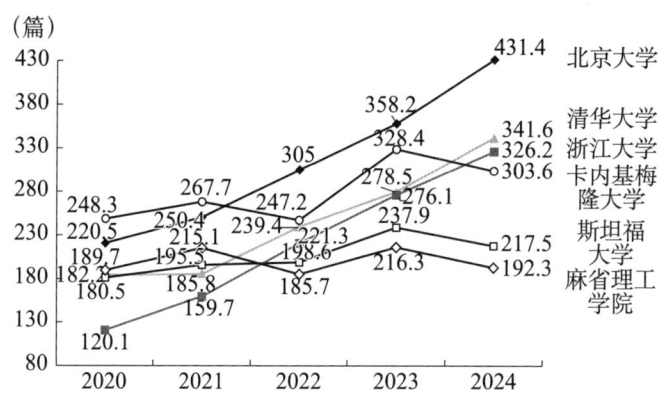

图 1-2　2020—2024 年中美两国顶尖高校 AI 成果发表量变化趋势

资料来源：AI Rankings Website（https://airankings.org），截至 2025 年 3 月 20 日。

然而，这种以技术主导为核心的路径也暴露出一定的局限性。美国的 AI 产业在技术创新和应用落地的过程中，未能充分解决智能认知建模等深层次问题。短期内的算力提升和算法优化虽然推动了应用场景的拓展，但 AI 技术的深层次认知、推理和智能模型的创新仍面临重重困难。这表明，单一依赖算力和硬件驱动的 AI 创新路径难以突破技术瓶颈，尤其是在智能理解与推理的根本性挑战上远未达到预期的高度。

此外，美国的 AI 叙事也影响了全球资本的流动，许多企业因盲目跟风而面临过度投资的困境。资本和媒体对"AGI"和"大数据、大算力、大模型"三位一体的炒作，使得许多初创企业未能在技术应用和商业化上实现突破。随着技术的不断发展，资本市场对 AI 的认知逐渐趋于理性，但在技术泡沫化的风险中，许多项目和企业仍处于过度估值和技术转化困境之中。

面对这样的局面，中国等其他国家正在逐步走出一条与美国不同的发展路径。中国的 AI 战略不是仅局限于技术追赶，而是更注重政策引导、市场规模和自主创新的结合。在此过程中，中国通过庞大的市场和场景应用加速 AI 技术普及，并逐步克服对外部的技术依赖。中国的这一战略路径不仅与美国的科技主导型模式有所不同，也反映出全球 AI 竞争格局正在发生变化。

(二) 中国路径：工业应用场景＋边缘化推理

中国在 AI 竞争中展现出一条与美国截然不同的发展路径。这条路径并不将"中心化训练＋大算力"作为唯一方向，而是围绕工业应用和边缘化推理展开，强调技术的场景适配与本地部署能力，更强调"用得上"和"用得好"，而非单一的技术性能极限。这种模式体现出一种强烈的问题导向思维：AI 不是先天神话，而是为现实复杂问题服务的工具。

中国的优势首先来源于广泛而真实的应用场景。制造、交通、医疗、城市治理等系统性复杂行业中,每一个"痛点"都是推动AI落地的着力点。中国市场以其人口规模、地域差异和经济结构多样性,为AI技术提供了充足的"试验田",促使技术快速接受现实检验。与抽象、统一的通用平台路线不同,中国的AI发展更注重行业定制化、区域适应性和场景驱动的灵活部署。许多企业以具体需求为牵引,开发出面向垂直领域的智能系统,在提升效率、降低成本、强化安全等方面积累了大量实际成果。**这种"从问题出发"的创新方式,让技术真正嵌入社会结构之中,而不是悬浮于算法竞赛的象牙塔之上。**

在技术实现层面,边缘 AI 的兴起是中国路径的关键一环。 通过在设备端进行本地化推理,不依赖云端和中心服务器,中国企业有效降低了数据延迟、传输成本与隐私风险。边缘推理芯片的应用与模型剪枝、蒸馏等技术的结合,使得 AI 能力在低功耗、低带宽环境下依然具备可用性。这对于中国广泛的工业设施、交通基础与城市终端来说至关重要。相较于"集中调度+统一算力"的方式,边缘部署更贴近问题现场,强调即时响应与系统稳定性,形成了与大模型路径并行的另一种"实用智能"框架。

更重要的是,**中国的 AI 模式并非纯粹由技术演进驱动,而是在政策引导、产业组织、金融工具等多层机制协同下形成合力。**"AI+传统产业"的政策引导,使 AI 成为中国数字化转型的关键一环,城市级、行业级、园区级的场景不断开放,为技术试验和应用推广提供了真实土壤。由地方政府、高校、企业、资本共同构成的技术生态,也使中国 AI 创新更具下沉力与适应力。

这种以应用为核心、以部署为导向的发展路径,并不意味着放弃基础研究或底层创新。相反，它提出了一个更值得思考的问题：真正的"智能"，究竟来自更大参数量的模型，还是来自更精准的问题定义和真实的系统适配？从认知建模到工程优化，从理论创新到产品可用性，中国在"顶天"与"立地"之间正努力寻找一种平衡。当前的技术竞争，已经不再只是关于模型指标的比拼，更关乎技术是否能穿透复杂现实、解决真实问题。

在全球 AI 产业仍受"AGI 神话"与媒体炒作主导的语境中，中国的路径提供了一种重要的纠偏视角。它提醒我们，AI 不是漂浮于理想之上的未来主义图景，而是必须回应社会痛点、嵌入制度网络、融入人类实践的现实工具。过去几年全球范围内的"AI 泡沫"与"模型崇拜"，正在导致部分地区投入效率低下、资源错配严重。在这一背景下，中国强调边缘部署、产业融合和政策协同的技术路径，反而显示出更强的现实感与可持续性。

当然，这种模式也面临自身挑战：核心技术尚有待突破，底层算法、芯片架构和理论框架仍依赖外部供给，认知模型和智能机制的原创性仍显不足。但正是这些"不可回避"的问题，为未来留下了明确的攻坚方向。中国 AI 若要真正实现战略性跃升，需要从"好用"进一步走向"能创"，在工程落地的基础上，推进对智能本质的再定义。对认知与决策过程的重建，将是决定未来竞争力的关键。

总而言之，AI 的全球竞争终将回归一个核心问题：谁能在真实世界中把技术变成系统性的解决能力。在这一意义上，中国以场景为依托、以部署为突破的 AI 路径，不仅是在建构另一种技术叙事，更是在书写一种由底层现实驱动的新型现代化路线图。这条路，未必最耀眼，却可能最深刻。

(三) 中美两国在 AI 领域的"双极竞争"格局

中美两国在 AI 领域的对峙，已逐步形成一种具有全球影响力的"双极竞争"格局。这种竞争不是简单的技术比拼，而是在战略认知、制度结构与叙事逻辑层面的全方位错位。如前所述，美国依托其在芯片、算法、大模型训练和全球科研网络中的系统性优势，牢牢占据技术原点的主导地位；中国则借助复杂的社会结构和高度组织化的产业体系，在技术应用、场景落地与边缘部署中不断拓展突破口。这种"异步创新"构成了当下全球科技格局的张力核心，也揭示了 AI 竞争并不遵循单一进化路径，而更像是一场多维度、非对称的系统博弈。图 1-3 展示了 2014—2024 年中国、美国、英国三国 AI 成果发表量的变化趋势。美国整体保持领先，从 2014 年的 1 782.9 篇增长至 2024 年的 4 935.9 篇；中国增长最为迅猛，从 2014 年的 531 篇跃升至 2024 年的 3 535.4 篇，增长了接近 6 倍，呈现快速追赶态势；英国增长相对平稳，从 2014 年的 411.9 篇增长至 2024 年的 922.5 篇。整体来看，中美两国之间的差距正在逐渐缩小，而英国则相对稳定，增长幅度有限。

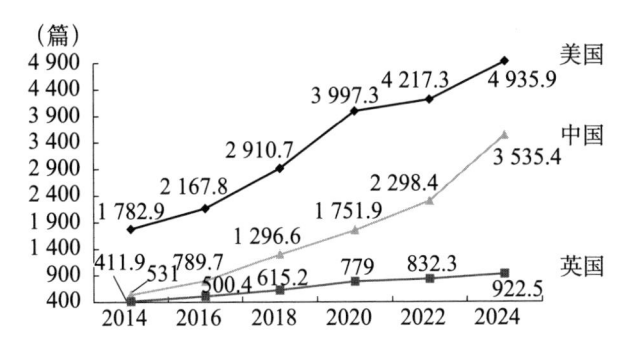

图 1-3 2014—2024 年中国、美国、英国三国 AI 成果发表量的变化趋势

资料来源：AI Rankings Website (https://airankings.org)，截至 2025 年 3 月 20 日。

美国的路径在于标准化、规模化和资本化，其核心策略是通过中心化训练模式将模型能力不断推高，在硬件、基础设施、数据集和算法创新之间形成高耦合生态。这种模式延续了"硅谷-五角大楼-资本市场"的复合结构，使 AI 从技术创新转化为国家战略资产。在全球范围内，这一体系持续输出"AI 神话"：AGI 即将实现、AI 即将重构一切、AI 即将带来生存危机。正是这种叙事不断吸引着全球资本回流美国，使技术霸权与舆论霸权形成正反馈闭环。过去十年，AlphaGo、GPT-3、ChatGPT 等产品轮番制造焦虑，在媒体、学术、市场之间穿梭，最终建构出一个技术话语权凌驾于政策判断与公众认知之上的"叙事飞轮"。

中国的路径则显得更具现实感和复杂性。不同于美国那种以抽象模型能力为目标的线性推动，中国的 AI 发展紧贴社会系统的痛点与缝隙，从城市管理到工业控制、从物流调度到医疗辅助，每一个场景背后都是一个系统性协同挑战。中国 AI 企业不强调"通用"，更强调"可用""好用""马上能用"。从技术形态上看，这意味着一种从边缘到中心、从应用到底座的逆向扩展逻辑。边缘计算、轻量模型、本地推理、模型剪枝、蒸馏等技术路线，虽然未必能在国际技术竞赛中拿到"最大参数量""最高精度"这样的头衔，却具备极强的落地适配力和资源敏感性。这种"以部署为导向"的技术模式背后，是中国社会广泛的、真实的、不可标准化的需求网络，以及政策在技术推动中的结构性角色。

这种双极格局并非"对称压制"，而是一种更为深刻的结构错位。美国主攻模型能力、算法框架与算力垄断，其优势是技术原创、平台输出与标准制定；中国则强调系统融合、场景渗透与工程协同，其强项在于复杂系统的组织化能力与大规模部署的协调效率。两者并非你死我活的"零和博弈"，而更像是一场竞争性分工的全球试验。**美国在知识生产环节持续领跑，而中国则在知识应用与产业转化中形成聚合力。**这种错位格局不仅塑造了全球技术链条的结构，也暗示着一种新的"技术平衡"可能性：不是由一方独占标准，而是不同路径在各自优势领域内形成相对稳定的生态壁垒。图1-4显示了2020—2024年中美两国在AI成果发表量上的变化趋势。整体来看，美国始终保持领先地位，发表量从2020年的3 996.1篇增长至2024年的4 935.5篇，增长相对平稳；而中国则呈现出明显的加速趋势，从2020年的1 751.7篇增长至2024年的3 535.4篇，增长了一倍。尽管仍存在差距，但中国在AI研究产出方面正在迅速追赶。

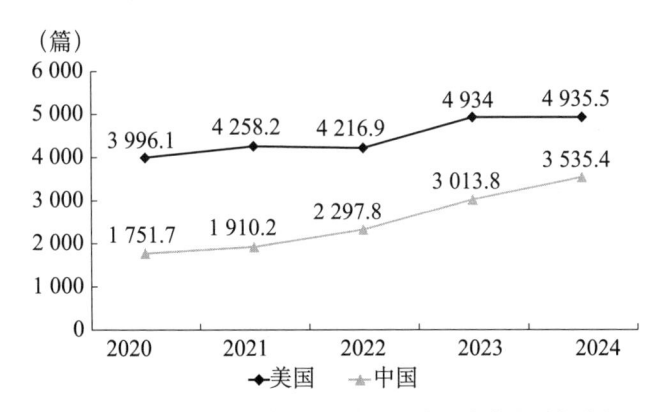

图1-4 2020—2024年中美两国AI成果发表量逐年变化

资料来源：AI Rankings Website（https://airankings.org），截至2025年3月20日。

2020—2024年中美两国AI成果发表量逐年变化这一点，已被行业实践者所敏锐捕捉。正如当虹科技副总裁张剑锋所言："工程创新加推理，边缘化加错位博弈，第六次社会大分工一定会在中国爆发。"他所强调的"工程创新"，不仅仅指技术优化，更是指中国式技术文化中对于"落地性""可扩展性""系统兼容性"的高度重视。在中国语境下，技术不是孤立的逻辑演绎，而是嵌入城市、政策、产业乃至社会结构的一整套适配机制。这种机制的有效性，不在于模型能跑出多高精度，而在于它是否真正解决了一个地区的交通拥堵、一个医院的诊疗瓶颈、一条产业链的效率短板。

与此同时，这种错位竞争也催生了全球范围内科技生态的再组织。一方面，美国持续通过技术封锁与供应链控制压缩中国的基础创新空间，试图构筑高技术壁垒，以维持其全球主导地位；另一方面，中国则积极推动"算力自主""开源生态""标准替代"等路径，力图打破"核心器件-基础模型-应用平台"三位一体的锁链结构。这并不是简单的"技术脱钩"，而是一场深层的制度分化：美国以市场主导、创新驱动为主，中国则构建政策牵引、产业协同的新型技术体系。在这种制度分化的推动下，全球科技产业链也正逐渐从单极流动向多中心结构演变，AI 技术的全球扩散将不再遵循硅谷单一范式，而是呈现出多路径共生、多极演化的局面（如表 1-1 所示）。

表 1-1　主流 AI 企业 2025 年产品创新

企业	产品/模型	核心亮点
OpenAI	GPT-4.5	开放给 ChatGPT Plus 用户，整合 Sora 视频生成
	高级 AI Agent 服务	月费 14.5 万元，企业级深度定制
谷歌	Gemini 2.0 系列	包含 Flash-Lite/Pro 多模型，全面升级
DeepSeek	DeepSeek-R1	性能对标 OpenAI o1，理论利润率达 545%，开源 5 个代码库
阿里巴巴	Qwen2.5-Omni	端到端多模态，支持文本/图像/音频/视频实时流式响应

但与此同时，亟须澄清的是，中美两国之间的 AI 竞争并不只是国家之间的赛跑，更体现出了对"技术如何定义社会"的根本性

分歧。美国的路径在一定程度上推动了技术的神秘化和资本的金融化，让 AI 成为风险、奇点和"不可控性"的代名词；而中国路径则试图将 AI 纳入国家治理、社会服务与产业组织之中，强调技术的服务性与公共性。**这种差异，并不是优劣之争，而是深刻的文明观之争。在一个以人为本的未来图景中，真正重要的也许不是谁先做出 AGI，而是谁能用技术切实改善人的生活、重塑社会秩序。**

可以预见，未来中美两国 AI 竞争不会迅速分出胜负，而是更可能在制度、文化和社会结构的差异中长期共存。美国继续主导基础技术和全球资本的流向，中国则通过持续场景拓展与工程整合，强化在应用与产业端的话语权。这种双极格局也将倒逼全球 AI 治理机制的演化，迫使国际社会在技术伦理、数据主权、标准协同等议题上寻找更具包容性的答案。

在这场竞争中，技术从未独立于政治、制度与社会结构。**真正需要我们思考的，不是哪一方更快、更强，而是技术如何在不同制度环境下成长出何种文化、塑造出何种世界观，并最终改变我们对"智能"本身的认知。**在这个意义上，中美两国 AI 的"错位博弈"不是终点，而是一个更大叙事的开端。

二、中美数据资源、算力基础设施的对比与差距

数据规模大、数据标签成本低，造就了我国在中美 AI 竞争中显著的数据规模优势。[①] 天河系列和神威系列的超级计算机，便是中国在硬件算力方面雄厚实力的有力证明。2022 年，我国数据产

---

① 党丽娟，卢伟. 中美人工智能产业发展新动向［J］. 宏观经济管理，2024（12）：87-92.

量约为8.1ZB、全球占比约为10.5%,略低于美国,位居世界第二。[1] 国际数据公司(IDC)的预计数据显示,2025年我国数据量将增长至48.6ZB,全球占比达27.8%,将远超美国的17.5%。

在应用取向方面的不同,将导致中美两国在产业竞争和市场占有率上的差异。中国AI产业主要聚焦文本、图像和音视频生成,由最初关注的视觉语音等技术转向物流、消费等城市智能化、工业智能化等领域的应用服务,未来能够在制造业升级和转型方面取得领先地位。[2] 美国注重机器学习、语音识别和合成处理等在医疗、军事、科学研究等领域的应用,将在高端技术、科学研究等领域保持领先。[3] 根据统计市场洞察(Statista Market Insights)数据,2023年,中美两国AI市场规模分别为388.9亿美元和1 065亿美元。2019—2023年,我国AI市场规模在全球占比由8.2%升至8.6%,美国则由41.7%降至23.5%,中美差距缩小了18.6个百分点。图1-5展示了2019—2023年中美两国AI市场规模及其占全球比重的变化趋势。数据显示,美国市场规模持续增长,从2019年的452.2亿美元增至2023年的1 065亿美元,尽管如此,其全球占比从41.7%下降至23.5%。同期,中国市场规模从88.9亿美元增长至388.9亿美元,但全球占比整体保持在10%左右。整体来看,美国仍保持AI市场的主导地位,但全球份额呈下降趋势,而中国则大致上呈现上升态势。

反观美国,尽管拥有硅谷的创新生态优势,但其面临着更多的

---

[1] 国家互联网信息办公室. 数字中国发展报告(2022年)[R]. 中国网信网,2023-05-23.

[2] 苏中. ChatGPT:"现象级"产品背后的AI技术发展与展望[J]. 新经济导刊,2023(1):28-32.

[3] 童嘉,邓勇新,李拓宇. 我国人工智能人才队伍建设:现状、瓶颈及若干建议——基于中美两国的比较分析[J]. 创新科技,2022(11):84-92.

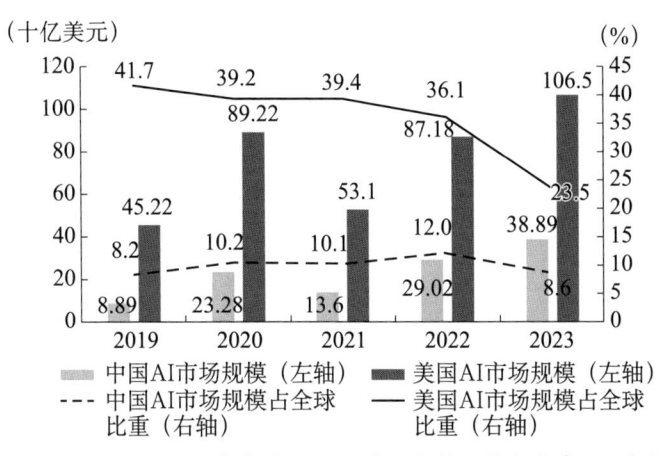

图 1-5　2019—2023 年中美两国 AI 市场规模及其占全球比重变化

资料来源：Statista Market lnsights.

政策法规限制以及隐私保护方面的挑战。例如，OpenAI 在训练 GPT-4 时，需要严格遵守数据合规要求，这在一定程度上减缓了模型迭代的速度。即便美国对先进芯片实施了出口管制，中国企业依然通过对 AI 模型的优化，使其在功能相对较差的 GPU 上也能实现高效运行，充分展示了强大的适应性和足智多谋。

全球数据生成量正以指数级的速度迅猛攀升。国际数据公司的数据显示，在过去两年中，全球近 90% 的数据都是新产生的，并且预计到 2025 年，每人每天平均将产生 4 900MB 的数据。全球数据总量将从 2018 年的 33ZB 增长至 2025 年的 175ZB，增长超过四倍。这种爆发式的增长，对数据存储、清洗与标注提出了更高的标准和要求，同时也对算力产生了前所未有的巨大需求。与此同时，主流大模型如 GPT-4、PaLM 等的参数规模在不断翻倍，这就意味着训练这些模型所需的算力和运维成本也会同步大幅飙升。能否快速扩容数据中心、增强硬件部署，将直接影响各国在这场"算力军备竞赛"中的地位和排名。例如，谷歌、微软和亚马逊等科技巨头的大量投资，有力地推动了全球数据中心的建设和扩展，这充分反映了 AI 模型训练的功率密集型特性，即需要大量的电力和专用硬件支持。

在你追我赶的博弈中，每一次突破都会改写国际 AI 版图。各国对 AI 基础设施的投入，已不再局限于传统的 GPU 或 CPU 集群，云计算、分布式计算以及专用芯片（ASIC、FPGA 等）正呈现出迅速崛起的态势。亚马逊、微软、谷歌等科技巨头纷纷加大对云计算与边缘计算的布局力度，积极抢占企业服务市场；中国的阿里云、华为云也在以极快的速度蓬勃发展。根据 Gartner 的预测，到 2025 年，全球云计算市场规模将突破 8 500 亿美元，成为 AI 应用落地的重要载体和支撑。谁能在数据中心资源、芯片设计与软件生态上占据优势地位，谁就能率先在未来的数字经济中奠定话语权。中国通过战略投资和简化流程，迅速推进了 AI 基础设施建设；而美国则由于面临监管障碍以及缺乏投资平衡，影响了其在数据资源和计算能力基础设施方面的竞争力。

三、AI 的国际竞争要素——人才、政策、供应链、国际话语权

在全球化进程加速的今天，技术革命不仅推动着经济模式的转型，更在深刻重塑国际政治经济结构。AI 作为新一轮技术革命的核心，正深刻影响着全球竞争的规则。AI 的崛起不仅是对传统技术体系的革新，它带来的社会、政治乃至伦理变革，更是深刻地改变了国家间的竞争态势。尤其是在中美两国之间，AI 已逐步成为决定国际关系、国家安全和经济竞争格局的新"战略高地"。要理解 AI 如何重塑国际竞争格局，特别是中美竞争的复杂性，必须从其技术特征和社会影响出发，全面审视其背后的深层逻辑。

表 1-2 显示，2025 年全球科技巨头在 AI 领域的投资将达到空前规模。微软投入 800 亿美元用于 AI 数据中心建设，亚马逊投资 1 000 亿美元发展 AWS 的 AI 能力，谷歌则以 750 亿美元投入用于技术研发和基础设施建设，投资同比增速高达 43%。Meta 虽未公布具体金额，但将 2025 年视为"决定性的一年"。此外，软银、甲骨文与 OpenAI 共同推进的"星际之门"项目，计划总投资高达 5 000 亿美元，用于打造下一代 AI 基础设施。

表 1-2　全球科技巨头 2025 年 AI 投资计划

企业/项目	2025 年投资额	同比增速	主要用途
微软	800 亿美元	—	AI 数据中心建设
亚马逊	1 000 亿美元	20%以上	AWS 的 AI 能力发展
谷歌	750 亿美元	43%	技术研发与基础设施建设
Meta	未披露	—	未明确（扎克伯格称 2025 年为"决定性的一年"）
软银、甲骨文、OpenAI 合资项目	5 000 亿美元	—	"星际之门"项目 AI 基础设施建设

AI 的崛起不仅是一场技术变革，更是社会结构、经济模式及国际秩序的深刻重塑。传统上，技术创新主要体现在生产力的提升和效率的增长上。然而，AI 技术的出现及其在大数据、机器学习等领域的突破，拓展了这一革命的广度和深度。AI 不仅推动了生产自动化和智能化，而且逐步改变了社会运行的基本框架，尤其是在经济、政治、社会及文化等多个领域产生了深远影响。

首先，AI 技术使得劳动力市场和生产结构发生了前所未有的变化。智能化生产不仅会取代大量传统行业岗位，也会催生出全新的产业与就业形式，重新定义了人的价值和工作内容。社会结构的变动可能会带来新的社会阶层分化和贫富差距，甚至引发社会不安定。在此背景下，如何平衡技术进步与社会稳定，如何通过政策手段保障社会公平，将成为国家治理的新课题。

其次，AI还催生了国家竞争模式的转变。传统的竞争框架主要以军事、资源和经济规模为中心，而现在，AI作为国家核心竞争力的重要组成部分，决定了未来各国在全球竞争中的地位。AI不仅体现在技术创新上，它更影响着国家的科技战略、产业政策以及国家安全体系。从技术创新到产业布局，再到国际治理，AI成为各国衡量创新能力、战略眼光和全球影响力的关键标尺。

最后，AI的迅速发展提出了全新的国家治理问题。在信息监控、数据安全、隐私保护等层面，AI技术给政府和社会带来了巨大的挑战。如何在保障国家安全和公共利益的同时保护个体隐私、维护公民自由，已经成为全球性议题。这一问题的核心不仅在于技术本身，更涉及伦理、法律以及国际合作的层面。

在AI竞争中，特别是在中美两国之间的AI竞争中，技术已不再是唯一的竞争维度。人才、政策、供应链和国际话语权等多重因素共同构成了这一全球性竞争格局。要全面理解中美AI竞争的复杂性，我们必须剖析这些因素是如何交织在一起，推动两国间的技术竞赛、经济竞争和全球政治博弈的。

(一) 人才竞争：AI创新的核心驱动力

在AI的快速发展中，人才的争夺无疑是核心。人才不仅是技术创新的源泉，也是产业化落地的关键所在。美国在AI技术的研究与应用上，一直占据全球领先地位。其拥有世界一流的高等教育资源、顶尖的科研机构和成熟的技术生态系统，为美国培养了大量优秀的AI专家。同时，美国创新友好的政策环境和开放的市场机制使得其在全球AI人才流动中占据优势地位。

尽管中国起步较晚，但通过一系列国家政策的引导与市场需求的激励，中国迅速缩小了与美国的差距，特别是在一些关键领域，如面部识别、语音识别和大数据处理等方面，形成了显著的技术优势。与此同时，国内庞大的市场规模和日益增长的投资加速了 AI 产业的崛起。

然而，**人才竞争的本质不仅在于吸引顶尖人才，更在于如何通过教育体系、创新生态和政策扶持，建立一个能够持续创新、具有全球竞争力的技术体系。**未来，人才的流动将不仅限于学术领域，还将扩展到跨国企业的高端技术岗位和技术应用的多个层面。打造一个良好的创新人才培养体系，将是赢得竞争的关键。

（二）政策环境：国家战略的核心支撑

AI 的发展离不开政府政策的推动，政策在塑造创新环境、推动技术发展和产业化方面起到了至关重要的作用。美国的 AI 发展得益于其持续的技术投资和对创新友好的政策环境。美国政府不仅在资金上给予大力支持，还通过税收优惠、研发激励等手段，为 AI 创新提供了肥沃的土壤。此外，强大的科技产业集群也为 AI 技术的快速商业化和全球传播提供了动力。

中国的 AI 战略则更多依托政府主导的"顶层设计"。自《新一代人工智能发展规划》发布以来，国家政策的引领作用显著。中国政府通过资金支持、政策引导和产业协同，帮助 AI 企业加速技术研发，并在全球产业链中形成了越来越强的竞争力。尤其是在数据收集和大规模应用领域，中国已经形成了一定的先发优势。

通过国家政策的引导，中国不仅可以加速技术的突破，还能为产业发展提供充足的资源和支持。未来，国家战略如何协调创新、推动跨部门合作、优化资源配置，将决定一国在全球 AI 竞争中的战略地位。

(三) 供应链竞争：产业链中的战略博弈

AI 的竞争不仅停留在技术层面，还涉及产业链的深度竞争。AI 技术的基础在于大数据和高性能计算硬件。数据作为 AI 的"原材料"，已经成为国际竞争中的重要资源。与此同时，AI 的应用还依赖高性能的硬件，尤其是芯片技术。美国在全球半导体产业中占据主导地位，其在高性能计算芯片和 AI 专用芯片的研发上长期占据优势。然而，**随着中国在自主创新领域的突破，尤其是在芯片设计与制造能力上的提升，未来的 AI 供应链竞争将变得愈加复杂。**

从产业链的角度来看，AI 技术的竞争实际上是全球范围内的数据流、技术流和资金流的博弈。中美两国在技术封锁、制裁与产业供应链的重组方面，已经展开了激烈的竞争。如何在全球供应链中占据关键节点，将直接影响未来 AI 产业的发展方向和竞争态势。

(四) 国际话语权：全球规则的主导权之争

随着 AI 技术的不断发展，AI 的国际治理和规则制定逐渐成为全球博弈的核心议题。美国凭借其技术优势和全球领导地位，一直在国际组织中主导 AI 技术标准和伦理规则的制定。然而，中国 AI 技术正快速崛起，尤其是在数据驱动型应用和跨国企业的布局上，中国正逐步挑战美国在全球治理中的话语权。表 1-3 总结了当前国际 AI 政策与竞争态势。英国通过"人工智能机遇行动计划"推动 AI 赋能经济增长、就业与公共服务；法国宣布以 1 090 亿欧元投资 AI 项目，突出"投资优先"战略；日本则与 OpenAI 合作并加强与美国在 AI 与芯片方面的协调；同时，中国模型如 DeepSeek‐R1 的崛起正在打破美方主导格局，促使全球重新评估 AI 投资路径与技术布局。

表 1-3 国际 AI 政策与竞争态势

	政策/事件	关键内容
欧洲		
英国	"人工智能机遇行动计划"	通过 AI 促进经济增长、就业与公共服务
法国	法国总统马克龙宣布以 1 090 亿欧元投资 AI 项目	聚焦 AI 项目，强调"投资优先"战略
亚洲		
日本	软银与 OpenAI 合作	推动行业支持 AI 基建；日本和美国领导人讨论 AI/芯片合作
中国	DeepSeek‐R1 等中国模型崛起	打破美国主导格局，引发投资路径重新评估

中国在 AI 技术创新上取得了显著进展，并通过"一带一路"倡议等国际合作平台，推动自身在全球 AI 话语权的提升。表 1-4 展示了中国上海在 AI 领域的多维发展成果：产业规模达 4 500 亿元，正加快培育包括智能眼镜、人形机器人在内的四大万亿级产业集群；在场景方面已开放 926 条智能网联道路，打造自动驾驶测试环境；在金融方面构建千亿级基金矩阵来支持初创企业与创新项目；在政策层面积极响应国务院国资委"AI＋"专项行动，推动 AI 与传统行业深度融合，释放数字化转型红利。未来，AI 的国际治理不仅限于技术标准，还将涉及数据隐私保护、AI 伦理和国际安全等复杂议题。在全球治理框架内的主导权竞争，实际上是在争夺全球经济、政治和文化的影响力。

表 1-4　中国上海 AI 发展情况

领域	数据/政策	具体举措
产业规模	4 500 亿元	培育四大万亿级产业集群（含智能眼镜、人形机器人）
场景应用	开放 926 条智能网联道路	为自动驾驶提供真实测试环境
金融支持	千亿级基金矩阵	扶持初创企业与创新项目
国家战略	国务院国资委"AI＋"专项行动	推动 AI 与传统行业深度融合，释放数字化转型红利

AI 技术的广泛应用无疑将深刻影响全球的政治格局。随着 AI 在军事、网络安全、国际贸易等领域的广泛应用，国家之间的权力结构可能会发生深刻变化。技术优势将成为国家安全的关键保障，AI 技术的军事化应用将对传统的国际安全体系构成挑战。未来如何在技术进步和国际安全之间找到平衡，如何确保 AI 技术不被滥用，是国际社会面临的重要课题。

AI 的影响远超其技术层面，它已经成为重塑全球社会结构和国际关系的重要力量。从经济到政治，从安全到伦理，AI 对全球治理的深远影响已经逐步显现。

首先，AI 的普及可能加剧全球经济的不平等，技术领先国家将拥有更多的经济红利与国际话语权，而技术滞后地区则可能面临被边缘化的风险。未来，如何通过全球合作和政策调控平衡技术发展与社会公平，将成为国际社会面临的重大挑战。

其次，AI 将改变全球战略博弈的规则。随着 AI 在军事、网络安全、国际贸易等领域的广泛应用，国家间的权力结构可能发生深刻转变。技术优势将成为国家安全的重要保障，而 AI 技术的军事化应用将对传统的国际安全体系构成挑战。

最后，AI 技术的伦理问题和全球治理将成为未来国际关系的

重要议题。如何在技术创新与伦理道德之间找到平衡，如何确保技术进步不会侵害个体的基本权利，已经成为全球各国急需解决的问题。在这一过程中，国际合作与多边主义将是推动全球 AI 伦理标准建设的关键。

四、"机器人革命"：从代码跃迁到工业主权的竞争

我们正站在由 AI 驱动的工业非线性变革的临界点。 这场变革不再是仅仅局限于信息层对数据、算法和逻辑的重构，而是在深层次推动着**实体系统的重构**。新一代通用机器人技术的加速成熟，正在打破传统制造体系的边界，催生出一种**面向未来的智能制造范式**。过去，机器人被局限于封闭生产线，仅能完成高度重复和预设的机械动作，而现在，伴随 AI 算法、传感技术、数字孪生与低成本硬件的协同进化，具备自主决策能力、环境适应能力与人机协作能力的通用机器人正逐步成为现实。

这场机器人变革不仅意味着效率的提升，更是**生产力边界重构**的前兆。机器人不再只是被动的生产工具，而是具备学习、推理与反馈能力的自主智能体，将逐步替代人类完成危险、复杂、不确定的任务。一旦通用机器人具备跨场景泛化与认知迭代能力，它所引发的连锁效应将不亚于蒸汽机、电力或计算机曾带来的工业革命。未来的制造体系可能呈指数级增长，生产的逻辑也将从"以人为本"转向"以智能体为核心"，而谁率先掌握这一通用自动化能力，谁就有可能重塑全球制造业格局，乃至劳动力结构与地缘政治的重心分布。

在这一关键节点，中国正在显示出从"制造大国"向"智能制造强国"跃迁的潜力。中国制造业的体量不仅庞大，而且更具系统

复杂性与产业纵深。与美国相比，中国制造业占 GDP 比重高出一倍以上，构成了实验智能制造技术的天然土壤。大疆创新、宇树科技、禾赛科技、小米等企业构建的硬件生态链，已经不再依赖海外零部件商，而是逐渐掌握执行器、减速器、伺服系统等关键部件的设计与生产权，从而建立起成本控制与系统集成的本土优势。图 1-6 显示，2015—2025 年间全球 AI 成果发表量排名前十的国家中，美国以 35 252.8 篇的总量遥遥领先，中国以 17 838.6 篇位居第二，英国、德国分列第三、四位，中美两国在 AI 研究领域占据显著领先地位。

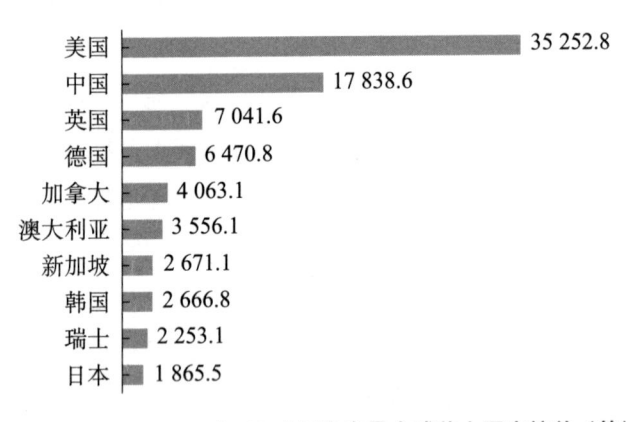

国家	发表量（篇）
美国	35 252.8
中国	17 838.6
英国	7 041.6
德国	6 470.8
加拿大	4 063.1
澳大利亚	3 556.1
新加坡	2 671.1
韩国	2 666.8
瑞士	2 253.1
日本	1 865.5

图 1-6　2015—2025 年 AI 成果发表量全球前十国家榜单（篇）
资料来源：AI Rankings Website (https://airankings.org)，截至 2025 年 3 月 20 日。

在如深圳这样的城市，"AI＋机器人"系统实现了小时级的产品迭代，这种速度与密度是硅谷难以比拟的。GoPro 的退场与大疆创新的崛起，正是中国在硬件智能化时代夺回产业主导权的一个缩影。通用机器人之所以成为中国的新战略突破口，正是因为其嵌入点——非结构化环境中的工业落地——恰好契合了中国制造体系的复杂多样性。在小米的"无人工厂"中，每天数万部手机由全流程自动化系统完成生产,即便在尚未全面部署通用机器人的今天,这种系统化能力也已显现出未来爆发的潜力。一旦通用机器人技术成熟并大规模部署,其边际成本与边际效率优势将呈数量级放大,从而彻底改变制造体系的构成逻辑。

与中国的深度落地相比,美国虽然仍在 AI 基础模型、芯片设计与软件平台等方面占据上游技术优势,但在通用机器人所需的关键硬件供应链上却呈现明显的空心化态势。高精密伺服电机、谐波齿轮、激光雷达等核心零部件的长期外包,使得美国在机器人整机制造上的话语权大打折扣。所谓"美国制造"的机器人,往往只是将中国产零部件在本土组装的标签输出,缺乏真实的硬件掌控力。即便在政策层面,美国试图通过《芯片与科学法案》补贴本土制造业,但重建一条从底层元器件到整机集成的完整产业链也绝非短期能完成。供应链协同能力、工艺积累与工程师红利,是不可速成的结构性资源。

更深层的变革正在发生:这场通用机器人革命不再孤立存在,而是作为 AI 实体化的一部分,与大模型、感知计算、边缘算力、云控调度等形成有机融合的"AI 物理系统"。这一系统的本质不再是机械替代人力的自动化,而是自主理解世界、执行复杂任务的"智能生产力",将人类从物理劳动中抽离出来。制造的逻辑开始转变:不是依赖人力密集的线性叠加,而是基于"智能分布—泛化学习—系统反馈"的全新链条运行。**通用机器人不是最终产品,而是作为平台,承载从感知到决策再到行动的全链能力,重构工厂、仓储、建筑、服务等所有实体系统。**

中国的优势不仅体现在已有制造基础的厚度上,更体现在中国已在技术叙事与产业政策之间形成了闭环上。中国不是在复制美国的 AI 软件路径,而是在构建 AI 与实体世界之间的桥梁。大模型在中国不是追求文本能力的极致，而是如何支撑机器人完成异构任务、提升泛化能力。模型不再是目的，而是构建物理智能系统的认知基座。**这是一种不同于硅谷的产业哲学：不以 AGI 为终点，而是以系统智能的工程化为路径。**

表1-5展示了全球各国在 AI 六大关键领域的集群表现。整体来看，美国在所有维度均处于高等水平，展现出 AI 发展的全面领先；中国在 AI 治理和行业部署方面表现突出；印度在数据管理和能力发展上成绩显著；西班牙在数据管理、行业部署、公共服务等方面具有优势；而加拿大、奥地利等国家在多数维度处于低等水平，反映出其在 AI 战略和投入上的相对滞后。不同国家根据本国政策与资源禀赋，呈现出差异化的 AI 发展路径。

表1-5 全球各国在 AI 关键领域的集群分类表

维度	集群等级	国家/地区	核心特点
数据管理	高等	印度、日本、西班牙、美国	国内数据交换频繁，国际共享水平低；重视数据隐私与安全，视数据为国家资产
数据管理	中等	比利时、芬兰、墨西哥、英国	国内外数据交换频繁，有法规但轻安全；认为数据共享有价值但无须严格保护
数据管理	低等	奥地利、加拿大、瑞典、阿拉伯联合酋长国	对数据管理兴趣低，仅关注隐私保护
算法管理	高等	澳大利亚、俄罗斯、美国	高度重视算法价值，在透明度、道德等方面全面规范
算法管理	中等	爱沙尼亚、卡塔尔、西班牙	算法偏见和透明度较高，但道德与信任度低
算法管理	低等	奥地利、加拿大	所有算法子要素（偏见、道德等）均表现薄弱

续表

维度	集群等级	国家/地区	核心特点
AI治理	高等	德国、英国、美国、中国、俄罗斯	全面重视AI治理（安全、法规等），但执行意愿不明确；标准驱动
	中等	澳大利亚、波兰、瑞典	关注安全与社会不平等，忽视知识产权与互操作性；控制导向
	低等	奥地利、加拿大、日本	仅关注基础法规，缺乏整体治理投资
能力发展	高等	印度、墨西哥、美国	利用所有资源发展能力（除商业模式创新外）
	中等	澳大利亚、波兰	侧重教育而非研发
	低等	加拿大、俄罗斯、新加坡	仅专注研发，提供基础教育
行业部署	高等	中国、西班牙、美国	广泛部署AI（除国防和旅游外所有行业）
	中等	澳大利亚、印度、俄罗斯	聚焦技术、能源、农业、医疗保健
	低等	加拿大、墨西哥、瑞典	无重点发展行业
公共服务	高等	澳大利亚、西班牙、美国	覆盖多数公共部门（除移民、法院、税收、教育外）
	中等	—	侧重医疗、交通、信息与传播技术
	低等	—	仅关注医疗保健

此刻的全球AI产业正站在深度转型的门槛上。美国仍在主导算法与芯片叙事，而中国正在重构系统与硬件的整合逻辑。技术的主战场正从算力优化转向工程落地，从数据调参转向物理部署。在这个趋势中，**通用机器人是测试一个国家"AI+制造"整合能力的最佳切口**。谁能率先实现软硬融合、算法物理共振，谁就能在下一

个时代的技术分工中掌握主导权和话语权。

未来的竞争，将不再只是 **AGI 模型性能的较量，而是看谁能真正建构出可规模部署的智能物理系统。中国若能在这个临界点抓住机会，从"AI 软件帝国"跃迁为"硬件工业霸权"，其意义不仅是产业升级，更是全球制造话语权的结构重塑。通用机器人或将成为 21 世纪最关键的国家级基础设施之一。**

如何思考技术、权力与资源的博弈格局？

21 世纪初，AI 迅速成为全球竞争的核心驱动力，推动着技术、经济与社会变革。数据、算力和算法被视为 AI 发展的三大核心要素，它们共同构成了推动技术创新的基础框架，并深刻影响着全球科技竞争格局。进入"数据即权力、算力即国力、算法即规则"的新时代，我们不仅看到了技术突破，也目睹了全球权力与资源分配的深刻重塑。

数据成为优化算法的"燃料"，算力提升为技术进步提供支撑，算法则加速了计算过程。然而，这三者之间复杂的互动关系，已超越技术层面的竞争，发展为国家间激烈博弈的焦点。特别是数据的跨境流动、算力的稀缺性与算法的垄断性，逐渐成为限制 AI 发展的负向因素，迫使各国在技术、制度、效率与公平之间寻求平衡。

在中美 AI 竞争中，数据、算力和算法的角逐不仅是技术的比拼，更是全球规则、资源与权力的深刻博弈。美国逐渐从"全球技术供应商"角色中抽离，推动强 AI 主权，通过限制高端芯片的出口和推动本土化生产，强化对 AI 的自主控制。与此同时，中国、欧盟等国家或地区加大自主研发力度，挑战美国的领导地位。尽管如此，强 AI 主权依然面临本土化控制的多重挑战，尤其是在数据、算力、能源和人才的掌控上，仍需依赖外部资源合作。

推动强 AI 主权使技术的发展路径逐渐受限，许多国家将其视为战略资产,紧密绑定国家安全需求。这一转变不仅改变了技术应用的焦点,也导致全球科技合作空间逐渐缩小,技术壁垒加剧。最终,这种国家化的发展模式可能将 AI 技术转变为民族国家竞争的工具,抑制了原本应服务于全球社会进步的潜力。

第二章
算力为王：AI技术的底层逻辑与三大支柱

1946年，爱因斯坦曾警示，技术进步远远超出了人类思维和治理方式的适应速度，导致了国内外的混乱与分歧。今天，AI革命正以类似的速度改变我们的生产力，并引发对人类思维和意识的深刻挑战。中美两国在AI领域的竞争已经进入胶着状态，技术差距的缩小并不代表中国在各方面的全面超越，但在应用落地和成本控制方面的突破可能会改变全球AI生态的格局。未来的竞争不仅仅是技术上的较量，更关乎综合性能的优化、伦理治理的探索以及全球化应用场景的拓展。如何应对这些挑战，需要回归技术规律和理性对话，从根本上调整我们的思维与治理方式。

　　在21世纪初，AI从实验室的前沿技术迅速演变为全球竞争的核心驱动力，推动着技术、经济和社会的深刻变革。其中，数据、算法和算力被公认为AI的三大核心要素。如图2-1所示，数据是AI发展的基础；算力可看作AI发展的动力引擎，是AI发展的保障；算法可比喻为AI发展的大脑，是实现AI的根本途径。[1] 可以

---

[1] 刘海玲. AI的"三驾马车"：数据、算法、算力[N]. 中国会计报，2024-03-29.

说，我们已然步入一个"数据即权力、算力即国力、算法即规则"的崭新时代。这一时代的到来，不仅意味着技术的重大突破，更昭示着权力、资源与规则的重新分配。

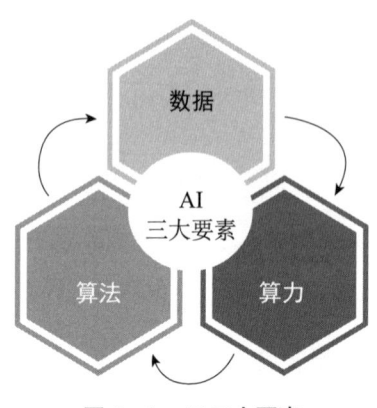

图 2-1　AI 三大要素

在当下，数据不再仅仅是信息的简单累积，而是塑造国家竞争力的基础性要素；算力也从幕后走向台前，成为衡量国家综合实力和科技投入水平的关键指标；算法则从单纯的技术工具演变为新一轮国际规则制定的准则。美国凭借硅谷的创新生态与雄厚资本，确立了在全球的领导地位；中国则依靠巨大的人口规模、政策导向的资源配置以及丰富的应用场景，走出了一条"聚焦实用场景"与"非对称竞争"的发展道路。

两种不同的 AI 发展范式在数据、算力、算法的激烈竞争中相互角逐，共同构筑了全球科技博弈的主旋律。需要着重强调的是，数据、算力和算法这三大要素并非孤立存在，而是通过复杂的交互关系形成了推动 AI 快速迭代的"三维结构"。海量数据不仅为算法的训练提供了"燃料"，还决定了模型精度与适用场景的上限；强大的算力加速了模型训练和推理过程，使得更多复杂问题能够在短时间内获得可行解；算法则在不断进化的过程中，提高数据的利用效率，优化算力分配。

与此同时，数据跨境流动和主权争议、芯片和高端算力供应链的封锁博弈、算法垄断所带来的不平等风险等问题，构成了AI发展道路上的"负向制约"，促使人们不得不重新审视技术与制度、效率与公平之间的平衡与冲突。我们会在随后章节展开AI底层架构的详细介绍。

一、AI算法——现代社会的"新货币体系"

在数字时代，算法已不仅是技术逻辑的核心，更是权力运转的隐形杠杆。它决定了信息如何传播、资本如何流动，甚至在无形中塑造了个体的思维方式。可以说，算法已成为现代社会的权力度量单位，影响力不亚于工业时代的能源和资本。

在传统时代，权力掌握在土地、资本或军事力量之上，而如今，算法正成为新的权力杠杆。谷歌的搜索算法决定了全球90%以上的搜索结果，抖音和Instagram的推荐算法主导了用户的注意力流向，数据分析公司Palantir甚至能凭借算法影响国家安全决策。**算法支配的信息流，已成为现代社会的"看不见的手"**。从更深层次来看，算法并非中立工具，而是具有强大导向性的"裁判"。亚马逊的算法精准预测消费者需求，华尔街的量化交易算法每秒执行上百万次交易，社交平台的推荐算法甚至能影响选举结果。更可怕的是，**算法越精准，用户依赖性越强，权力也就越集中。**

未来，谁掌握了最强的算法，谁就能主导市场、舆论甚至社会趋势。 从AI决策到智能治理，算法正成为国家与企业竞争的核心战场。算力提供燃料，算法决定方向——在21世纪，算法的权力将定义全球格局,成为新时代的"权杖"。

(一)算法的定义及发展脉络:从传统算法到深度学习

算法的运算机理是用机器语言刻绘现实世界,对研究对象进行抽象的简化,建构出数学模型。[①] 其核心在于一套基于明确逻辑和预先设定规则的计算流程,适用于规模相对有限、特征相对清晰的问题领域。当数据量呈指数级增长并逐渐趋于非结构化时,传统算法的局限性开始显现。早期的排序和搜索方法依赖清晰的规则,能够高效地对数据进行整理和检索。但在海量且形式多样的数据环境下,这些方法往往难以适应,处理起来变得愈发吃力。

深度学习的兴起则打破了这一发展瓶颈。深度学习是使用包括复杂结构在内的多个处理层,对数据进行高维抽象的算法。[②] 它通过多层神经网络进行端到端的特征提取与自主学习,使算法摆脱了对人工特征工程的依赖。2012年AlexNet在ImageNet图像识别竞赛中的突破性表现,标志着深度学习在计算机视觉领域取得了重大进展。正是在这样的大背景下,图像识别、语音合成、自然语言理解等领域取得了里程碑式的突破,技术的迭代速度也不断加快。

在大数据与高算力的驱动下,深度学习模型的规模和性能迅速攀升(如图2-2所示)。谷歌的搜索排名算法通过对海量网络数据的索引与排序,大幅缩短了用户与信息之间的距离;ChatGPT等生成式AI模型依托海量语料库的预训练,成功实现了在文本生成

[①] 姜野. 算法的规训与规训的算法:人工智能时代算法的法律规制 [J]. 河北法学, 2018 (12): 142-153.

[②] 汝绪华. 算法政治:风险、发生逻辑与治理 [J]. 厦门大学学报(哲学社会科学版), 2018 (6): 27-38.

与对话交互方面的惊人表现。2025年DeepSeek的横空出世更是让人们深刻认识到，算法并非一定要依赖天量资本和极高算力。2025年1月27日，DeepSeek应用在苹果App Store中国区和美国区免费榜均成功登顶，刷新了人们对中国AI创新的固有认知。这种在主流市场一夜爆红的现象，也充分表明深度学习的应用价值正逐渐融入公众生活的方方面面。根据相关报道，DeepSeek的成功不仅展示了其强大的技术实力，更证明了低成本、高效能的算法在实际应用中具有巨大的潜力（如表2-1所示）。

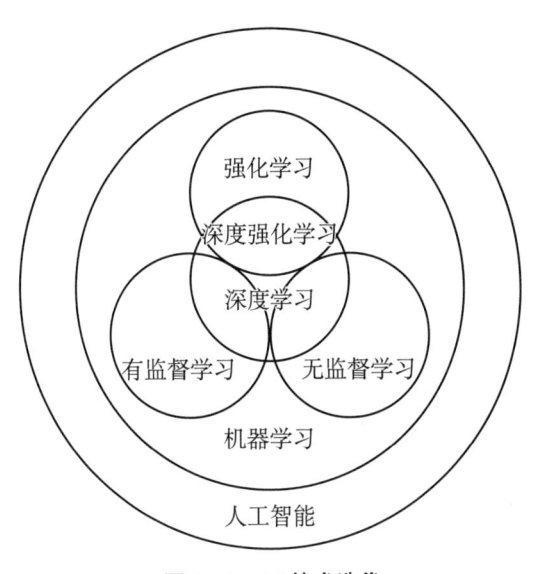

图2-2 AI技术迭代

表2-1 深度学习与传统算法的对比

对比维度	深度学习	传统算法
算法原理	基于多层神经网络，通过反向传播自动学习特征	依赖人工设计特征，通过统计和概率模型学习
数据需求	需要大量数据（大数据）以提升性能	数据量要求相对较小，适合小样本学习

续表

对比维度	深度学习	传统算法
特征工程	自动提取特征，减少人为干预	需要手动提取特征，依赖领域知识
模型复杂度	模型复杂，包含多层非线性变换	模型相对简单，如决策树、线性回归等
训练时间	训练时间长，需要高性能计算资源	训练时间短，计算资源需求低
性能表现	在处理复杂、高维数据（如图像、语音）时表现优异	在结构化数据（如表格数据）和小数据集上表现良好
应用场景	图像识别、语音识别、自然语言处理	医疗诊断、信用评分、垃圾邮件过滤
模型可解释性	模型复杂，可解释性较差	模型简单，可解释性强
实时性	需要 GPU 加速，实时性较差	实时性较好，适合嵌入式系统

DeepSeek 的开源模型 DeepSeek-R1 据称仅用 557 万美元就逼近 GPT-4 级别的性能，这对"算力至上"的行业传统观念形成了巨大冲击。它以深度搜索与自适应优化算法为核心，融合机器学习、自然语言处理及大数据分析技术[1]，所采用的"思维链"推理架构与算法优化思路，显著降低了训练成本与推理成本。更值得关注的是，DeepSeek 采用了开源策略，将模型权重与技术细节向全球开发者开放，其背后所蕴含的开放创新理念，无疑对封闭式的高墙生态形成了直接挑战。以此为契机，深度学习的未来或许将不再被少数巨头所掌控，全球 AI 产业竞争格局也可能因此出现新的变数。

---

① 陆岷峰，高伦.DeepSeek 赋能商业银行创新转型：技术应用场景分析与未来发展路线[J].农村金融研究，2025（2）：19-34.

(二) 算法与经济体系的关系：企业价值链中的核心作用

在数字经济的棋局中，算法不仅是工具，更是决定胜负的战略枢纽。从个体行为决策到社会资源配置，从知识生产方式到治理能力现代化，算法无处不在的渗透业已成为这个时代的显著特征。[①] 尤其是随着数字化进程的不断推进，算法在现代化经济体系中的地位越发突出。

算法不仅能够赋能企业进行高效的数据采集与分析，还可以辅助决策、指导生产、优化供应链流程。麦肯锡的研究预测，到2030年AI对全球GDP的贡献可达到13万亿美元，而这其中相当大一部分来自算法所带来的效率提升与商业模式的重塑。可以说，算法就像是连接数据和算力的"中枢神经"，决定了企业在新一轮竞争中能否建立起核心壁垒。

DeepSeek 的强势崛起将这一点展现得更加淋漓尽致（如图2-3所示）。2025年1月27日早间，DeepSeek 概念股高开，多只股票涨停或大幅上扬，并在短时间内推高了投资者对新兴的低算力、高效率模式的关注度。而与此同时，英伟达作为高算力芯片霸主，在1月24日股价下跌超过3%，1月27日美股盘前跌幅一度扩大至13%，市场信心受到不小的冲击。究其原因，在于DeepSeek低成本、高效率的技术路线，可能会让过去依赖高性能GPU的AI生态模式产生动摇，资本也因此对英伟达、软银等高算力供应商的未来持谨慎态度。

当成本与效率发生碰撞，产业格局便有了重组的可能。DeepSeek 的"思维链"推理架构以及针对华为昇腾平台的适配，不仅

[①] 刘聪，高进. 算法技术：本质、意向与主体交互——基于科技现象学分析[J]. 科学管理研究，2024 (6)：72-82.

图 2-3 DeepSeek 网页版界面

大幅削弱了对美国高性能 GPU 的依赖，也为中国 AI 产业提供了新的发展想象空间。纵观整个价值链，从数据采集与处理到算法训练与部署，如果不再必须依托高昂的算力与封闭生态，就能够让更多中小企业有机会迈入 AI 时代，由此带来的"普惠式"产业升级，将进一步重塑全球产业版图。中国在拥有庞大市场与丰富应用场景的优势下，也许会在这轮新变革中获得更大的主动权，为国际经济格局带来深远的影响。与此同时，中国的集中式、国家驱动的长期 AI 战略旨在增强自力更生和全球主导地位，这将推动更多本土企业在全球 AI 市场中占据重要位置。

（三）算法经济的权力象征：AI 算法的影响

信息即力量，算法既能造福社会，也能操纵认知。算法新闻、算法经济、算法伦理、算法权威等新概念层出不穷，算法成为新兴的力量，"算法即权力"的命题由此开始引人关注。[1] 尤其是在自媒体与

---

[1] 张爱军，李圆. 人工智能时代的算法权力：逻辑、风险及规制 [J]. 河海大学学报（哲学社会科学版），2019 (6)：18-24.

内容平台风靡的今天，算法主宰着人们日常接触的资讯和娱乐内容。无论是新闻推送还是视频推荐，背后都有算法在默默筛选与排序。

由此，这些平台在无形中掌控着海量用户的注意力，甚至能左右舆论与社会议题的走向。由于算法的黑箱性来源于其高度非线性的特征[1]，普通用户难以知晓其决策逻辑，这使得少数平台和企业掌握了潜移默化影响公众意见的权力。但如 DeepSeek 这样强势且开源的模型的出现，也带来了一种新的可能性：**若更多的平台能采用更透明、更开放的算法，公众或将对信息分发机制享有更多知情权与参与权。** 而算法垄断带来了价格歧视和市场操纵等经济挑战，加剧了经济不平等。正如"黑箱原理"所描述的深度学习等复杂 AI 模型在决策过程中缺乏透明性的现象（如图 2-4 所示），再次强调了解释性和可控性的重要性。

图 2-4　黑箱原理

当资源配置交由算法指挥，公平与效率的失衡常常是一体两面。出行、外卖、共享经济等领域都依赖算法实现供需匹配。它可以提高效率、降低运营成本，但也可能放大既有的不平等，如平台对劳动者的过度管控与收益分配的倾斜。马克思·韦伯曾指出："权力意味着在一种社会关系里，哪怕是遇到反对也能贯彻自己意

---

[1] 侯泽琦. 论算法可专利性中的算法解释功能 [J]. 北京航空航天大学学报（社会科学版），2024（1）：175-183.

志的任何机会，不管这种机会是建立在什么基础上。"① 在 DeepSeek 的案例中，其技术创新和开源策略为更多中小企业乃至个人开发者提供了降低 AI 门槛的机会，潜在地改善了资源配置的集中化问题。然而，也必须意识到，即便算法能够为很多边缘行业或群体提供更灵活的数字化手段，核心资源（如关键数据、基础算力等）依旧存在被寡头垄断的风险，这会在某种程度上延续或放大新的不平衡。算法在资源配置中的作用日益重要，如 Uber 和滴滴等共享经济平台通过算法优化车辆的调度和定价，极大地提高了资源的使用效率。

在算法驱动的世界里，技术的透明度与制度的完善度同等关键。算法技术和应用场景的普及也带来了过度商业化、"大数据杀熟"、信息泄露等负面效应。② DeepSeek 之所以引起全球关注，不仅在于其创造了低成本高性能的技术奇迹，更在于开源与透明所带来的治理启示。只有当算法的核心逻辑和关键参数得以公开、审计，并在一定范围内被监管，才能在效率与公平之间实现更好的平衡。国际组织、政府机构和民间社会组织也正在探索一系列算法监管机制，包括数据隐私保护、反垄断与跨境数据流动等议题。开源并非解决一切问题的万能钥匙。如果计算资源和海量数据仍被少数机构掌控，技术上的壁垒依旧存在，甚至可能在算法层面加剧不均衡，形成新的门槛。

如何构建一个更加多元、开放且可持续的 AI 生态，不仅是技术发展的课题，也是关乎全球治理的深层挑战。技术本应创造更公

---

① 马克斯·韦伯. 经济与社会：上卷 [M]. 北京：商务印书馆，2006：81.
② 李晓东. 基于多元主体协同平台企业算法治理研究 [D]. 北京：中国矿业大学，2023.

平的机会，但如果核心资源、算力和数据仍然掌握在少数主体手中，AI 或许会加剧既有的不平衡，甚至固化社会权力结构。哲学与伦理思考进一步揭示了其中的隐忧——**算法看似中立，实际却可能带有无形的偏见，影响决策、资源分配乃至个体命运**。在这一背景下，如何确保技术的公正性，让更多人真正受益，而非成为算法规则的被动接受者，已成为亟待解决的问题。

二、算力——21 世纪的"石油"与"发动机"

在 21 世纪，算力就像是新时代的"石油"和"发动机"，润滑着数字经济的齿轮，驱动着科技狂飙突进。谁掌控了算力，谁就有可能引领未来。如果数据是新世纪的"黑金"，那么算力就是提炼这些数据的"炼油厂"。**没有算力，再多的数据也是无用的原油。**2025 年全球数据总量预计达 175ZB，而 AI、云计算、自动驾驶等领域的算力需求每年增长 50% 以上。正因如此，**各国疯狂投资超级计算中心、云端服务器、AI 芯片**，中国的"东数西算"工程就像铺设全国的"算力输油管道"。

算力不仅是能源，更是推动科技腾飞的引擎。AI 大模型的训练成本动辄上亿美元，OpenAI 训练 GPT-4 就烧掉了数万张 A100 GPU。马斯克更是直言，未来真正的 **AI 突破，需要算力再翻 10 倍**。科技巨头们的军备竞赛，早已从拼人才、拼市场，变成了拼算力、拼芯片。

（一）数据与算力：AI 技术迭代的动力

凡有数据之处，皆是算法得以生根发芽的沃土。近几十年来，互联网、云计算、大数据、AI、区块链等新一代信息技术不断涌现，并快速渗透到经济社会的各个领域，数据规模急剧扩大，数据形态更加复杂，数据应用更加广泛，数据价值更加凸显。① 换句话说，谁掌握了数据，就等同于掌握了具有基础性地位的重要战略资源。②

与其将数据简单视为一种资源，不如将其视为一种基础设施。在 AI 的崛起中，数据不仅支撑模型的训练与测试，更在某种意义上决定了一个国家在智能化路径上的"起跑线"与"加速度"。与其他国家相比，中国在城市数字化、产业联网化以及移动互联网深度普及的背景下，形成了高度活跃的数据生态。更重要的是，庞大的设备联网、移动终端与用户交互，令数据的实时性与多样性优势更加凸显。无须依赖传统标签体系，中国依托巨量真实场景产生的数据，不断推动弱监督、无监督等新型训练范式的落地。这种"数据即真实世界"的特点，为中国 AI 的工程化能力与落地速度注入了动能。

相较之下，美国的优势更多体现在技术底层的范式建构与架构创新上。在超大模型的原始设计、分布式训练框架的研发以及高性能异构计算架构的推进上，美国始终保持领先。但同时，这一优势也被其自身较为严格的数据监管政策、合规要求和隐私保护机制所部分抵消。例如，在处理医疗、金融等敏感数据时，美国 AI 企业面临更复杂的法律环境，尽管这增强了体系的伦理合规性，但也在客观上拉长了技术从原型走向市场的周期。

两国在 AI 的应用方向上也逐步走向分野。中国更偏重以"广覆盖、快落地"为导向，将 AI 作为产业升级与社会治理的抓手，

---

① 周开乐. 数据资产管理 [M]. 北京：清华大学出版社，2023.
② 刘典. 数据治理的"不可能三角" [J]. 文化纵横，2022（2）：74-83.

集中推进零售、电商、物流、金融、制造、城市管理等领域的智能化转型。美国则持续将 AI 作为科学研究与高技术战略支撑的中枢，推动其在生物工程、新材料、自动化实验室、天文物理等领域发挥深远作用。从发展路径来看，中国以场景驱动为特征的 AI 体系更侧重服务密集型与工程密集型产业链，而美国的研究导向型路径则使其在基础理论与前沿模型上保有先发权。

从宏观层面看，这种差异正在塑造两个不同类型的 AI 生态：中国倾向于打造一种"纵深整合型"体系，从数据采集、算力调度到终端部署形成闭环；美国则更像是一个"技术发源型"生态，通过算法突破与通用模型的领先，引导全球创新方向。但随着技术扩散速度加快、跨国技术屏障上升，这两种生态正在逐步向彼此的方向渗透与模仿。

与此同时，全球 AI 基础设施的构建方式也在发生根本性变革。GPU 虽然仍是训练主力，但并非唯一解法。中国在推进芯片多样化、适配性优化方面积累了丰富经验，从 NPU 到 ASIC 再到自研推理加速器，形成了多点突破的技术格局。在缺乏顶级 GPU 支持的情况下，中国企业通过模型剪枝、参数量压缩、计算图优化等方式，有效提升了模型在中低端硬件上的运行效率。这种工程能力的快速迭代，为"低配高效"的技术战略提供了现实路径。

全球范围内，云计算和边缘计算日益成为支撑 AI 系统运行的新支柱。技术巨头纷纷将战略重点从集中式的巨型计算中心转向分布式的灵活部署体系。一方面是由于 AI 应用对延迟与实时性的要求提升，另一方面则是出于能耗与成本控制的现实考虑。中国企业在这一轮基础设施演进中，也迅速完成了从资源建设者到服务提供者的角色跃迁，使"算力即服务"的理念得以快速落地。

随着生成式 AI 的持续推进，大模型训练所需的参数规模已呈指数级膨胀，而数据的清洗、治理和结构化也成为制约因素之一。未来 AI 的发展将不仅受限于技术突破的边界，更受制于基础设施能否支撑其有效运行。在这一点上，谁能在全球范围内快速扩张数据中心，建设绿色节能计算架构，优化算法能耗效率，谁就有可能在这场"AI 基础设施竞赛"中占据优势。

由此可见，AI 的发展已远非孤立的技术演进，而是高度依赖国家能力、资源调配、制度弹性与工程实践的综合体。在这场关乎全球秩序的智能化竞赛中，路径选择、战略眼光与基础资源的统筹能力，往往比单点技术的突破更具决定意义。

(二) AI 应用的未来依赖：数据与算力如何继续推动 AI 发展

技术的更新换代总在意想不到的"拐点"中迸发，量子计算或许就是下一个引爆点。随着对高效数据中心和 AI 基础设施的需求日益增长，量子计算内在的并行优势可以用来加速解决复杂的 AI 问题[①]，并逐渐成为突破算力极限的潜在解决方案。联合市场研究（Allied Market Research）的报告显示，全球量子计算市场规模预计将在 2030 年达到 50 亿美元以上，年复合增长率超过 25%。量子计算为复杂的 AI 训练和推理提供了全新的思路和可能性——通过量子叠加和量子纠缠原理，量子计算能够进一步简化传统计算难以完成的超大规模运算。在药物研发、材料设计等高计算量领域，量子计算有望极大地缩短试验周期，为产业转型提供强大的支撑和动力。此外，边缘计算正在成为 AI 数据处理方式的变革性力量，它能够有效减少延迟，增强数据隐私保护，并促进在数据源附近做出

---

① 赵静. 量子计算与人工智能互相促进研究［J］. 科技成果管理与研究，2024 (4)：1-2.

即时决策。

在时延与隐私的博弈中,边缘计算成为新一轮竞争的关键"赛点"。边缘计算是一种分布式信息技术架构,其中客户端数据在网络的外围处理,尽可能靠近始发源。[①] 边缘计算为解决问题提供了另一条可行路径:在靠近数据源端进行实时分析与决策。通过减少数据回传中心的网络延迟,边缘计算不仅能够显著提高响应速度,还能有效地保护用户隐私。思科(Cisco)预计,到 2025 年,全球 75% 的数据将需要在边缘侧完成处理,这一趋势将在智能制造、智慧城市、自动驾驶等领域带来显著的变革和影响。越来越多的企业开始部署边缘计算方案,以应对海量连接设备和实时决策需求的双重挑战。随着物联网设备的激增和各行各业的数字化转型加速了数据的生成,边缘计算的发展将进一步推动数据处理效率和安全性的提升。边缘计算采用分布式计算方式,数据处理靠近数据源,具备低延时、低部署成本、较高隐私性等优势;而云计算采用集中式计算方式,在云端数据中心处理和存储所有信息,虽能支持复杂计算,但存在高延时、高部署成本和较低隐私性等问题。两者在实际应用中各有侧重(如图 2-5 所示),边缘计算更适用于实时性要求高的终端设备场景。

除了算力层面的不断演进,AI 研究也在持续探索新的数据与算法范式。多模态学习通过融合图像、语音、文本等多源信息,让模型拥有更全面的感知与理解能力;合成数据生成则为解决真实数据不足、隐私敏感等问题提供了切实可行的方案。伴随这些创新方向的不断崛起,AI 应用的深度与广度也将被进一步拓展。企业需要在技术落地与可持续发展之间找到平衡点,在满足商业需求的同时,也要充分兼顾对道德与隐私的审慎考量。生成式 AI 的快速发

[①] 华镕.边缘计算的应用及未来挑战 [J].自动化博览,2017(2):52-53.

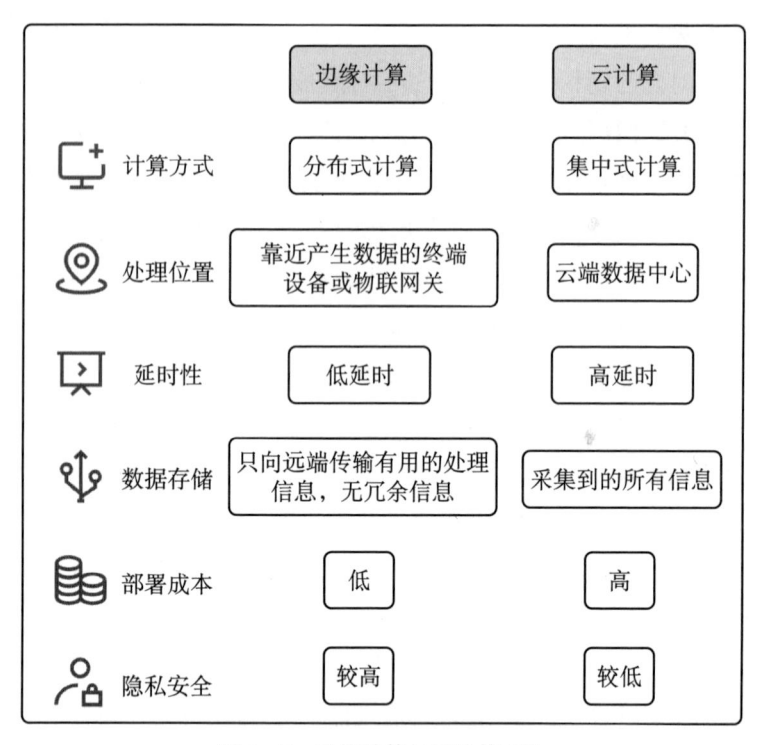

		边缘计算	云计算
计算方式		分布式计算	集中式计算
处理位置		靠近产生数据的终端设备或物联网关	云端数据中心
延时性		低延时	高延时
数据存储		只向远端传输有用的处理信息，无冗余信息	采集到的所有信息
部署成本		低	高
隐私安全		较高	较低

图 2-5　边缘计算与云计算对比

展推动了超大规模数据中心的建设，以满足庞大的数据处理需求。为了降低能源消耗和环境负担，越来越多的数据中心选址于能够充分利用可再生能源的地区，如水电、风能和地热资源丰富的区域。这种布局不仅有助于降低运营成本，还在一定程度上缓解了高功耗计算对生态的影响。然而，**尽管绿色数据中心成为趋势，算力需求的持续增长仍然对能源供应和可持续发展构成挑战。如何在技术进步与环境责任之间取得平衡，仍是一个亟待解决的问题。**

面对日益激烈的国际竞争，各国、各企业都在全力以赴地抢占算力与数据资源的制高点。可以预见的是，机遇与挑战始终相伴而行：只有通过持续不断的技术创新、合理完善的监管制度以及广泛深入的国际合作，才能在充分释放 AI 红利的同时，有效规避道德、隐私和安全风险。**无论是量子计算、边缘计算，还是多模态学习与合成数据，最终都将回归一个核心命题：让 AI 技术真正服务于人类的福祉与可持续发展。**

（三）从机器学习到生成式 AI：底层技术的跃迁与经济扩散效应

生成式 AI 是技术跃迁的里程碑，它正在把人类创意变成"机器思考"的标配。从 ChatGPT 到 Midjourney，从 AI 写作到 AI 作曲，机器正以前所未有的方式参与创意生产，突破了传统自动化的边界，让"创意"不再是人类独有的天赋，而是成为可复制、可扩展的算力成果。

这种变革并非简单的技术优化，而是范式转移。以 AI 绘画为例，DALL·E 3 仅需几秒钟就能生成风格多变的艺术作品，而人类画家可能需要数小时甚至数天。OpenAI 的 GPT-4 在论文撰写、广告文案、代码生成等领域表现卓越，其训练参数达到数万亿级别，远超人脑神经元数量。更夸张的是，斯坦福大学和谷歌的研究显示，AI 已经能够生成比部分人类创作者更具吸引力的文本。这意味着，**创意不再只是天赋驱动，而是数据、算力和算法的融合产物。**

未来，生成式 AI 不仅是工具，更可能成为"思考伙伴"。当机器的创造能力不断进化，人类将不再孤军奋战于艺术、科技和商业，而是在"人机共创"中重新定义创造力的边界。可以预见，AI 不仅是生产力的加速器，更是推动人类思想进化的催化剂。

1. 技术进化的核心节点：机器学习的基础与生成式 AI 的创新突破

在科技发展的长河中，传统机器学习作为早期探索 AI 领域的重要成果，主要依靠数据统计和模式识别技术。它通过对大量已有数据进行反复迭代分析，提炼出分类、回归等功能，在一定程度上赋予了计算机"学习"和"预测"的能力，让计算机能够基于过往数据进行一些简单的分析和判断。例如在医疗领域，基于传统机器学习开发的早期诊断系统，可以对患者的病历信息和症状数据进行初步筛查，从而实现对常见疾病的预测和防控，为医疗诊断提供了一定的辅助支持。

这种技术本质上更多是对人类总结规律方式的模仿，缺乏对未知问题的创造性探索和深层次理解，无法突破已有的数据和模式限制，在面对复杂多变的新问题时，其应对能力显得较为有限。传统机器学习与深度学习两者都以数据预处理为起点，不同在于后续步骤：传统机器学习依赖人工特征提取和选择分类器，而深度学习则通过设计模型结构并自动训练来完成特征提取与分类，体现了深度学习的自动化与端到端能力（如图 2-6 所示）。

传统机器学习和深度学习的相似点

传统机器学习 → 数据预处理 → 特征提取 → 选择分类器

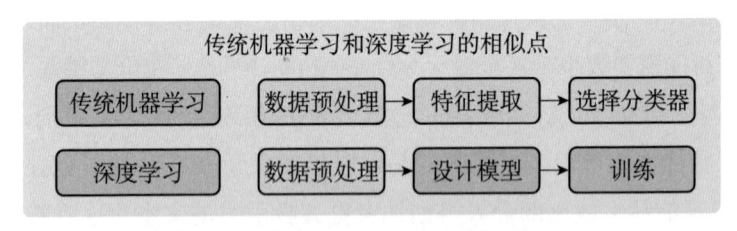

深度学习 → 数据预处理 → 设计模型 → 训练

图 2-6　传统机器学习和深度学习的相似点

而随着深度学习技术的兴起以及硬件算力的大幅提升，AI 领域迎来了重大变革。当网络结构与算法迭代取得突破，生成式 AI 便理所应当地成为技术新焦点。生成式 AI 是 AI 发展的新阶段，是利用生成式模型和深度学习技术自动生成内容的新型生产方式，大数据、云计算和新算法是生成式 AI 的技术支撑。[1] 研究者不再满

---

[1] 董严. 生成式人工智能时代内容生产面临的伦理困境［J］. 新闻世界，2025（2）：17-20.

足于让模型仅仅具备"理解"数据的能力，而是开始尝试让模型基于所学知识进行创造，实现从被动分析到主动创作的转变。生成对抗网络（GAN）和变分自动编码器（VAE）等创新算法的出现，为 AI 生成逼真的图像、语音甚至文本提供了可能，让 AI 能够在一定程度上模仿人类的创作过程。

而 Transformer 模型的问世，则彻底改写了自然语言处理的传统范式。以 GPT-4 为代表的生成式语言模型，展现出了对上下文语义的精准把握和创造性表达能力，能够生成连贯、富有逻辑且有一定创新性的文本内容，使得从机器学习到生成式 AI 的重大跃迁成为现实，开启了 AI 发展的新篇章。

纵观大模型的技术演进历程，可以清楚地看到多种模态的信息处理能力正逐步融入预训练大模型体系中。[①] 融合多模态的边界探索，正将 AI 推向新的高度，也为更多创新提供了可能。DALL·E 等模型在此基础上更进一步，将自然语言处理与图像生成技术深度融合，实现了从文字描述到图像创作的跨模态转换。

在这一过程中，机器不再仅仅是对人类世界中已有概念的"复述"，而是能够根据给定的文字信息，尝试"构建"出全新的内容。根据 OpenAI 公布的测试数据，DALL·E 2 在相似度与创意度方面均显著优于早期的生成模型，从文字到图像的转化成功率提升超过 30%。这些技术突破标志着 AI 不再局限于对现有数据的分析与预测，而是迈向了"内容创造"的全新阶段，为各行业的应用场景带来了深度赋能，为未来的创新发展开辟了广阔的空间。

2. 生成式 AI 的扩散：如何重塑内容生产、商业流程及用户体验

生成式 AI 的崛起，在内容创作领域引发了一场深刻的革命。

[①] 陈露，张思拓，俞凯. 跨模态语言大模型：进展及展望 [J]. 中国科学基金，2023（5）：776-785.

从媒体报道的撰写，到营销广告的策划，再到电影预告片的剪辑制作，AI 已经能够快速生成大量的初稿，极大地提升了内容制作的效率。而在媒介技术发展和传播生态剧变的当下，"内容"的内涵和外延进一步延展，传统"内容"范式已不足以支撑生成式 AI 浪潮下传媒业版图的扩张与角色功能的扮演。[1]麦肯锡的报告显示，借助生成式 AI 进行初步创意设计，企业平均可将产品概念验证周期缩短 25% 以上，在竞争激烈的市场环境中，这种速度与成本的双重优势所带来的价值不言而喻，为企业赢得了更多的市场机会和竞争优势。

当商业逻辑被技术改变，背后便孕育着巨大的经济价值与潜在风险。在金融领域，摩根大通等机构已经开始尝试利用生成式语言模型来撰写财务报告和进行市场研判，大大提升了分析效率，为决策提供了更及时、更准确的支持。有研究估计，到 2030 年，生成式 AI 有望为全球 GDP 贡献额外 7%（约合 7 万亿美元），这一巨大的经济贡献很大程度上来自其对自动化办公、精准营销和风险管理等方面的促进作用。在教育领域，借助 GPT-4 等大模型，可以根据学生的学习情况和兴趣爱好，为其量身定制个性化的课程和练习题，实现因材施教，大幅提高教学效率。然而，随着技术的广泛应用，版权与隐私保护问题也日益凸显，尤其是在内容自动生成和数据训练过程中，如何确保合法合规，避免侵权行为的发生，成为各方需要共同面对和解决的难题。

生成式 AI 赋予了应用更强的交互和理解能力，能够更快、更精准地满足用户的需求。以电商行业为例，AI 模型可以根据用户

---

[1] 喻国明，李钒. 内容范式的革命：生成式 AI 浪潮下内容生产的生态级演进[J]. 新闻界，2023（7）：23-30.

的浏览习惯和偏好，自动生成精准的推荐文案以及多样化的产品海报，为每位用户打造独一无二的购物体验。Gartner 调查指出，到 2025 年，将有 40% 的消费者在线交互会通过生成式 AI 完成，包括客服对话、产品设计反馈等。这意味着，企业正在逐步向"超个性化"运营模式过渡，通过满足用户的个性化需求创造新的价值。但在这一过程中，也需要警惕过度依赖自动化所带来的用户信任风险，应确保用户体验的质量和安全性。

3. 未来方向：生成式 AI 与人类社会的交互关系可能走向何方

随着算法和硬件技术的不断演进，生成式 AI 的应用前景变得更加广阔。生成式 AI 的研究可以增强人类创造力、推动跨学科研究、解决现实问题、推进社会进步，在未来有着广阔的发展前景和巨大的潜力。[1] 首先，全球供应链将从自动化与智能化管理中获得显著收益，通过生成式 AI 实现更高效的沟通和更优化的流转，大幅降低运营成本。其次，新兴商业模式也在不断酝酿，例如将生成式 AI 与元宇宙相结合，为数字资产和虚拟场景的开发带来了前所未有的机遇。国际数据公司预测，到 2026 年，全球在元宇宙相关技术上的支出将达 8 200 亿美元，其中相当大比例会与生成式 AI 的实时内容创作挂钩，为未来的商业发展开辟了新的赛道。

生成式 AI 的广泛落地，必然会对劳动力市场和社会伦理产生重大影响。一方面，AI 对基础内容创作岗位的冲击已经显现，部分重复性、规律性的工作可能会被自动化取代；但另一方面，新的职位类型和技能需求也会随之出现。根据世界经济论坛的测算，到 2025 年，全球将有 8 500 万个工作岗位被自动化取代，但同时也会

---

[1] 张熙，杨小灿，徐常胜. ChatGPT 及生成式人工智能现状及未来发展方向［J］. 中国科学基金，2023（5）：743－750.

有 9 700 万个新岗位因 AI 产业的蓬勃发展而诞生。如何让这股变革力量与社会可持续发展相协调，实现劳动力的平稳过渡和社会的和谐发展，需要政府、企业和研究机构共同努力，在法律和伦理层面给出清晰的指引和规范。

未来，生成式 AI 赋予机器的创造力不仅拓展了人类的表达边界，也在悄然重塑我们的价值体系和文化认知。随着技术的演进，AI 生成内容正变得越来越逼真，使得"真实"与"虚构"之间的界限日益模糊。面对海量合成信息，人们如何建立新的判断标准，如何在技术带来的便利与潜在误导之间保持警觉，已成为一个无法回避的问题。

这种变化不仅关乎个体认知，也在深层次上影响着社会信任机制。过去，我们依赖肉眼、经验或权威机构来验证信息，而在 AI 主导的内容环境下，传统的信任体系可能难以适应。一方面，人们可能因信息泛滥和算法推荐而陷入认知闭环，削弱对事实的辨别能力；另一方面，过度依赖 AI 过滤信息，又可能导致话语权向技术掌控者倾斜，加剧信息操控的风险。如何在开放与规范之间找到平衡，使 AI 既能促进信息共享，又不成为误导或操控工具，是一项亟待解决的挑战。

与此同时，算法透明度、隐私保护与数据安全已成为 AI 发展绕不开的核心议题。AI 不仅影响信息传播方式，还深刻介入个人生活、商业决策和社会治理。算法决策的不透明性可能引发系统性偏见，数据的集中化可能导致隐私泄露，而不受约束的技术扩张甚至可能加剧社会不平等。**在这样的背景下，技术的发展不能仅仅以效率和增长为导向，更需要兼顾伦理责任和公共利益。真正具有长期价值的技术创新，必然是与社会需求、文化演进和制度建设协同发展的。**生成式 AI 能否成为推动经济与社会进步的正向力量，取决于我们如何定义技术的边界，如何构建公平合理的规则，以及如何在创新与约束之间找到恰当的尺度。面对未来，关键不在于 AI 能做什么，而在于我们如何引导它，让它成为增加人类福祉的有力工具，而非加剧风险和分裂的催化剂。

  生成式 AI 是机器学习演进历程中的重要里程碑。它打破了模型仅仅"看懂数据"的局限，开启了"创造内容"的新时代。这种转变为商业模式的迭代和用户体验的升级提供了全新的契机，为教育、金融等传统行业带来了颠覆性的变革机遇。未来，随着技术与社会的深度融合，生成式 AI 或将成为新的经济增长点和文化动力源。然而，潜在的道德争议与监管挑战也在同步加剧，这要求我们以更具前瞻性和包容度的视角来审视这场技术革命。只有在各方共同努力下，生成式 AI 才能真正实现可持续发展，开启人机协同共创的崭新篇章，为人类社会的进步贡献更大的力量。

第三章
智联网时代：互联网范式的重塑与跃迁

互联网正经历一场深刻的变革，正从信息互联迈向智能互联，一个全新的"智联网"时代正在加速崛起。如果说传统互联网是信息的高速公路，承载着全球数据流动，那么智联网则赋予这条公路以智慧，使其不仅能传输信息，还能自主学习、优化和决策。互联网不再只是连接人与信息，而是让信息主动找到人，并在复杂环境中自主演化。

智联网的核心在于 AI、算力和数据的深度融合。传统互联网依赖人工搜索、社交推荐和静态信息存储，而智联网通过大模型、边缘计算、物联网和 5G 技术，使数据能够实时分析、预测并自我优化。智能设备已不仅是数据的终端采集器，而且成为具备一定认知能力的"节点"。当亚马逊的 AWS AIoT 平台让边缘设备具备自主决策能力，当 GPT－4 能够在海量信息中即时整合最优解，当智能交通网络实时协调车辆流量，优化道路使用效率，互联网的角色已经从"信息提供者"升级为"智能协同体"。

数据驱动是智联网的引擎。据国际数据公司预测，2025 年全球数据量将达 175ZB，其中 80％以上来自智能设备、传感器和 AI

生成的信息。相比过去以网页和社交媒体为主的信息流，智联网的数据生态更加庞杂、动态且智能化。信息传输方式不再是单向的、静态的，而是高度自适应的，并在必要时具有决策权。金融市场的智能交易系统已能在毫秒间解析全球经济动向，并自主调整投资策略；智慧城市的 AI 系统则能整合交通、能耗、气象等实时数据，优化城市治理模式。这种智能协作体系，让智联网具备了动态进化的能力。

然而，智联网的崛起并非毫无隐患。算法歧视、数据隐私泄露、算力垄断等问题正日益凸显。拥有高算力资源的科技巨头正在构筑"数据围墙"，形成新的信息寡头，而普通用户与中小企业可能难以跨越这些壁垒。AI 的自主决策能力，也引发了对透明度和伦理责任的深层次思考。我们是否愿意将更多决策权交给机器？当算法操控公共舆论、主导经济交易，甚至影响社会治理时，我们是否仍能确保技术服务于人，而非反过来被技术所控制？

可以预见，智联网将彻底重塑人类的生产方式、生活方式甚至社会结构。从自动化工厂到个性化教育，从智慧医疗到智能法务，智联网正在推动社会从"信息时代"迈向"智能时代"。但未来的竞争，不仅关乎技术领先，更涉及规则制定与公平性。谁能掌控智联网的核心技术，谁就将在全球竞争中占据主导地位。而更关键的问题是，我们该如何确保智联网的进步真正造福全人类，而非成为少数人的垄断工具。

一、中美互联网路径分化

在 AI 时代，中美两国互联网的发展路径出现了显著的结构性分化。美国科技巨头正致力于借助 AI 打造更加智能化、自主化的互联网生态，例如通过大规模预训练模型、强化学习和 AGI 技术来提升内容生成和推理能力，塑造"智能互联网"雏形。而中国的互联网企业则立足于本土海量的数据资源和应用场景，以迭代优化的 AI 推荐系统、智能搜索和产业智能化应用为抓手，构建高度融合商业与社交的智能生态体系。简言之，美国路径更强调技术前沿突破，追求由算法驱动的内容创造与知识推理；中国路径则侧重数据驱动的快速落地，将 AI 深度融入各类应用以增强现有业务。**这种分野体现出互联网竞争逻辑从过去强调"连接规模"转向如今比拼"理解深度"的范式转移。**

这种路径分化在代表性企业的产品形态和算法逻辑上表现得尤为明显。以字节跳动和 Meta 为例，可以清晰地看到"连接型互联网"和"理解型互联网"的差异：

（1）产品形态差异。字节跳动旗下的抖音/TikTok 以短视频流为核心，不依赖用户社交关系即可实现内容分发；而 Meta 的 Facebook/Instagram 则建立在社交网络之上，通过用户好友关系链来连接人与人。前者是典型的内容直推模式，强调让算法将感兴趣的信息直接"找到"用户；后者是社交驱动模式，依赖用户之间的连接来传播信息。

（2）算法逻辑差异。TikTok 的推荐引擎基于对用户兴趣的深度理解，以"兴趣信号"（如停留时长、点赞、复播等）为算法根基，而 Facebook 传统上以"社交图谱"为中心，根据用户关注的人和主页推送内容。事实证明，基于兴趣的算法威力更强大——TikTok 证明了算法对用户兴趣的理解可以比纯粹的社交关联更有效。其短视频格式使算法能高度动态地捕捉用户偏好，细致到不同时段的兴趣变化。相比之下，Facebook 也开始引入更多 AI 推荐元素（例如按照用户可能感兴趣程度来排列信息流），但在兴趣挖掘的实时精准度上，TikTok 已遥遥领先。

（3）数据驱动模式差异。字节跳动的平台以海量实时行为数据为驱动引擎。TikTok 的短视频形式使其收集用户偏好数据的速度极快——与 YouTube 用户每观看十分钟视频才产生一次偏好信号相比，TikTok 用户几秒钟刷完一个视频就产生一次反馈。这种高频数据获取让算法迅速训练迭代，实现"秒级"洞察用户兴趣迁移。当美国的平台还在优化"看过 A 的人可能还喜欢 B"的协同过滤时，TikTok 已经可以通过用户观看少量视频精准预测其接下来一段时间的兴趣走向。可以说，**字节跳动凭借对数据的深度运用，走出了一条"理解用户"的道路**。其内部有超过一半的工程师投入算法研发，彰显出对算法驱动的极端重视。**"算法即产品"已成为字节跳动的信条，而 Meta 则更多继承了社交时代的产品哲学，如今才被迫加码对算法推荐的投入以应对竞争**。

二、从"连接"到"理解"——AI 如何重构互联网竞争格局

互联网的竞争逻辑，正从"连接"跃迁至"理解"。如果说过去的互联网革命是关于如何更快地连接用户、传输信息的比拼，那么 AI 的崛起正在重塑竞争规则——比拼的已不再是流量入口，而是理解能力。谁能让机器更深刻地理解用户需求、语境和行为模式，谁就能在新一轮竞争中占据主动权。美国的技术先发优势，让其在门户网站、搜索引擎和社交平台时代奠定了全球霸主地位。而在移动互联网浪潮中，中国依靠庞大的市场体量、供应链优势以及政策扶持，实现了产业的快速崛起。然而，在 AI 驱动的新时代，两

国的竞争路径出现了明显的分野。美国科技巨头如谷歌、OpenAI、Meta，正依靠大模型、强化学习和 AGI 技术，试图打造能够自主推理和创造内容的"智能互联网"。相比之下，中国企业则以海量数据、高频应用场景为优势，在 AI 推荐系统、智能搜索和产业 AI 化上迅速迭代，打造高度融合商业与社交的智能生态。

AI 驱动的理解能力并非纯粹的技术突破，它同时关涉隐私保护、信息公平、算法透明度等复杂议题。当算法越来越懂用户，甚至在用户开口之前就精准推送"最符合偏好的内容"时，信息茧房、认知操控、伦理边界等问题也变得更加棘手。未来，互联网不再只是一个连接工具，而是一个能够主动感知、预测甚至塑造人类行为的"智能系统"。这场从连接到理解的竞赛，不仅是技术的较量，更是数据治理、算法规则和社会价值观的深度博弈。

(一) 互联网的演变：中美技术路径的分野

作为技术的产物，互联网的发展与技术进步密切关联。[1] 互联网技术革新与迭代的关键，主要在于连接、传输以及围绕互联网效能而兴起的难以计数的数字媒介设备和基础设施。[2] 互联网的发展历程揭示了一条清晰的技术演化路径——从互联网 1.0 时代的单向信息发布，到 2.0 时代的社交互动，再到 3.0 时代的智能理解，每一次变革都大幅提升了互联网的能力和形态，如表 3-1 所示。

---

[1] 杨小雅，吴世文. 从"新事物"到"新世界"：中国互联网的关键技术隐喻及其演变（1994—2024）[J]. 传媒观察，2024（8）：19-29.

[2] 乔治·莱考夫，马克·约翰逊. 我们赖以生存的隐喻 [M]. 杭州：浙江大学出版社，2015.

表 3-1 互联网技术演化路径

互联网 1.0 时代（单向信息发布）	这一时期的互联网主要是静态网页的集合，网站功能类似电子宣传册，用户只能被动接收预设内容，缺乏互动性。信息的传递效率虽有提高，但互联网的角色仍然局限于单纯的信息管道。
互联网 2.0 时代（社交互动）	社交媒体和用户生成内容的兴起，使互联网从单向传播变为双向互动。用户不仅是信息接收者，更成为内容的创造者和传播者。社交网络、博客、论坛等平台兴起，互联网成为一个充满活力的社交广场。
互联网 3.0 时代（智能理解）	真正的变革发生在 AI 深度融入互联网的时代。以自然语言处理、深度学习和知识图谱为代表的 AI 技术，使互联网具备了"理解能力"，可以分析语义、预测用户需求，并提供个性化的服务。

互联网的迭代不仅是技术升级，更是大国竞争的主战场。美国凭借硅谷的创新生态，主导了互联网 1.0 时代的门户网站和 2.0 时代的社交平台，催生了谷歌、Meta 等全球巨头，其技术优势源于对基础算法的深耕与开源生态的构建，例如 Transformer 架构衍生的 BERT 模型和 GPT 模型等通过预训练模式快速适配多语言环境，推动了自然语言处理能力的飞跃。然而，这种全球化布局在中国市场遭遇挑战——政策壁垒与数据本地化要求限制了美国企业的深入渗透，例如谷歌搜索虽能通过 BERT 模型提升复杂查询的语义理解，却因无法获取中文语料与政策合规性而难以撼动本土市场。

中国则依托庞大用户基数与政策支持，在移动互联网浪潮中实现弯道超车。百度、腾讯、字节跳动等企业不仅快速复制了美国模式，更在互联网 3.0 时代的"智能理解"阶段形成差异化竞争。以搜索引擎为例，百度 ERNIE 模型通过融合知识图谱与行业场景数据，将语义理解嵌入医疗、金融等垂直领域，其知识图谱整合了

550亿条中文实体关系，直接支撑了80%的中文搜索市场份额。这种"技术-产业-政策"协同模式，使得中国企业在语音识别、计算机视觉等场景快速落地。科大讯飞的语音助手在中文语音指令处理上准确率超过95%，远超苹果Siri的中文表现，而字节跳动的推荐算法日均处理千亿级用户行为数据，其"千人千面"技术甚至倒逼YouTube调整推荐逻辑。

AI技术的突破进一步加剧了竞争，以思维链技术的发展为典型代表。思维链（CoT）技术是指在提示学习中插入中间推理步骤或推理思维，以期帮助模型构建数字、运算规则、运算符三者间关联关系，实现更加细分步骤和更为细粒度的上下分提示，帮助模型理解人类思维过程的方法。[1] 大模型决策逻辑如图3-1所示。美国的OpenAI凭借GPT系列模型在通用语言生成领域一骑绝尘，GPT-4已能生成逻辑严密的文本，但其依赖全球数据流动的模式在隐私保护趋严的背景下逐渐受限。中国则聚焦技术工程化，例如百度文心大模型通过思维链技术增强推理能力，在政务、教育等领域落地200多个应用场景，甚至将AI决策逻辑嵌入自动驾驶系统，其Apollo平台已在北京、重庆实现Robotaxi商业化运营，直接对标谷歌旗下Waymo。

语义搜索的普及成为另一竞技场。语义搜索相较于传统关键字搜索更为有效，因为它不仅关注词法匹配，还利用自然语言处理和机器学习来把握查询背后的意图。它解释意义、处理同义词并考虑用户历史记录，从而提供更相关的结果。这在语音搜索日益普及的

---

[1] Liu P., Yuan W., Fu J., et al. Pre-train, prompt, and predict: A systematic survey of prompting methods in natural language processing. *ACM Computing Surveys*, 2023（9）：1-35.

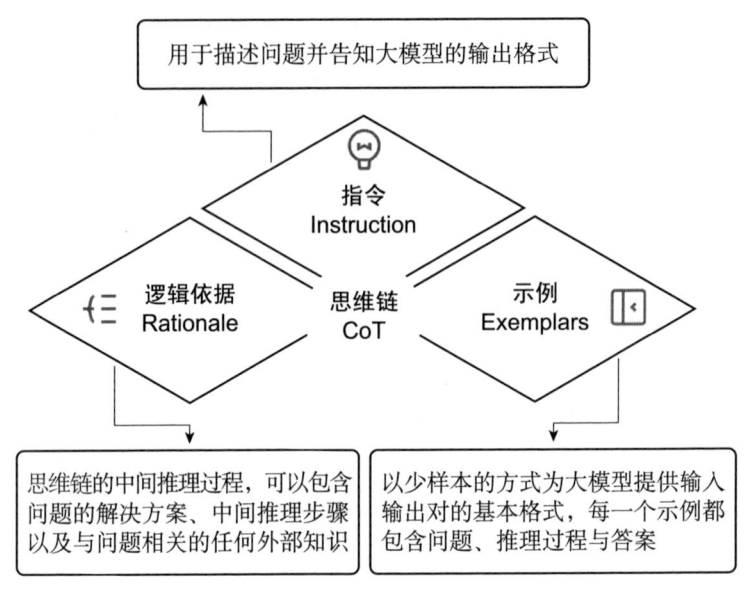

```
                    ┌─────────────────────────────────┐
                    │ 用于描述问题并告知大模型的输出格式 │
                    └─────────────────────────────────┘
                                    ▲
                                    │
                                  指令
                               Instruction

                    逻辑依据        思维链         示例
                    Rationale       CoT        Exemplars

    ┌───────────────────────────┐     ┌───────────────────────────┐
    │ 思维链的中间推理过程，可以包含 │     │ 以少样本的方式为大模型提供输入 │
    │ 问题的解决方案、中间推理步骤  │     │ 输出对的基本格式，每一个示例都 │
    │ 以及与问题相关的任何外部知识  │     │ 包含问题、推理过程与答案     │
    └───────────────────────────┘     └───────────────────────────┘
```

图 3-1　大模型决策逻辑

背景下尤为重要，尽管实现起来较为复杂且需要更多的计算资源。苹果 Siri 凭借全球化生态在英文场景占据优势，但由于中文市场的复杂性，其在如多音字、方言和语义歧义上的表现逊色于本土企业。科大讯飞通过分析方言特征与用户历史数据，在智能家居场景中实现精准语音控制；百度则借助知识图谱直接输出结构化答案，显著提升了中文语义搜索的准确性和效率。

这些创新不仅提升用户体验，更暗含对数据主权的争夺。中国出台《中华人民共和国数据安全法》要求核心数据境内存储，而美国试图通过"开放技术联盟"主导数字贸易规则，双方在标准制定上的博弈已延伸至国际电信联盟的智联网标准立项。在这场竞争中，技术自主性与生态掌控力成为胜负手，谁能将技术优势转化为全球标准，谁就能在"理解互联网"时代掌握话语权。这不仅关乎商业利益，更是大国综合实力的终极投射。

(二) AI 赋能的"理解互联网"：中美应用场景的竞速

AI 技术的核心价值，在于让互联网从"信息匹配"走向"需求理解"。这种 AI 赋能的"理解互联网"不仅能够根据用户输入的关键词提供相关信息，更能够深入分析用户的行为、习惯及潜在需求，从而提供更加个性化、智能化的服务。这种从被动响应到主动理解用户需求的转变，极大地提升了用户体验，也为互联网行业的发展开辟了全新的路径。

美国企业凭借基础算法的先发优势，将深度学习与语义分析技术深度融入全球市场。以谷歌为例，其 BERT 模型通过预训练模式优化搜索引擎的语义理解能力，即便面对冷门专业术语或复杂长尾查询，也能精准捕捉用户意图，例如搜索"量子计算对密码学的影响"时，系统可跳过关键词匹配阶段，直接解析问题核心并整合跨学科知识，这种技术优势支撑了谷歌在全球搜索市场的主导地位。

但谷歌在中国市场却因水土不服而难以施展。从前文中不难看出，百度依托 ERNIE 模型和本土化知识图谱，不仅占据了 80% 的中文搜索份额，还能在用户查询"新能源汽车政策"时，直接关联各省补贴细则与产业链分析，形成"问题—政策—产业"的闭环答案，这种"场景化智能"正是中国避开基础算法短板、以数据密度换技术高度的典型策略。

在个性化推荐领域，中美两国展现了策略上的差异。Netflix 和 Spotify 通过 AI 分析用户行为数据，实现内容与情绪的场景化匹配，例如根据用户深夜观影偏好推荐悬疑剧集，或是依据通勤时段播放节奏明快的音乐。而在中国市场，字节跳动的推荐算法日均处理千亿级用户数据，其"千人千面"技术不仅能识别用户的显性偏好，还能通过点赞、停留时长等隐性信号预判兴趣迁移。当美国平台仍在优化"用户看了 A 也可能喜欢 B"的协同过滤时，TikTok 已能实现"刷 10 条视频预测下一小时观看轨迹"的精准度。中美两国在个性化推荐领域的策略差异，不仅体现了技术发展的不同路径，也映射了两国数据生态、用户习惯及文化背景的独特性。

广告投放的智能化升级则凸显了两国商业模式的路径差异。Meta 和谷歌通过 AI 实现跨平台受众细分，例如根据 Instagram 动态与谷歌搜索记录的关联性推送个性化广告，其程序化广告系统能在毫秒间完成竞价与投放。而字节跳动旗下巨量引擎不仅整合了抖音、今日头条等多平台数据，更通过《中华人民共和国个人信息保护法》将数据使用权牢牢锁定在境内，其 AI 模型能依据方言特征、地域消费习惯甚至节日氛围调整广告内容。例如在春节期间，向广东用户推送粤语拜年广告的同时，向东北用户推送"年货囤积"类商品广告，这种"数据主权＋场景颗粒度"的"组合拳"使得中国广告平台的本地化投资回报率比 Meta 高出 30％以上。

在这场围绕"理解互联网"的竞逐中，技术演进与地缘政治的较量正日益交织。互联网已从单纯的信息连接跃升至智能理解的阶段，竞争焦点也从技术领先转向生态主导权的争夺。决定胜负的已不只是算法的精度或算力的强弱，而是谁能将技术主权、数据控制与应用场景整合为难以撼动的体系，从而构筑牢固的生态壁垒。单纯依赖技术优势已难以确保长期主导权。数据密度决定了模型的智能程度，计算能力决定了技术的可扩展性，而产业链的闭环则确保了生态的自给自足。当数据、技术与场景形成正向循环，创新便不再只是个体或企业的竞争，而是成为国家层面的战略博弈。主导者不仅要掌握先进技术，更要能在全球数字秩序重塑中抢占先机，构建有利于自身发展的规则体系。

这种"封闭式生态壁垒"是否真的能促进技术进步，值得深思。如果信息流动受限，创新活力可能被局部垄断所遏制；如果技术治理走向极端，各国之间的信任机制将遭受冲击，甚至可能导致数字世界的碎片化。互联网的核心价值本是开放与共享，而在日益强调数据主权和技术封锁的背景下，我们是否正在背离这一初衷？未来的互联网格局，究竟是建立在合作与共赢的基础上，还是被各自为战的生态割据所主导，将深刻影响全球的数字化进程。在这场竞赛中，真正的胜者或许不是拥有最强技术的玩家，而是能在开放与控制之间找到平衡，并以可持续的方式塑造规则、引导技术向善的力量。互联网的未来，不应只是少数强者的游戏，而应成为促进全球合作、推动共同进步的契机。

(三) 风险与挑战：信息茧房与隐私保护的矛盾

尽管 AI 带来了诸多好处，但也伴随着信息茧房效应加剧和用户隐私保护的新挑战。信息茧房是两种传播思维相互碰撞的结果，传统意义上大而全的传播模式注重"面"上的拓展，而基于算法的个性化信息推荐则注重"点"上的深挖。[1] 长此以往，算法推荐的个性化程度可能会趋于极致，使得用户身居"信息茧房"而难以自察，同时便于数字平台借此诱导、强化或重塑用户个体的行为选择，最终损及用户的主体性地位。[2] 例如，一些社交媒体平台根据用户的点赞、评论等行为，不断推送用户感兴趣的话题和内容，使得用户沉浸在自己的兴趣圈子里，难以接触到不同的观点和信息。长期处于这种环境中，用户的思维可能会变得狭隘，对社会的认知

---

[1] 林爱珺，刘运红. 智能新闻信息分发中的算法偏见与伦理规制 [J]. 新闻大学，2020 (1)：29-39, 125-126.

[2] 冉隆宇. 从风险治理到科技伦理治理：平台治理的叙事嬗变与路径优化 [J]. 大连理工大学学报（社会科学版），2025 (2)：16-24.

也会出现偏差。

这种信息茧房效应与隐私保护矛盾，正在中美科技博弈中衍生出截然不同的治理逻辑。美国科技巨头凭借算法优势构建全球影响力，却也成为信息茧房的"放大器"。Facebook的推荐系统通过分析用户社交关系与互动行为，将极端观点精准推送给特定群体，2020年美国大选期间，平台算法被指加剧社会分裂，甚至催生"国会山骚乱"这类群体极化事件。这种困境暴露出美国模式的内在矛盾：硅谷企业为维持广告收入最大化，不得不依赖高度个性化的推荐策略，而《加州隐私法》等分散式监管难以约束算法的隐蔽性，最终导致"技术赋权"异化为"信息操纵"。图3-2展示了"用户模型"的构建逻辑，主要由三大类数据支撑：人物画像（性别、年龄、职业等）、定位信息（包括长期、短期、最近位置与家乡等）以及行为偏好（如搜索、阅读、绑定、关注等行为）。这些信息被整合后，用于推导用户在分类、话题、兴趣词、层次模型和内容偏好等方面的个性化特征，实现精准推荐与个性化服务。

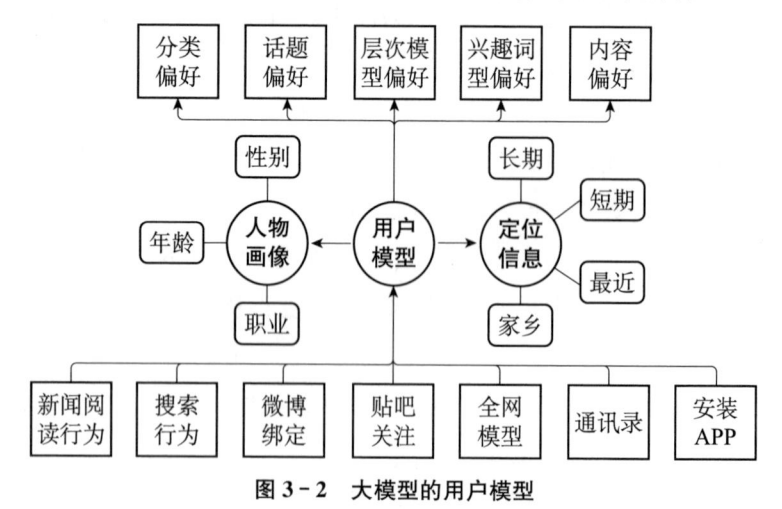

图3-2 大模型的用户模型

此外，为了提供高度个性化的服务，AI 系统需要收集大量用户数据，这引发了关于隐私保护的广泛讨论。一些互联网企业在收集用户数据时，可能没有充分告知用户数据的用途和风险，甚至存在数据泄露的风险。例如，Facebook 就曾因用户数据泄露事件而受到广泛关注和批评，这不仅损害了用户的信任，也对整个行业的发展产生了负面影响。

解决这些问题的关键在于开发 AI 驱动的事实核查工具和 AI 审计工具，并通过多元化的团队和社会文化政策来确保算法的公平性和透明度。例如，欧盟的《通用数据保护条例》（GDPR）和《人工智能法案》提出了专门针对 AI 的全面监管框架，旨在禁止某些 AI 使用并执行严格的治理、风险管理和透明度要求。这反映了更广泛的欧洲战略，强调强大的数据保护和隐私权。

中国近年来出台了一系列法律法规，如《中华人民共和国网络安全法》《中华人民共和国数据安全法》等，以加强用户数据的保护，并对数据的采集、存储、使用和跨境流动设定更严格的规范。这些举措不仅关系到个人隐私权利的保障，也在国家层面加强了对数字经济安全的管理。与此同时，部分科技企业开始主动调整数据策略，以提升用户隐私保护。例如，苹果公司通过设备端计算、应用跟踪透明度等技术手段，减少第三方对用户数据的过度依赖，反映出市场对隐私权益的关注正逐步上升。

隐私保护的强化也带来了一系列值得探讨的问题。**在强调数据安全的同时，如何避免过度监管抑制技术创新？如何在隐私保护与商业模式之间取得平衡，使企业既能遵循规范，又能保持竞争力？** 此外，数据保护的标准因地域和文化的不同而存在差异，如何在全球范围内寻求共识，建立跨国数据治理体系，仍是一个长期挑战。

除了法律和技术手段，AI 的发展还需要在人才与理念上实现多元化。算法偏见并非单纯的技术问题，而往往源于数据、规则设计乃至团队视角的局限。推动不同背景、不同学科的专业人士共同参与 AI 开发，有助于从更全面的角度识别潜在风险，提升技术的公平性与透明度。这不仅关乎算法的可靠性，也涉及 AI 如何被不同社会群体接受和信任。AI 的应用不应仅停留在技术突破上，更需要建立相应的道德、法律和社会框架，以确保技术的发展能够真正惠及所有人。如何在创新与监管之间找到平衡，在隐私保护与数据价值之间建立合理机制，在全球化竞争与合作中塑造更加开放、公正的技术环境，决定着 AI 未来的发展方向。技术的进步不能脱离社会责任，只有当规则、伦理与技术相辅相成时，我们才能真正实现 AI 带来的深远价值，而非被其潜在风险所困扰。

三、智能驱动的信息分发——竞争新格局重新定义"注意力经济"

AI 的崛起，正在重塑信息分发的逻辑，使"注意力经济"从流量竞争走向智能匹配。过去，信息传播依赖于热点制造、内容投放和算法推荐，而如今，大模型、深度学习和多模态 AI 正推动信息流动从"广撒网"变为"精准引导"，重新定义商业价值与用户认知。

中美两国作为全球科技竞争的两大引擎，正在这场变革中展开激烈较量。美国科技巨头凭借算力优势和数据积累，推动大模型驱动的内容分发，如 Meta 的 AI 推荐系统、谷歌的搜索引擎自适应优化，使用户接收到的信息更加个性化。中国的"超大规模"市场和"数据驱动"战略则催生了另一种模式——抖音、微博、小红书等平台依托智能推荐机制，使内容分发更具互动性、社交性，深度绑定用户心理预期。这不仅改变了内容创作逻辑，也让企业从"流量收割"转向"用户运营",以极致精准的方式争夺用户注意力。

算法偏见、信息茧房、认知操控等问题日益凸显,**用户被推送的内容可能不再是最有价值的,而是最能激发情绪、延长停留时间的**。这使得"注意力"本身成为可计算、可操控的资源,平台的商业目标与公共价值之间的博弈日趋复杂。在这一新格局下,真正的竞争不只是技术之争,更是规则制定、伦理底线和用户权益的较量。未来,如何在智能化分发与信息公平之间取得平衡,将成为决定全球注意力经济走向的关键。

(一)传统注意力经济的弊端:中美市场的共性问题

在信息爆炸的时代,传统注意力经济的核心理论将人类注意力视为稀缺且宝贵的资源,这本无可厚非。但实际中,哪里有流量,哪里就有利益,媒体已经发展成为疯狂的注意力掠夺者,流量已经成为捕捉商机的重中之重。[1] 互联网从诞生之初就被贴上了"注意力经济"的标签,而网络流量则是衡量注意力的最好标准。[2] 无论是中国的电商平台还是美国的社交媒体巨头,其流量至上的逻辑不仅扭曲了市场机制,更侵蚀了用户信任与社会价值,暴露出深层次的共性问题。图3-3显示,年轻人对内容风格的关注呈现多元分布,尤以"兴趣爱好"(88%)和"知识丰富"(41%)最受青睐,整体偏好以"探索型"和"代际内突出型"为主,同时也对"搞笑""真实人生经验""情节吸引人"等具有情感或趣味性的内容保持高度关注。

---

[1] 党明辉.注意力经济理论的再阐释:基于互联网"流量经济"现象的分析[J].中国网络传播研究,2018(1):38-49.

[2] 克里斯·安德森.免费:商业的未来[M].北京:中信出版社,2009.

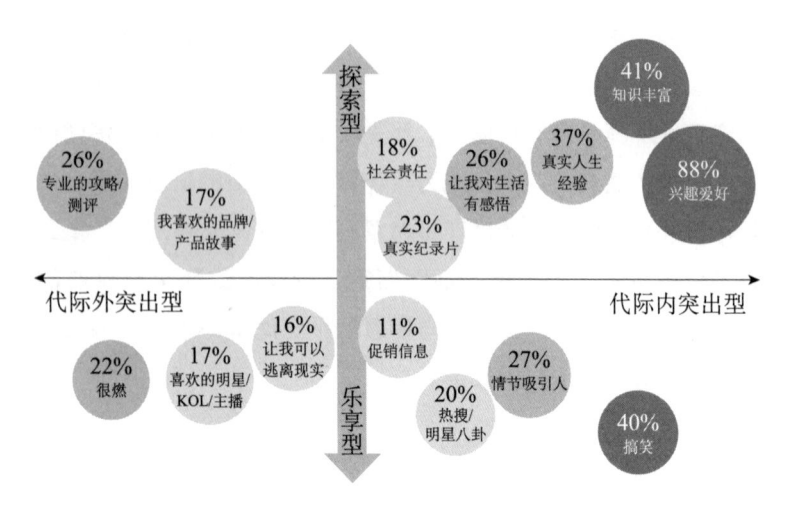

图 3-3 年轻人内容风格注意力分布

资料来源：腾讯营销洞察和人民网研究院发布的《95 后年轻人注意力洞察报告》2021 年版。

中美两国电商平台均深陷"流量竞赛"的泥潭。在中国某头部电商平台上，部分商家通过雇佣"水军"刷单、伪造好评等手段，制造出商品销量过万的虚假繁荣。例如，一款标榜"高品质"的网红服装，实际交付后却因面料粗糙、做工低劣引发消费者投诉。这种恶性竞争导致用户需要耗费大量时间来甄别信息，而真正优质的商家因缺乏刷单资金，其商品被淹没在虚假数据中，形成"劣币驱逐良币"的市场扭曲。类似现象在美国同样存在，亚马逊平台上曾多次曝出虚假评论产业链，商家通过付费购买好评提升排名，消费者在误导性信息中难以做出理性选择。这种流量至上的逻辑不仅浪费了平台资源，更破坏了公平竞争环境，最终导致用户信任度下降与市场效率衰减。

新闻媒体行业和社交媒体平台也深受其害。在新闻媒体与社交媒体领域，流量导向的内容生产机制正在异化信息的公共价值。中国部分娱乐媒体为追求点击率，将明星普通聚会渲染为"惊天事件"，甚至编造虚假绯闻；在美国社交媒体如 Facebook 和 X（原Twitter）上，极端化内容因算法推荐获得更高曝光率，加剧了社会观点极化。这种"标题党"与极端化内容策略短期内虽能提升流量，却严重背离了新闻真实性与社会责任感。受众在反复被误导后，对媒体的信任度急剧下滑。例如，皮尤研究中心数据显示，美国民众对传统媒体的信任度已降至历史低点，而中国网民对网络新闻的质疑声也日益增多。更严重的是，低质量内容挤占了公共讨论空间，真正有价值的信息被边缘化，公共领域的理性对话逐渐被消解。

同样，在数字媒体领域，过度关注流量而忽视内容质量，使得大量有价值的内容被忽视。例如，YouTube 的推荐系统曾因过度推荐极端化内容而受到广泛批评。这表明单纯追求流量的策略，不仅会导致内容分发的失衡，还可能对社会舆论和价值观产生负面影响，引发社会争议和不安定因素。此外，社交媒体平台为了提高用户参与度，通过算法对内容进行个性化推送，虽然在一定程度上满足了用户的兴趣需求，但也导致用户陷入信息茧房，接触的信息越来越单一。由此可见，传统注意力经济的低效性以及潜在的负面外部性已经不容忽视，迫切需要一种全新的解决方案来打破这种困境。

斯坦福大学研究发现，美国社交媒体的算法推荐使保守派与自由派用户的信息接触差异扩大了 35%；而在中国，年轻人因长期沉浸于娱乐化短视频，对深度内容的耐心显著下降。**更值得注意的是，算法对心理健康的影响逐渐显现。用户陷入"刷无止境"的循环后，容易产生焦虑、孤独等情绪，这种"注意力剥削"本质上是对个体时间的掠夺，而非价值的创造。**

(二) AI 优化信息分发的逻辑：高效的内容匹配

随着 AI 技术的飞速发展，其在信息分发领域展现出了巨大的优势，为解决传统注意力经济的弊端提供了新的思路和方法。TikTok 和 Meta 等国际知名平台，通过运用先进的算法驱动内容分发模式，实现了个性化内容匹配和实时竞价策略，在提升用户参与度方面取得了显著成效（如图 3-4 所示）。TikTok 在发展初期，面临着新用户冷启动的难题，即如何快速了解新用户的兴趣偏好，为其提供有吸引力的内容。TikTok 利用协作过滤技术，通过分析大量已有用户的行为数据，找出具有相似兴趣爱好的用户群体，然后

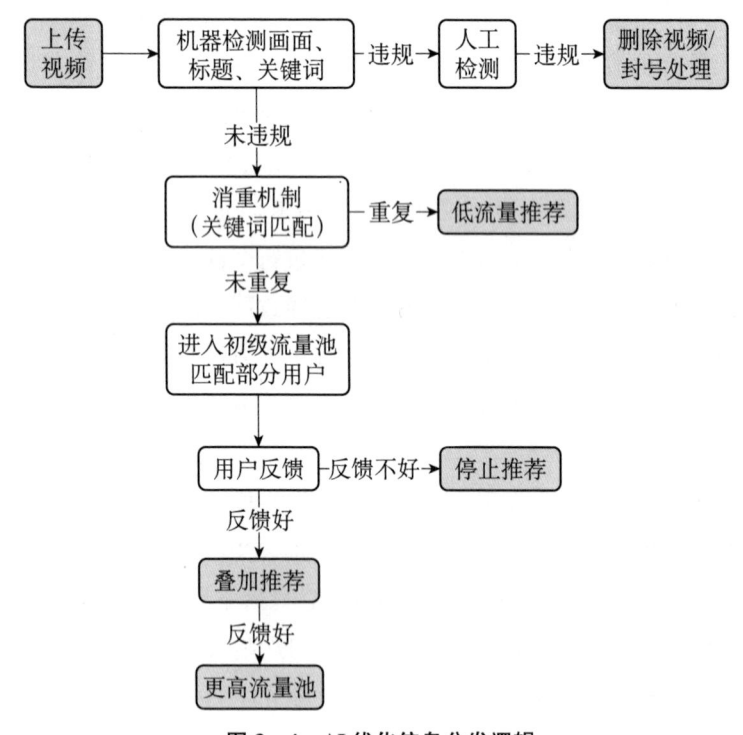

图 3-4　AI 优化信息分发逻辑

将这些用户喜欢的内容推荐给新用户。同时，结合流量池技术，将新发布的内容先放入一个小范围的流量池中进行测试，根据用户的反馈数据（如点赞、评论、观看时长等），筛选出表现优秀的内容，再逐步扩大推荐范围。这种方式使得 TikTok 能够迅速为用户提供符合其兴趣的内容，吸引用户持续使用平台，成功克服了冷启动问题。

Meta 则在广告业务方面不断创新，通过自动化广告策略和优化出价，提高了广告与用户的相关性和广告投放效率。Meta 利用 AI 算法对用户的海量数据进行分析，包括用户的年龄、性别、职业、兴趣爱好、浏览历史等多维度信息，构建出精准的用户画像。然后根据这些画像，为广告主精准匹配目标用户群体，使得广告能够更精准地触达潜在用户，提高了广告的点击率和转化率。

除了这些国际平台，国内的小红书在 AI 优化信息分发方面也成绩斐然。小红书拥有庞大的用户群体，每天产生海量的用户行为数据，如浏览历史、点赞收藏、评论分享等。小红书通过先进的大数据分析技术和 AI 算法，对这些数据进行深度挖掘和分析，构建出极其精准的用户兴趣模型。

当用户打开小红书时，系统会根据用户的兴趣模型，为其推荐个性化的笔记内容。对于一个热爱健身的用户来说，在小红书上，他不仅会看到各种专业的健身教程，从基础的健身动作讲解到高阶的训练计划制订应有尽有，还有丰富的健身器材推荐，涵盖了从家用小型器材到健身房大型设备的各类产品，更有科学合理的健身饮食搭配建议，包括每日食谱、营养成分分析等。这些个性化的内容不仅满足了用户的兴趣需求，还激发了用户的互动欲望，用户会忍不住点赞、收藏这些内容，甚至参与评论和分享自己的健身经验。这大大提高了用户在平台上的停留时间和参与度，形成了一个良性的内容生态循环。

在音乐流媒体领域，网易云音乐借助 AI 技术，为用户打造了个性化的音乐推荐服务。网易云音乐拥有海量的音乐曲库和庞大的用户听歌数据。通过对用户的听歌历史、创建的歌单、对歌曲的评价以及用户在平台上的互动行为等数据进行分析，网易云音乐能够深入了解用户的音乐喜好和情感偏好。当用户经常收听一些舒缓的民谣歌曲时，网易云音乐的 AI 推荐系统会基于大数据分析，为其推荐一些小众但同样风格的民谣歌手的作品。这些小众歌手的作品往往蕴含着独特的音乐风格和情感表达，为用户带来全新的音乐体验，让用户能够发现更多自己喜欢的音乐。这种个性化的推荐方式，不仅提高了用户对平台的满意度和忠诚度，还为许多小众音乐人提供了展示才华的机会，帮助他们获得更多的曝光和关注，推动了音乐文化的多元化发展。

电商平台淘宝也在不断加大对 AI 技术的投入，持续优化其 AI 推荐系统。淘宝作为国内最大的电商平台之一，拥有海量的商品数据和用户行为数据。淘宝通过分析用户的购买历史、浏览记录、搜索关键词等数据，为用户提供高度个性化的商品推荐。当用户在淘宝上搜索过某款手机后，淘宝的 AI 推荐系统会在首页为其推荐同品牌或同价位的其他手机型号，同时还会推荐与该手机相关的配件，如手机壳、充电器、耳机等。此外，淘宝还会根据用户的地理位置、季节等因素，为用户推荐适合当地气候和季节的商品。比如在夏季，对于位于南方地区的用户，淘宝会推荐轻薄透气的夏季服装、防晒用品、清凉解暑的饮品等；而对于位于北方地区的用户，则可能会推荐一些适合户外活动的装备，如帐篷、渔具等。这种精准的商品推荐，大大提高了用户购物的效率和体验，让用户能够更快速地找到自己需要的商品。同时，也为商家带来了更多的销售机会，提高了商家的运营效率和收益。

AI驱动的内容分发系统具备强大的实时数据分析能力，能够实时捕捉用户的行为变化，预测消费者行为趋势。通过对用户个人偏好的深入理解，为用户提供高度个性化的营销体验。众多研究表明，AI可以通过高级数据分析，挖掘出传统方法难以获取的详细见解。这些见解能够帮助营销人员更精准地定位目标受众，深入了解目标受众的需求和痛点，从而制定更有针对性的营销策略。这不仅降低了广告成本，提高了广告投放的精准度，还大大提高了转化率。

此外，AI还允许跨多个渠道进行实时优化。无论是社交媒体平台、搜索引擎，还是电商平台等，AI都能根据不同渠道的特点和用户行为数据，对广告内容、投放时间、投放方式等进行实时调整和优化，从而提高广告效果，减少广告资源的浪费。例如，AI系统通过程序化广告实时优化广告效果，自动在广告交易市场中购买和出售广告空间，根据用户与广告的互动情况，如点击、浏览、购买等行为数据，不断优化广告定位和内容，确保广告能够以最佳的状态触达目标用户，实现广告效果的最大化。这种高度个性化的营销体验，不仅提高了用户参与度和满意度，还为用户提供了更加相关和吸引人的内容，增强了用户对平台的黏性和忠诚度。

(三) AI理解力与信息操控权的争夺

"理解力即权力"已经成为AI时代信息空间博弈的新命题。算法对内容和语义的理解能力，正迅速转化为对注意力和舆论的操控能力。所谓理解力，包括对语义的精准把握（例如搜索引擎理解用户自然语言查询的意图）、算法推理（通过大数据和模型进行预测和决策的能力），以及对用户注意力的引导和操控（通过个性化推荐影响用户的阅读和观看选择）。**当互联网平台的算法能够"读懂"**

文字背后的含义、洞察用户潜在需求，并据此主动筛选信息时，它实际上就掌握了巨大的软权力：可以在不知不觉中塑造用户认知。**在这一背景下，争夺 AI 理解力，实质就是争夺未来信息空间的话语权**。因为谁的系统最能洞察语义、把握偏好，谁就能主导信息流动的方向，实现对大众注意力的高效分配乃至影响其思维判断。

搜索引擎领域的竞争率先体现了"理解力即权力"的深意。以谷歌和百度为例，语义理解能力的高下直接关系到两家企业在各自市场的支配地位。谷歌凭借卓越的算法实力，在全球搜索市场上占据绝对优势——其全球市场份额超过 90%。这在很大程度上归功于谷歌对搜索语义的持续改进：从引入 PageRank 算法奠定排名基础，到近年应用 BERT 模型增强对复杂长尾查询的理解，谷歌搜索越来越善于"读懂"用户想知道什么，而不仅仅是匹配关键词。例如，当用户搜索"量子计算对密码学的影响"这样的复杂问题时，BERT 等模型使谷歌无须逐字匹配关键词，就能抓取用户意图并给出综合性的答案方案。这种对语义的深刻理解力是谷歌在全球称霸的技术根基之一。

反观中国市场，百度通过发展本土化的语义理解技术奠定了领先地位，拥有超过 70% 的国内搜索份额。百度的策略是以知识图谱和行业数据为依托来增强搜索的"懂语境"能力。例如，百度构建了全球最大的中文知识图谱之一，整合了超过 5 亿实体和 5 500 亿条事实关系（相当于对中文世界知识的机器可读化）。这使得百度在回应本地查询时游刃有余：当用户搜索"新能源汽车补贴政策"时，百度可以直接调动知识图谱，将国家法规、各省细则和相关产业信息关联起来，生成一个涵盖政策要点和产业影响的结构化答案。这种将语义理解与场景知识相结合的方式，大大提升了中文搜索结果的相关性和准确度。正是通过"**以数据密度换取技术深度**"，百度在语义搜索上避开了与谷歌直接比拼基础算法的短板,用对本土语境的深刻把握巩固了自身的信息控制力。

大模型驱动的语义技术竞赛,则是"理解力争夺战"的新前沿。近几年,美国在通用大模型上一路领先:OpenAI 的 GPT-3/GPT-4、谷歌的 PaLM 等模型在语言理解和生成上屡破纪录。GPT-4 已能生成逻辑严密、内容丰富的文本,展示出初步的语义推理和上下文理解能力,这被视为向 AGI 迈进的重要一步。然而,这些强大的模型仰赖于海量的全球数据来训练,在隐私保护日益受关注的环境下,其数据获取模式面临掣肘。与此对应,中国积极投入大模型的工程化应用,追赶技术步伐。以百度的文心大模型为代表,中国大模型在语义理解上取得快速进展。例如,文心大模型引入了思维链技术,通过在模型提示中嵌入中间推理步骤来增强复杂推理能力。目前,文心大模型已在政务、金融、医疗等数百个应用场景落地,帮助实现智能客服、辅助决策甚至自动驾驶等功能,将 AI 的语义理解力转化为实际生产力。可以看到,美国倾向于追求大模型的通用认知能力,而中国更注重将语义理解技术场景化、本土化,在特定领域深耕细作。两国在大模型语义技术演进节奏上的此消彼长,正是各自技术生态和战略侧重的映射:前者强调突破性和通用性,后者强调应用牵引下的快速部署和迭代完善。

值得注意的是,AI 语义"理解力"的争夺从来不仅是企业间的技术竞赛,更是关于信息操控权的博弈,其影响直指平台治理和社会认知的塑造。拥有强大 AI 理解力的平台,事实上正在成为新的"舆论控制器"。

一方面,在商业层面,谁掌握了用户的注意力,谁就拥有了定向投放信息和广告的权力,从而攫取更高的经济价值。例如,Facebook 曾因剑桥分析公司(Cambridge Analytica)信息泄露事件暴露出其算法对用户心理的洞察之深：通过分析区区几十个点赞，数据公司就能精准预测用户的政治倾向、个性特征，并实施有的放矢的广告宣传，这种微调操纵的能力被舆论形容为反乌托邦式的强大。又如，字节跳动的算法可以细致地学习用户行为，从而长时间地黏住用户视线，这引发了美国政府对 TikTok 的安全担忧，担心其算法推荐可能被用于影响美国公众舆论。

另一方面，在社会治理层面，各国政府也意识到算法理解力与舆论引导权密不可分。我国政府明确将算法纳入监管，通过推动"清朗"行动等措施要求平台弘扬主流价值观、限制有害内容，希望营造充满"正能量"的网络空间。而美国等西方国家也开始探索算法监管：要求提高透明度、消除偏见，并防范社交媒体算法放大极端内容对民主进程的冲击。可以预见，围绕 AI 信息理解与控制权的博弈将日趋激烈。**争夺"理解互联网"时代的话语主导权，不仅涉及技术能力的较量，更牵动规则制定权和价值观主导权的竞赛。** 这一系列讨论也为后续有关算法治理、舆论风险防范的章节奠定了基础：**如何在确保技术进步和信息生态活力的同时，防止"理解力"被滥用以操控公众、危害社会，是摆在中美两国乃至全球社会面前的共同挑战。**

（四）争议与应对：信息分发模式中的算法偏见及可能的解决路径

尽管 AI 在信息分发领域带来了诸多显著的改进，极大地提高了信息分发的效率和精准度，但随着其广泛应用，关于算法偏见的问题也日益凸显，引起了社会各界的广泛关注和担忧。

以 YouTube 的推荐系统为例，它曾因强化极化内容而饱受批评。YouTube 的算法在推荐内容时，可能会根据用户的历史浏览记录和偏好，过度推荐一些极端化的观点和内容，使得用户逐渐陷入一个信息闭环，只接触到与自己原有观点相似的内容，进一步加剧了社会观点的极化。这种**算法偏见不仅影响了用户获取信息的全面性和客观性，还可能导致社会舆论的分裂和对立，对社会的和谐稳定产生负面影响。**

在招聘领域，一些企业引入 AI 招聘系统来筛选简历，旨在提高招聘效率和精准度。然而，这些系统在实际运行过程中，往往会因为算法偏见而导致一些优秀的求职者被忽视。某些 AI 招聘系统在设计时，可能会过度依赖一些表面的指标，如求职者的毕业院校、工作经验等，而忽视了求职者的实际能力和潜力。例如，一些毕业于非知名院校但具有丰富实践经验和创新能力的求职者，可能会因为毕业院校这一因素被 AI 招聘系统直接过滤掉，失去了展示自己才华的机会。这种算法偏见导致企业可能错过一些真正适合岗位的人才，影响了企业的人才选拔和培养，也对求职者的职业发展造成了不公平的阻碍。

信贷领域同样存在 AI 算法偏见的问题。一些 AI 信用评估系统在评估用户信用时，可能会根据用户的种族、性别、居住地等因素产生偏见。例如，某些地区由于整体经济发展水平相对较低，即使该地区的部分居民个人信用记录良好，但 AI 信用评估系统可能会基于该地区的整体经济状况，判定这些居民信用风险较高。这使得他们在申请贷款时，可能会面临贷款申请被拒绝或需要支付更高利率的情况。这种算法偏见不仅损害了用户的个人利益，剥夺了他们公平获得金融服务的权利，还加剧了社会的不公平现象，进一步拉大了不同地区、不同群体之间的经济差距。

为了应对这些算法偏见问题，国际社会和科技企业都在积极采取措施。欧盟出台了《人工智能法案》，这是一项具有里程碑意义的法规。该法案旨在将 AI 系统按照风险程度进行分类，针对不同风险级别的 AI 系统制定严格的合规要求。对于高风险的 AI 系统，如用于关键基础设施管理、司法和执法等领域的 AI 系统，要求其开发者和使用者必须进行严格的风险评估和管理，确保 AI 系统的安全性、可靠性和公平性。同时，法案还强调了 AI 系统的透明度和可解释性，要求开发者向用户和监管机构提供关于 AI 系统决策过程的详细解释，以便及时发现和纠正可能存在的算法偏见。

此外，"从设计着手的公平"（Fairness by Design）等道德框架也逐渐兴起，这些框架强调从 AI 系统设计的源头出发，融入公平、公正的原则，消除潜在的偏见和歧视。在设计 AI 算法时，充分考虑不同性别、种族、地域等因素，确保算法对所有用户一视同仁，不产生任何不公平的偏袒或歧视。图 3-5 展示了可信 AI 教育框架，这一框架旨在实现对 AI 的全生命周期可信任管理，平衡技术发展与伦理价值。

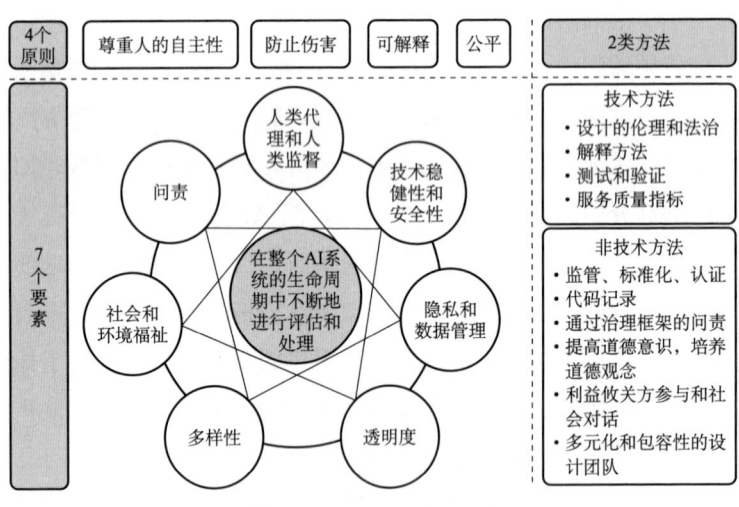

图 3-5 可信 AI 教育框架

资料来源：江波，丁莹雯，魏雨昂. 教育数字化转型的核心技术引擎：可信教育人工智能[J]. 华东师范大学学报（教育科学版），2023（3）：52-61.

联合国教科文组织也积极发挥作用，其建议进一步强调了人权和尊严在 AI 发展中的重要性，呼吁多方利益相关者共同参与 AI 治理。包括政府、企业、科研机构、社会组织和普通用户等在内的各方应共同努力，制定和遵守相关的道德准则和规范，确保 AI 系统在开发、部署和使用过程中尊重人权和尊严，保障信息的公平分发和利用。

除了国际组织的努力，一些科技企业也在积极行动。谷歌作为全球领先的科技企业，成立了专门的 AI 伦理团队。这个团队由来自不同领域的专家组成，包括计算机科学家、伦理学家、社会学家等，他们负责监督和评估谷歌的 AI 产品和服务，通过对 AI 算法的审查、数据的分析以及用户反馈的收集，确保谷歌的 AI 产品和服务符合公平、透明和道德的原则。同时，谷歌还积极开放一些 AI 工具和数据集，供全球的研究人员和开发者进行研究和改进，通过开源共享，汇聚全球智慧，共同探索减少算法偏见的方法和技术，推动整个 AI 行业的健康发展。

这些措施的实施，可以在一定程度上减少 AI 系统中的固有偏见，促进形成更加公平和多样化的信息分发环境。AI 生成的内容如果基于有偏见的数据，很容易创建出同质化的内容，过度偏爱主流输出，导致信息多样性的降低。此外，AI 模型由于其自身的局限性，往往难以完全掌握文化的细微差别，这可能会导致在信息分发过程中强化现有的权力动态，使得不同的声音被边缘化，维持甚至加剧社会刻板印象。因此，建立一个透明、包容和多方利益相关者共同参与的治理框架，对于解决 AI 算法偏见问题至关重要。只有这样，才能确保 AI 在信息分发领域发挥积极作用的同时避免带来负面影响，实现技术与社会的和谐发展。

总而言之，AI 正在通过智能化的内容分发深刻重塑注意力经济,将原本无序混乱的信息洪流转化为精准高效的兴趣流,为用户提供更加个性化、优质的内容和服务。然而,在享受技术带来的巨大便利时,我们绝不能忽视其潜在的偏见和不公平现象。通过国际组织、政府、企业和社会各界的多方合作,制定和完善相关法规、道德框架,加强监管措施,引入透明度、问责制和公平性的道德理念,我们能够更好地应对 AI 驱动内容分发系统中的挑战,促进一个更加多样化、包容和公平的数字生态系统的形成,让 AI 真正造福于人类社会。

四、平台经济转向赋能经济——AI 如何颠覆传统价值链

AI 正在重塑经济范式,推动平台经济向赋能经济跃迁。过去二十年,平台模式依靠流量聚合、规模效应和数据垄断,成为价值创造的核心。然而,AI 的崛起正在颠覆这一传统逻辑,使"赋能"成为新的竞争焦点。未来的经济生态不再由少数中心化平台主导,而是由 AI 驱动的智能系统赋能各个行业,打造更加分布式的价值链。这一变革的核心在于,AI 不再仅仅提供服务,而是嵌入生产、运营和决策体系,提升整个经济体系的智能化水平。制造业的人工智能物联网(AIoT)正在让传统供应链从被动响应转向智能预测,精准调配资源;金融行业的 AI 量化交易与智能风控,使资本流动更加高效且个性化;医疗领域的 AI 辅助诊断,正在打破医生经验的局限,提高诊疗精准度。AI 不再是工具,而是决策者的"共生体",从底层架构上重塑价值链。

事实上,这种去中心化的智能经济也带来了新的挑战。**数据所有权、算法透明度、行业垄断等问题浮现,AI 赋能是否会形成新的权力集中?企业是否真正拥有 AI 赋予的自主权,而不是受限于**

少数科技巨头的生态体系？平台经济曾通过"赢家通吃"构筑壁垒，而赋能经济的关键在于能否实现公平、高效的价值分配。未来，真正具有竞争力的企业，不是依赖平台吸纳用户，而是能够充分利用 AI，解构传统价值链，让智能化能力真正惠及每一个个体。

（一）平台经济的局限：单一平台模式下资源分配的固化与生态失衡问题

平台经济在过去的一段时间里，凭借互联网技术的发展，迅速崛起并渗透到各个领域，为经济发展带来了巨大的推动力。平台经济带动了上游供应链和下游服务业的快速发展，预计到 2030 年，平台经济将为中国创造税源规模 77 万亿～110 万亿元。[1] 然而，**在其快速发展的背后，却隐藏着诸多问题，资源分配不均便是其中最为突出的矛盾之一。**

在本地生活服务领域，以 Zomato 为例，作为印度知名的餐饮服务平台，它起初只是一个帮助用户发现餐厅的信息平台。但随着业务的不断拓展，Zomato 凭借强大的网络效应和规模经济，逐渐成为食品科技行业占主导地位的数字实体。它利用自身庞大的用户基础和先进的技术优势，与众多餐厅建立合作关系。然而，在合作过程中，Zomato 收取的高额佣金让许多中小餐厅不堪重负。这些中小餐厅为了获得更多的订单和曝光机会，不得不依赖 Zomato 平台，但高额的佣金使得它们的利润空间被严重压缩。一些小型餐厅甚至因为无法承担高昂的成本而被迫关闭，而 Zomato 却在这个过程中不断积累财富和资源，进一步巩固了自己在市场中的地位。这种现象导致了市场的集中化，大量的资源向头部平台聚集，中小餐厅等传统市场

---

[1] 德勤中国，阿里研究院.平台经济协同治理三大议题［R］.云栖大会"数据力量·社会治理的共享与共治"分论坛，2017.

参与者的生存空间被不断挤压，市场竞争环境遭到破坏。

在搜索引擎市场，谷歌的垄断地位更是备受争议。谷歌凭借其先进的搜索算法和广泛的用户基础，占据了全球搜索引擎市场的大部分份额。它通过对搜索结果的排序和展示，能够极大地影响用户的选择和行为。一些小型的搜索引擎公司，即使拥有独特的搜索技术和优质的服务，也难以在谷歌的强大竞争压力下获得发展机会。谷歌还利用其对海量数据的控制，加强自己的市场霸权。例如，谷歌通过收集用户的搜索历史、浏览记录等数据，为广告商提供精准的广告投放服务，从中获取巨额利润。而其他竞争对手由于缺乏数据资源，无法提供类似的精准服务，在市场竞争中处于劣势。这种垄断行为不仅限制了市场的竞争，也引发了全球范围内的反垄断担忧。许多国家和地区纷纷对谷歌展开反垄断调查，试图打破其垄断局面，维护市场的公平竞争。

在电子商务领域，亚马逊同样是一个具有强大影响力的巨头。亚马逊凭借其完善的物流体系、丰富的商品种类和优质的客户服务，吸引了大量的消费者和商家入驻。然而，随着亚马逊的不断发展壮大，它也开始利用数据驱动策略来确保自己在电子商务领域的领先地位。亚马逊通过分析平台上商家的销售数据、用户的购买行为等信息，了解市场需求和竞争态势。然后，它会根据这些数据推出自己的自有品牌产品，与平台上的商家展开竞争。这些自有品牌产品往往具有价格优势和流量优势，使得许多中小商家的产品销量受到影响。一些中小商家甚至因为无法与亚马逊的自有品牌竞争而被迫退出平台。亚马逊的这种行为被指责为垄断行为，阻碍了小企业的发展，破坏了电子商务市场的生态平衡。

这些案例反映了数字平台利用网络效应、数据和技术优势整合权力的更广泛趋势，这往往会挑战传统的监管机制。传统的监管机制在面对这些新兴的数字平台垄断行为时显得力不从心。因为数字平台的垄断行为具有隐蔽性和复杂性,其垄断的形式和手段与传统的垄断行为有所不同。例如,数字平台往往通过数据垄断、算法歧视等方式来获取竞争优势,而这些行为很难被传统的监管手段所识别和监管。因此,需要建立新的监管机制和政策框架来应对平台经济带来的垄断问题,保障市场的公平竞争和生态平衡。

(二)赋能经济的特质:助力中小企业与传统行业实现技术升级

随着 AI 技术的不断进步,其在经济领域的应用越来越广泛,正逐渐从简单的服务提供者转变为赋能者。通过开放应用程序接口(API)和工具箱等方式,AI 为中小企业和传统行业带来了前所未有的发展机会,助力它们实现技术升级和创新发展。

亚马逊 AWS 作为全球领先的云计算服务提供商,为企业提供了丰富的 AI 驱动的服务。其中,SageMaker 提供非常强大的机器学习服务,它使得企业在医疗保健、农业和制造业等多个领域集成 AI 变得更加容易。在医疗保健领域,一些中小型医疗机构可以利用 SageMaker 构建疾病预测模型。例如,通过分析大量的患者病历数据、基因数据和临床检验数据,SageMaker 可以帮助医疗机构预测某种疾病的发病风险,提前采取预防措施,提高疾病的治愈率。在农业领域,SageMaker 可以帮助农民分析土壤数据、气象数据和农作物生长数据,实现精准施肥、精准灌溉和病虫害预测,从而提高农作物的产量和质量。在制造业领域,SageMaker 可以用于设备故障预测和质量控制。通过对生产设备的运行数据进行实时监测和分析,SageMaker 能够提前预测设备可能出现的故障,及时安排维修,避免生产中断。同时,它还可以对产品的生产过程进行质量监控,及时发现和纠正质量问题,提高产品的合格率。

亚马逊 AWS 的 Rekognition 则是一款强大的提供图像识别服务的工具，它通过图像识别功能提升了许多行业的安全性和效率。在零售行业，一些小型超市可以利用 Rekognition 来防止商品盗窃。通过在超市内安装摄像头，Rekognition 可以实时识别顾客的行为，一旦发现有可疑的盗窃行为，系统会立即发出警报，通知超市工作人员进行处理。在安防领域，Rekognition 可以用于人脸识别门禁系统，提高建筑物的安全性。只有通过人脸识别验证的人员才能进入建筑物，有效防止了非法入侵。此外，Rekognition 还可以用于图像分类和标注，帮助企业快速处理大量的图像数据，提高工作效率。

OpenAI 作为 AI 领域的知名企业，通过开放 API 为企业提供定制化的服务。即使是小型企业，也能够利用 OpenAI 先进的 AI 技术来提升自己的业务能力。我们可以看到，一些小型的内容创作企业可以利用 OpenAI 的 API 开发智能写作助手。这个助手可以根据用户输入的主题和要求，自动生成高质量的文章、文案等内容，大大提高了内容创作的效率和质量。在客服领域，OpenAI 的 API 可以帮助企业开发智能客服机器人。这个机器人能够理解用户的问题，并给出准确的回答，有效减轻了客服人员的工作压力，提高了客户服务的效率和质量。

在农业方面，精准农业技术的应用正在改变传统农业的生产方式。精准农业作为一种创新的农业生产模式，旨在通过先进的科技手段实现农业生产的精细化管理和高效化生产。[①] 通过使用卫星遥感、无人机、传感器等技术，结合 AI 算法，农民可以实时获取农田的土壤湿度、肥力、病虫害等信息。然后，根据这些信息，精准农业

---

① 常立芬. 农业智能化技术在精准农业中的应用 [J]. 农业工程技术，2023 (35)：69-70.

系统可以为农民提供精准的施肥、灌溉和病虫害防治方案，实现资源的优化利用。例如，在一些干旱地区，精准农业系统可以根据土壤湿度和气象数据，精确控制灌溉水量，避免水资源的浪费。同时，通过对农作物生长数据的分析，精准农业系统还可以预测市场需求，帮助农民合理安排种植计划，提高农产品的市场竞争力和盈利能力。

在医疗保健领域，AI 影像分析技术的发展为医生的诊断工作带来了极大的便利。AI 不仅提高了疾病筛查的阳性率，在诊断效率以及疾病分级分期方面也提供了参考依据。[①] 传统的医学影像诊断主要依靠医生的经验和肉眼观察，容易出现误诊和漏诊的情况。而 AI 影像分析技术可以对 X 光、CT、MRI 等医学影像进行快速、准确的分析，帮助医生发现潜在的病变。例如，一些 AI 影像分析系统可以在肺癌的早期诊断中发挥重要作用。它可以通过对肺部 CT 影像的分析，检测出微小的肿瘤病变，为患者的早期治疗提供宝贵的时间。此外，AI 影像分析技术还可以帮助医生制定个性化的治疗方案，提高治疗效果，改善患者的护理体验。

这些案例表明，AI 正通过技术赋能，推动各行业的转型与升级。无论是中小企业还是传统行业，都可以借助 AI 的力量提升自己的竞争力，实现可持续发展。

(三) 未来趋势与挑战：避免生态失衡

在 AI 赋能经济的浪潮中，我们要警惕数据垄断的暗流，守护公平竞争的生态环境。 尽管 AI 赋能经济为中小企业和技术落后地区带来了希望，为经济发展注入了新的活力，但也不可忽视其潜在

---

① 周建国，符大勇，卢明聪，等. 人工智能在医学影像辅助诊断中的应用现状及前景分析 [J]. 中国卫生产业，2022（20）：249-252.

的风险。在以互联网产业带动的大数据产业加速发展的大背景下，数据资源和技术逐渐成为世界经济发展的重要资产之一，数据资源正逐渐渗透至国民经济的各个领域，成为必不可少的生产要素。[1] 这就使得一些大型科技企业有可能通过海量数据和强大的计算能力进一步巩固其市场地位，形成新的数据垄断现象。

大型科技企业在 AI 赋能经济的发展过程中，凭借其雄厚的资金实力和技术优势，能够收集和存储大量的用户数据。这些数据涵盖了用户的个人信息、行为习惯、消费偏好等各个方面，具有极高的商业价值。大型科技企业可以利用这些数据训练更加精准的 AI 模型，提供更加优质的服务，从而吸引更多的用户和客户。而中小企业由于缺乏数据资源和技术能力，很难在竞争中与大型科技企业抗衡。**长此以往，市场可能会出现新的数据垄断格局，大型科技企业将占据主导地位，中小企业的发展空间将受到严重限制，经济生态将出现失衡**。

为了避免这种生态失衡，各国政府和国际组织正在积极探索解决方案。中国作为全球数字经济发展的重要力量，在推动 AI 技术发展的同时，也高度重视数据垄断和生态平衡问题。中国的数字经济发展政策强调技术创新和应用，鼓励企业加大在 AI 领域的研发投入，推动 AI 技术与实体经济的深度融合。同时，中国政府也加强了对数据安全和隐私保护的监管，制定了一系列法律法规，规范企业的数据收集、使用和管理行为。例如，《中华人民共和国数据安全法》和《中华人民共和国个人信息保护法》的出台，为数据安全和隐私保护提供了法律保障。此外，中国还积极推动教育机构调整 AI 技术课程，培养更多的 AI 专业人才，提高全民的 AI 素养。

---

[1] 胡建. 大数据背景下的数据垄断问题及规制研究 [D]. 武汉：中南财经政法大学，2020.

通过这些措施，中国旨在引导 AI 技术向更加公平和可持续的方向发展，促进数字经济的健康发展。

美国作为科技强国，在 AI 领域也处于领先地位。美国的技术赋能计划更注重提升私营部门的创新能力，鼓励通过灵活的方法促进创新。美国政府通过制定相关政策和法规，鼓励企业开放数据资源，促进数据的共享和流通。同时，美国还加强了对反垄断的监管，对可能出现的数据垄断行为进行严格审查和打击。例如，美国政府对谷歌、亚马逊等大型科技企业的反垄断调查，就是为了防止它们利用数据垄断地位损害市场竞争和消费者利益。此外，美国还积极推动开源 AI 技术的发展，鼓励企业和研究机构共享 AI 技术和代码，促进技术的创新和扩散。

除了政府层面的努力，开源 AI 技术和去中心化的监管方法也被视为有效手段，能够促进市场竞争，减少数据垄断带来的负面影响。开源 AI 技术允许开发者自由获取和使用 AI 技术和代码，降低了中小企业进入 AI 领域的门槛。例如，GitHub Copilot 是一款基于开源 AI 技术的编程助手，它可以根据开发者输入的代码片段，自动生成后续的代码建议，帮助开发者提高编程效率。通过使用开源 AI 技术，中小企业可以在不依赖大型科技企业的情况下开发出自己的 AI 应用，提高自身的竞争力。

去中心化的监管方法则强调通过建立分布式的监管机制，实现对 AI 技术的全方位监管。在去中心化的监管模式下，行政令利用现有机制的权力，指示政府各部门对各自领域的 AI 安全风险进行评估与制定标准，而没有设立新的法规或新的监管机构。[1] 此外，

---

[1] 中国金融四十人论坛. 人工智能监管：全球进展、对比与展望 [EB/OL]. 第一财经，2024-01-03.

监管权力不再集中于少数机构或部门，而是分散到各个利益相关者手中。通过区块链等技术，监管信息可以实现实时共享和透明化，确保监管的公正性和有效性。这种监管方法可以有效防止数据垄断和算法歧视等问题的发生，保障市场的公平竞争和生态平衡。

为了实现 AI 赋能经济的健康发展，需要制定灵活且具有前瞻性的政策框架，确保 AI 赋能经济既能促进创新，又能保障社会公平正义。这需要各国政府、企业、科研机构和社会各界的共同努力，加强国际合作与交流，分享经验和技术，共同应对 AI 赋能经济带来的挑战。只有这样，才能在 AI 赋能经济的浪潮中避免新的数据垄断格局的形成，实现经济的可持续发展和社会的和谐进步。

从现实来看，**AI 不仅改变了传统的平台经济模式，还在构建一个分布式、包容性的经济生态系统**。然而，要实现这一愿景，必须解决平台经济固有的局限性，并通过有效的政策和技术手段预防新的数据垄断现象，确保 AI 赋能经济的健康发展。通过国际合作与灵活的监管措施，可以更好地平衡创新与消费者保护，促进全球经济的包容性增长。

第四章

融合之路：AI 软硬件生态的协同演进

中美两国在 AI 领域的竞争正逐步从技术研发向硬件生态和应用落地的全面博弈转变。中国凭借政策扶持、国产替代的加速以及稳定的供应链，迅速推动端侧 AI 的渗透，特别是在智能硬件和边缘计算设备上取得了突破。而美国则继续保持技术领先优势，构建更加完善的生态闭环，特别是在高端 AI 芯片和智能家居、自动驾驶等领域持续创新。随着中美两国在 AI 技术和产业应用上的激烈竞争，两国正站在工业 4.0 时代的风口浪尖，谁能抓住这一机遇，谁将在全球科技和经济格局中占据主导地位。

在这场博弈中，软硬件融合能力正成为决定胜负的关键变量。美国通过以大模型为核心的 AI 平台与芯片设计企业协同创新，推动软件算法与硬件架构的协同优化；而中国则正加速推进"从芯到云"的一体化部署，力求打通软硬件壁垒，构建自主可控的 AI 生态体系。这场围绕 AI 生态融合能力的较量，将深刻影响两国未来在智能时代的话语权。

AI 时代的核心竞争，正从单一的硬件性能或软件算法，迈向软硬件生态的深度融合。过去，硬件与软件之间存在明显的"鸿沟"，硬件厂商追求算力与芯片性能极致提升，而软件开发者则专注算法优化与应用落地，二者彼此独立，各自为阵。但在 AI 时代，这道鸿沟必须被跨越——**只有硬件与软件协同进化，才能实现真正的智能飞跃。**

近年来，AI 大模型对算力提出了指数级增长需求，OpenAI 的 GPT-4 模型训练就动用了数万张高性能 GPU，总成本高达上亿美元。这种天价的成本背后，正是硬件与软件协作瓶颈的体现。英伟达凭借其 CUDA 软硬件生态占据 AI 芯片市场的绝对优势，其最新的 H100 GPU 与配套软件库紧密集成，使开发者能以更低门槛、更高效率实现模型训练与部署；谷歌的 TPU 芯片专为 TensorFlow 框架优化，软硬件之间的协同设计更是将深度学习效率提升了数倍；中国科技巨头如华为、阿里巴巴等也在通过"昇腾""平头哥"等自研芯片与国产开源 AI 框架的融合，推动本土生态的建设。这种软硬一体化融合的趋势也并非完美无缺。当芯片设计过于贴合特定算法或软件框架，将可能形成技术壁垒和生态孤岛。AI 生态系统可能因此而碎片化，企业与开发者将面临生态选择的难题，市场竞争也可能从开放式合作回归封闭式垄断。此外，越来越高的 AI 软硬件耦合度也会带来技术创新的门槛提升，中小企业将难以承受巨头主导生态的成本压力，创新空间或因此收窄。

未来，软硬件生态的融合无疑是 **AI** 产业发展的必由之路，但如何避免技术垄断与生态封闭，如何实现生态开放与商业利益之间的平衡，将成为决定产业格局走向的重要问题。真正成功的 AI 生态，必定不仅能跨越软硬件鸿沟，更能超越企业壁垒，实现真正开放、共赢的发展。

一、半导体战争——芯片即战略制高点

芯片是 AI 的灵魂，而掌控芯片技术，意味着在未来科技竞争中占据制高点。在 AI 驱动的时代，算力成为衡量技术实力的重要标准，而算力的核心正是半导体。无论是 AI 训练、云计算、自动驾驶，还是量子计算、通信安全，芯片已经超越传统意义上的硬件产品，成为推动科技进步的关键引擎。

围绕芯片的全球竞争正愈发激烈，各国正加速重塑半导体产业链。美国依托英伟达、AMD、英特尔等企业，在高端 GPU、数据中心芯片等领域保持领先，同时凭借台积电、三星的先进制程巩固供应链优势。中国则在技术封锁的压力下加速自主创新，中芯国际、华为海思等企业不断推进自研芯片，在存储、AI 计算、RISC－V 架构等领域取得突破。同时，欧盟、日本、韩国也在通过政策支持和产业升级，强化自身在全球芯片生态中的话语权。

芯片的竞争已不仅仅是技术比拼，更涉及经济、安全与产业链协同等多维度考量。从先进制程的限制，到电子设计自动化（EDA）软件、光刻机的供应调整，都显示出技术壁垒与供应链博弈的复杂性。未来的芯片竞争，不只是晶体管规模的扩大，更关乎产业链的完整性、算力资源的优化以及技术生态的掌控。可以预见，谁能在半导体领域取得突破，谁就将在 AI 时代掌握更多主动权。而这场竞争，仍在持续演进之中。

（一）半导体技术的重要性：芯片的技术复杂性与产业链特性

在这个被 AI 深度重塑的时代，芯片作为 AI 计算的核心硬件支撑占据着举足轻重的地位，是 AI 得以高效运行的根基。在数据处

理阶段，芯片承载着对海量信息的快速筛选与初步分析；在模型训练过程中，芯片承载着对复杂算法的运算；在实时推理环节，芯片还负责对结果的即时输出。可以发现，AI计算在每一个关键环节都紧密依赖高性能、低延迟的芯片。除此以外，芯片作为信息系统的核心硬件基础，承载着处理和存储敏感数据的任务，对于确保信息安全极为重要。[①] 芯片所蕴含的技术复杂性以及其所处产业链的高度关联性和独特性，使其不仅成为技术创新源源不断的动力源泉，更是在全球科技竞争的宏大版图中占据着关键地位。

现代半导体制造宛如一座庞大而精密的科技大厦，涵盖设计、制造、封装等多个相互关联且高度专业化的环节。以台积电为例，其在先进制程领域的领先优势，深刻依赖极紫外光刻（EUV）等前沿且复杂的技术。这些技术的研发与应用，绝非单一国家或企业能够独立完成，而是全球范围内顶尖科研力量、先进制造工艺以及巨额资金投入协同合作的结晶。然而，这种高度依赖国际供应链的产业模式犹如一把双刃剑，在带来高效资源整合与技术共享的同时，也使得地缘政治因素会对芯片产业的冲击变得愈发显著且具有破坏力。

美国对中国实施的出口管制便是典型例证。限制高端芯片及相关制造设备的出口，这一举措直接切断了中国获取先进技术的重要渠道，严重阻碍了中国相关产业的技术升级进程。这不仅使得中国企业在短期内面临技术瓶颈与产能受限的困境，更迫使中国企业不得不走上艰难的"国产替代"之路。这一现象深刻反映出技术复杂性所带来的挑战，以及全球供应链脆弱性在面临地缘政治冲击时所引发的系统性风险。它警示着各国，在追求技术进步与产业发展的

[①] 刘纪铖. 技经观察｜芯片技术迭代：驱动人工智能、信息安全和智能武器持续发展的核心要素［EB/OL］. "全球技术地图"微信公众号，2023-12-14.

同时，必须高度重视供应链的安全性与自主性。

尽管在通用计算领域传统的 CPU 和 GPU 展现出强大的性能，但在面对 AI 所带来的海量数据、复杂算法以及高并行计算需求时，其逐渐显露出局限性。与之形成鲜明对比的是，TPU（张量处理单元）和 NPU（神经处理单元）等 AI 专用芯片，凭借其针对特定 AI 任务进行的深度优化设计，在性能表现上脱颖而出，成为推动 AI 发展的新引擎。

以谷歌的 TPU 为例（如图 4-1 所示），其在机器学习训练过程中，通过对硬件架构和运算逻辑的针对性优化，实现了远超传统 GPU 的计算效率。特别是在大规模并行计算场景下，TPU 能够以极高的速度处理海量数据，大幅缩短模型训练时间，为 AI 技术的快速迭代提供了强大动力。英伟达的 A100 GPU 同样以专为 AI 任务设计的架构而闻名，其在深度学习推理和训练中展现出卓越性能，不仅提升了计算速度，还在能耗比方面取得了显著突破，进一步降低了大规模 AI 应用的运行成本。

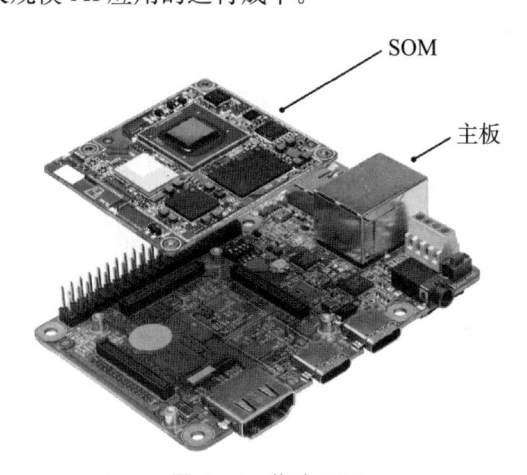

图 4-1 谷歌 TPU

华为昇腾系列在自主研发的道路上积极探索（如图 4-2 所示），尽管与英伟达等行业巨头相比，在技术成熟度和市场份额方面仍存在一定差距，但其在特定场景下的定制化能力正逐步彰显。例如，在一些对实时性和本地化部署要求较高的边缘计算场景中，昇腾系列芯片能够根据实际需求进行灵活配置，提供高效的解决方案。这一系列现象表明，AI 芯片正凭借其独特的优势，逐步取代通用处理器，成为构建主流计算平台的核心组件，引领着计算技术的新变革。

图 4-2　华为昇腾 Atlas 200I A2 加速模块

根据权威行业数据预测，全球 AI 芯片市场规模预计在 2031 年将攀升至 2 636 亿美元。这一惊人的数字背后，是 AI 技术蓬勃发展所带来的对芯片需求的强劲增长动力。英伟达凭借其在 GPU 技术领域的深厚积累和持续创新，构建了强大的 GPU 产品线，在高性能计算领域牢牢占据主导地位。其 CUDA 生态系统更是为广大开发者提供了丰富而便捷的开发工具和平台，吸引了大量的软件开发者和科研团队围绕其技术进行创新应用开发，进一步巩固了英伟达在市场中的领先地位。

与此同时，AMD 也在积极布局 AI 芯片领域，该企业推出

Radeon Instinct 系列产品，试图凭借其独特的技术优势和市场策略，在竞争激烈的 AI 芯片市场中分得一杯羹。华为昇腾系列则肩负着打破国外垄断、实现国产芯片技术自主可控的使命，在政策支持和自身不懈努力下，加快追赶步伐，努力缩小差距。

这种激烈的市场竞争格局，不仅是企业间技术实力和创新能力的直接较量，更为各国在全球 AI 芯片产业格局中提供了重新定位和发展的契机。中国企业在国家政策的大力扶持下，不断加大研发投入，积极拓展市场，努力在全球 AI 芯片市场中占据更为重要的一席之地，推动着整个产业向更加多元化和竞争化的方向发展。

（二）国际竞争格局：三足鼎立的现状与趋势

美国、中国和欧盟在芯片领域三足鼎立，谁能掌握芯片领域的主动权，谁就能引领下一轮技术革命。在全球范围内，美国、中国和欧盟在芯片制造与研发领域展开了一场激烈且全方位的角逐。这场竞争的深度和广度远远超越了单纯的商业利益范畴，其背后蕴含着国家安全、技术主权以及全球产业格局重塑的深刻战略意义，已然成为一场没有硝烟但影响深远的科技战争。

为了长期维持自身在全球芯片技术领域的绝对领先地位，美国自 2022 年起，单方面实施了一系列极具针对性和限制性的出口管制措施，将矛头直指中国。这些措施涵盖范围广泛，包括严禁向中国出口用于 7 纳米及以下先进制程芯片制造所需的极紫外光刻机，以及严格限制高性能 GPU 和 AI 加速器等关键芯片产品的对华出口。据图 4-3，整体来看，美国主导半导体设计和 EDA 软件，中国台湾和韩国在晶圆制造和内存方面占据关键位置，欧盟企业则在设备和材料领域具备竞争力。

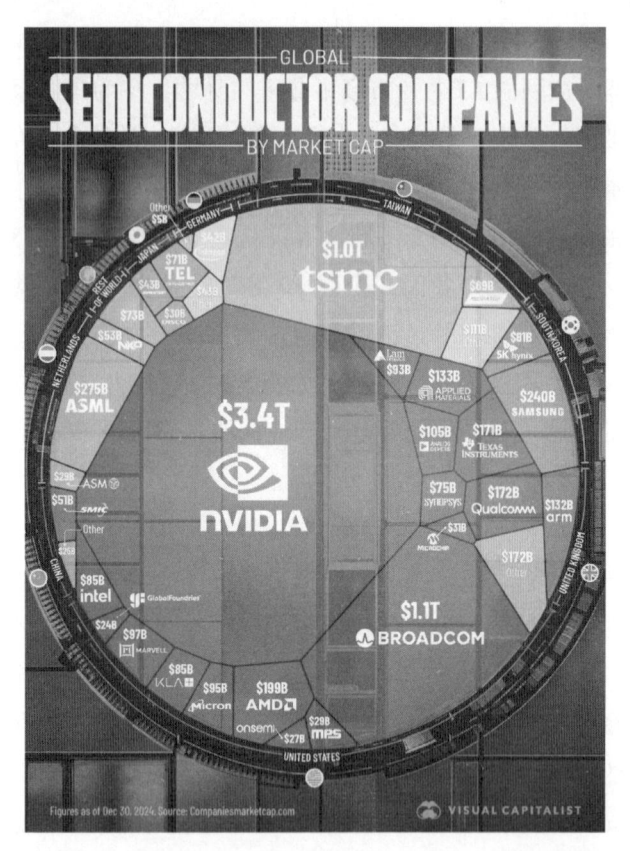

图 4-3　截至 2024 年 12 月 30 日的全球半导体行业市值图表

美国的这一举措,对中国芯片产业的发展造成了巨大冲击。从技术层面来看,中国企业在获取先进芯片制造技术和设备方面面临前所未有的阻碍,技术升级步伐被迫放缓。例如,中芯国际作为中国芯片制造的领军企业,在高端芯片制造领域因无法获得极紫外光刻机,不得不转而深入挖掘深紫外光刻(DUV)技术的潜力,全力开发"N+1"工艺,试图通过技术创新和工艺优化来突破美国出口管制带来的技术瓶颈。

从产业生态角度而言,美国的出口管制不仅影响了中国企业的技术进步，还对全球半导体产业链的稳定和协同发展产生了负面影响。一方面，部分美国企业因无法向中国市场销售产品，导致市场份额萎缩，营收大幅下降，企业发展面临困境。另一方面，全球供应链的断裂风险加剧，各国企业在重新构建供应链体系过程中面临巨大成本和不确定性，这在一定程度上削弱了美国半导体产业在全球产业链中的整体竞争力和影响力。同时，其他国家和地区的企业则可能抓住这一市场空白机遇，加速发展，从而对全球半导体市场的现有格局产生颠覆性影响。

面对来自美国的强大外部压力，中芯国际则展现出了顽强的韧性和坚定的创新决心，采取了一系列行之有效的应对策略，以保障自身的生存与可持续发展。

在技术研发方面，中芯国际果断调整战略方向，将研发重点聚焦于基于深紫外光刻的"N+1"工艺技术。通过加大研发投入，组织顶尖技术团队进行联合攻关，深入挖掘深紫外光刻技术的潜力，不断优化工艺细节，努力实现技术突破，从而在不依赖极紫外光刻技术的前提下提升芯片制造的精度和性能。

在产业合作方面，中芯国际积极加强与国内供应链企业的深度合作，致力于构建一个更加自主可控、安全稳定的本土产业链生态。例如，与长江存储、北方华创等国内优秀企业展开紧密合作，共同推进国产化设备的研发与应用。通过资源共享、技术互补，逐步提升国内半导体设备和材料的自给率，降低对外部技术的依赖程度。

此外，中芯国际还受益于国家政策的大力支持以及与华为等企业的战略合作。国家出台的一系列鼓励半导体产业发展的政策，为中芯国际提供了坚实的政策保障和资金支持。与华为的战略合作，则使得中芯国际能够更好地了解市场需求，根据华为在5G、AI等领域的技术优势和应用场景，开展有针对性的芯片研发和生产，进一步巩固了其在国内市场的地位。

与此同时，欧盟也积极进行了一系列战略调整。尽管欧盟在全球芯片制造市场中的份额已从2000年的25%大幅下滑至如今的8%，但在半导体制造设备和功率半导体等细分领域，欧盟依然凭借其深厚的技术积累和独特的创新能力，占据着不可替代的优势地位。

《芯片法案》的出台，充分彰显了欧盟重新夺回技术主权、减少对外部芯片供应依赖的坚定决心。以荷兰阿斯麦（ASML）公司为例，其在极紫外光刻机领域的绝对垄断地位，使其成为全球半导体制造产业链中不可或缺的关键环节。然而，欧盟半导体产业当前面临着行业分散化的严峻挑战。众多中小企业分散在各个细分领域，缺乏统一高效的协调机制，导致资源无法得到有效整合，技术创新效率低下，难以形成强大的产业合力。

为应对这一挑战，欧盟积极推动公私合作项目，其中"欧洲共同利益重要项目"（IPCEI）便是重要举措之一。其通过政府引导、企业参与的方式，集中各方资源，攻克关键技术瓶颈，如在先进制程工艺、新型半导体材料等领域展开联合研发。同时，加强对中小企业的扶持与整合，促进企业间的技术交流与合作，提升欧盟半导体产业的整体竞争力，以期在全球半导体市场中重新夺回主动权，实现产业的复兴与崛起。

（三）未来展望：AI技术怎样推动芯片架构创新及对产业链安全的启示

AI与芯片架构的深度融合，将开启一个全新的技术时代，同时也将为产业链安全带来新的思考。随着AI技术以迅猛之势持续发展，芯片架构创新已成为推动整个半导体行业乃至全球科技进步的核心驱动力。这种深度融合不仅为各行业带来了前所未有的发展机遇，开启了一个全新的技术时代，同时也对产业链的安全与稳定提出了更高层次、更为复杂的挑战，促使我们对产业链安全进行深入思考。

AI专用芯片的设计正朝着更加注重特定任务优化的方向深入发展。神经形态计算和量子计算等新兴技术的涌现，如同在传统芯片领域掀起了一场颠覆性的革命，深刻改变着传统芯片的运作方式和计算逻辑。

神经形态计算通过模拟人类大脑神经元的结构和工作方式，构建出具有高度并行性和自适应能力的计算架构。这种架构能够更加高效地处理复杂的感知和认知任务，如在图像识别、语音理解等领域，相较于传统芯片，能够以更低的能耗实现更高的计算精度和速度，为AI在边缘计算和物联网设备中的广泛应用提供了可能。

量子计算则利用量子力学的基本原理，如量子比特、量子叠加和量子纠缠等特性，实现了远超传统计算机的计算能力。在处理一些大规模、高复杂度的计算任务时，量子计算机能够在极短的时间内给出解决方案，这在AI的模型训练、密码学、金融风险预测等领域具有巨大的应用潜力。

未来，随着算法和硬件技术的协同进化，我们将见证更多定制化芯片解决方案的诞生。例如，苹果公司为其iPhone和Mac系列产品开发的M系列芯片，通过巧妙集成AI加速器模块，在提升计算性能的同时显著优化了能效比，为用户带来了更加流畅、高效的使用体验。

类似的定制化趋势在工业自动化、自动驾驶等领域也愈发明显。在工业自动化场景中，针对特定生产流程和控制需求设计的专用芯片，能够实现对生产设备的精准控制和实时监测，提高生产效率和产品质量。在自动驾驶领域，为满足车辆对环境感知、路径规划和决策控制等方面的高实时性和高可靠性要求，定制化的 AI 芯片能够快速处理大量传感器数据，保障行车安全。这些定制化芯片的出现，将进一步推动专用芯片市场的快速增长，满足不同行业和应用场景对芯片性能的多样化需求。

在产业链安全方面，俄乌冲突和自然灾害等地缘政治事件以及不可抗力因素，无情地暴露了全球半导体供应链的脆弱性和不稳定性。在这些事件的冲击下，全球半导体产业链面临着原材料供应中断、物流运输受阻、生产设施受损等多重困境，导致芯片产能大幅下降，价格飙升，严重影响了全球科技产业的正常运转。

在此严峻背景下，各国纷纷深刻认识到保障本地半导体生产能力的重要性和紧迫性，开始加大对本地半导体产业的投资力度，以降低对外部供应链的依赖程度，增强自身产业的抗风险能力。美国通过出台《芯片与科学法案》，提供高达 520 亿美元的巨额资金支持，鼓励本土半导体制造企业扩大产能、提升技术水平，并成功吸引台积电、三星等国际半导体巨头在美国建厂。这一举措旨在通过加强本土制造能力，保障美国在半导体领域的技术领先地位和供应链安全。

与此同时，中国不断加大对半导体研发和生产的投入规模，从政策扶持、资金投入到人才培养，全方位布局半导体产业发展。通过建设产业园区、设立专项基金、鼓励企业创新等一系列措施，推动国内半导体企业在技术研发、工艺制造等方面取得突破，逐步提升国内半导体产业在全球产业链中的地位和话语权。

然而，这种区域化发展趋势在一定程度上有助于增强各国半导体供应链的韧性和自主性，但也潜藏着加剧市场分裂的风险。在技术封锁和贸易保护主义抬头的背景下，某些国家可能会因技术制裁或地缘政治冲突而失去关键零部件的供应，导致全球半导体产业的协同发展受到严重阻碍，整体生产效率降低，成本上升。这警示着全球各国在追求自身产业链安全的同时，必须积极寻求国际合作与协调，共同构建一个开放、稳定、可持续的全球半导体产业链生态。

芯片，作为 AI 时代的核心灵魂，已然成为全球经济和技术竞争的绝对核心要素。未来，在这场激烈的芯片战争中，能够脱颖而出的国家或企业，必然是那些能够在技术创新的道路上持续突破，在产业链整合过程中实现高效协同，在地缘政治博弈中巧妙平衡各方利益的强者。

历史经验反复证明，每一次重大技术革命都将彻底重塑世界经济、政治和社会秩序。而在当下，芯片无疑是这场 AI 技术变革浪潮中最为关键的一环。无论是美国、欧盟还是中国，唯有秉持持续技术创新的理念，积极开展国际合作，不断提升自身在芯片技术研发、制造工艺以及产业链管理等方面的综合实力，才能在这场芯片竞争中抢占先机，占据有利战略位置，进而引领未来科技发展的潮流，为人类社会的进步与发展贡献强大动力。

二、软件生态的裂变与集成——从开源到闭环的博弈

开源是 AI 生态的起点，而闭环是商业化的终点。在 AI 快速迭代的时代，软件生态正经历从自由共享到深度集成的裂变，开源与闭环的博弈正在塑造产业格局。开源推动了技术的普及与创新，而闭环则让技术商业化落地，两者之间的张力正成为 AI 生态发展的关键变量。

开源生态是 AI 技术突破的催化剂。深度学习的崛起离不开

TensorFlow、PyTorch 等开源框架，Stable Diffusion 等 AI 模型的开放也让生成式 AI 得以迅速扩展。然而，随着模型规模的指数级增长及训练成本的飙升，企业逐渐意识到，仅靠开源无法支撑商业竞争。OpenAI 从最初的开源实验室逐步转向闭环商业模式，微软、谷歌等科技巨头也在云计算、API 等方面构筑封闭生态，以确保技术的商业价值最大化。

这种从开源到闭环的转变，带来了创新与垄断的矛盾。一方面，闭环系统能优化用户体验、增强安全性，并提供稳定的商业回报；另一方面，技术封闭可能加剧行业壁垒，导致市场被少数巨头掌控，限制行业的公平竞争。未来，AI 软件生态的发展不仅取决于技术创新，还关乎如何在开源与闭环之间找到平衡，让技术既能保持开放性，又能实现商业价值，从而推动整个产业持续向前。

（一）开源生态的价值：在技术扩散与人才培养中的作用

开源框架是技术创新的催化剂，推动了全球协作与技术民主化，加快建设自主完善的开源生态已成为重要的国家战略。[1] 在 AI 技术蓬勃发展的进程中，TensorFlow 和 PyTorch 等开源框架宛如强劲的引擎，因其提供的强大开发与部署工具，成为推动 AI 技术广泛传播的核心力量。TensorFlow 作为全面且功能丰富的机器学习平台，不仅能轻松为研究工作提供支撑，还具备高效的生产部署能力。其卓越的可扩展性，使其能够无缝适配各类复杂多样的硬件平台，无论是高端的专业计算设备，还是普及性的常规硬件，都能良好兼容。这一特性使得在开发大规模 AI 项目，如复杂的计算机视

---

① 黄庆桥，兰妙苗，黄蕾宇. 中国数字技术开源开放生态面临的问题与对策研究[J]. 科学技术哲学研究，2024（1）：95-102.

觉任务以及自然语言处理等领域都具备良好的应用性，TensorFlow 也因此成为开发者们的首选工具。

而 PyTorch 凭借其独特的动态图形计算特性，在研究人员群体中获得了极高的赞誉。尤其是在面对那些对输入大小需灵活调整的任务场景时，PyTorch 展现出了无可比拟的灵活性与易用性。它能够根据不同任务的具体需求，实时动态地调整计算流程，为研究人员提供了更为便捷高效的开发环境。

这些开源框架的出现，极大地降低了进入 AI 技术领域的门槛，宛如搭建起一座连接大众与 AI 技术殿堂的便捷桥梁。它们为学术界和工业界构建了坚实的技术基础，成为推动 AI 技术从理论研究迈向实际应用的关键助力。以 PyTorch 为例，在计算机视觉、自然语言处理以及时间序列分析等多个关键领域，它吸引了全球众多开发者的关注与参与，进而形成了一个由强大社区全力支持的丰富生态系统。社区成员来自世界各地，他们基于共同的兴趣和目标，积极分享经验、交流技术，共同推动 PyTorch 不断完善与发展。这种开放性使得全球范围内的开发者能够跨越地域和机构的限制，携手合作，共同推动 AI 技术的进步，显著加快了从理论研究成果到实际应用落地的转化进程，让 AI 技术得以在更广泛的领域迅速普及和应用。

开源软件以其独特的社区协作模式和高度的透明度，在 AI 领域的人才培养方面发挥着不可替代的关键作用。 对于初涉 AI 领域的开发人员而言，参与开源项目无疑是积累实践经验、提升技术能力的绝佳途径。在开源项目中，新开发者能够与来自不同背景、经验丰富的贡献者密切合作，通过实际项目的历练，学习到先进的开发理念、技巧和方法。这种面对面的交流与学习，能够让新开发者迅速弥补自身知识和经验的不足，逐步提升自身技能水平，从而在竞争激烈的就业市场中增强自身的竞争力。

而且，开源项目所具备的开放性，鼓励开发者对 AI 模型进行深入检查、修改与完善。在这个过程中，开发者需要深入理解模型的底层原理、算法逻辑以及实现细节，这有助于他们更为全面、深入地掌握 AI 技术的核心知识。通过对模型的不断优化和改进，开发者能够将理论知识与实践紧密结合，进一步加深对技术的理解和运用能力。

正如相关材料所强调的，**开源框架的透明性与可获取性，为构建多样化的人才储备创造了极为有利的条件。**它打破了传统教育和培训模式的限制，使得不同学术背景、专业领域的开发者都能平等地参与到 AI 技术的进步事业之中。例如，TensorFlow 和 PyTorch 不仅提供了功能强大的开发工具，还配备了详尽的文档资料、丰富多样的教程以及活跃热情的社区支持。无论是对 AI 技术充满好奇的初学者，还是在该领域已经具备一定经验的高级用户，都能在这里找到适合自己的学习资源和成长路径，从而为 AI 领域源源不断地输送各类专业人才。

开源软件凭借其显著的降低成本、增强创新以及促进协作等优势，对开发者社区乃至整个经济社会产生了意义深远的影响。在经济层面，由于开源软件不存在许可费用，企业能够将原本用于购买软件授权的大量资金重新分配到其他关键业务领域，如研发投入、市场拓展、人才培养等，从而优化企业的资源配置，提升整体运营效率。同时，开源软件灵活的源代码修改特性，使得企业能够根据自身独特的业务需求，定制开发出符合自身发展的解决方案，更好地满足市场的个性化需求，提升企业在市场中的竞争力。

开源软件所倡导的协作本质，进一步加速了软件的生产与改进过程。在开源社区中，来自全球各地的开发者围绕共同的项目目标，充分发挥各自的专业优势，共同参与软件的开发和优化。这种大规模的协作模式，能够极大地缩短软件开发周期，提高软件产品的质量和性能，使产品能够紧密贴合动态变化的市场需求，快速响应市场的变化和用户的反馈。

然而，**开源模式在发展过程中也面临着可持续性方面的严峻挑战。**其中，过度依赖自愿捐款就是一个突出问题。由于开源项目的运营和维护主要依靠开发者的志愿贡献以及少量的捐款支持，资金来源不稳定且有限，这可能导致软件在长期的维护与技术支持方面难以得到充分保障。例如，一些开源项目可能会因为缺乏足够的资金，无法及时更新技术、修复漏洞，从而影响软件的稳定性和安全性，甚至可能导致项目停滞不前。尽管存在这些问题，但开源生态系统依然凭借其独特的成本效益与灵活性，成为推动技术进步的一股不可或缺的重要力量，成为众多企业和个人开发者在技术选型时的优先选择，为经济社会发展注入了强大的创新活力。

（二）从开源到闭环的路径：AI 企业如何实现商业化和垄断优势

闭环系统为企业提供了战略控制与商业化的机会，但也带来了垄断风险。

OpenAI 从创立之初秉持开源精神，到逐步转向闭环商业模式的历程，深刻反映了企业在复杂多变、竞争激烈的市场环境中所做出的战略调整。起初，OpenAI 以开源理念为核心创立，其初衷是将 AI 技术的进步成果免费分享给全球开发者和研究人员，以此减轻人们对于技术垄断可能带来的负面影响的担忧，推动 AI 技术在全球范围内的广泛传播和应用。在这一阶段，OpenAI 通过开源项目，让更多的人能够接触和使用先进的 AI 技术，促进了 AI 技术的普及和创新，为全球 AI 生态的发展做出了积极贡献。

然而，随着AI市场竞争的日益白热化以及技术复杂度的不断攀升，OpenAI面临着前所未有的挑战。为了在激烈的市场竞争中维持自身的竞争优势，实现可持续发展，OpenAI毅然决定转向闭环商业模式。这一转变背后蕴含着深刻的战略考量。在当今知识产权保护日益重要的背景下，企业的核心技术和创新成果是其立足市场的根本，闭环商业模式能够更为有效地保护知识产权。在闭环商业模式下，OpenAI可以对其代码库进行严格管控，防止技术泄露，确保自身的研究成果不被竞争对手轻易模仿和利用。

同时，闭环商业模式有助于加快技术开发的速度。在封闭的环境中，开发团队能够更加专注于技术研发，避免了开源模式下可能出现的因社区意见分歧、协调成本高等问题导致的开发进度延误。而且，闭环商业模式能够实现直接的货币化收益，企业可以通过向特定客户提供独家的技术服务、授权使用等方式，获取经济回报，为企业的持续发展提供资金支持。通过采用闭环商业模式，OpenAI得以对其技术和产品进行更为精准的市场定位和商业运营，凭借对AI技术进步的独家掌控，为企业带来了显著的商业优势，有力地推动了技术的快速开发与商业化进程。尽管这种转变可能会导致透明度有所降低，引发外界对技术垄断的担忧，但不可否认的是，闭环商业模式在保护专有技术以及实现商业目标方面具有极为突出的优势，是企业在特定市场环境下的一种理性战略选择。

在闭环商业生态系统中，企业通常通过云服务、API以及订阅等方式实现利润分配，构建起了一套相对稳定且高效的盈利模式。这种模式不仅为企业提供了稳定的收入来源，保障了企业的持续运营和发展，还强化了对模型分发与性能的控制能力。例如，谷歌和微软借助其强大的云平台，将AI工具和服务进行封装，以订阅的形式提供给企业和个人用户。用户只需按照使用量或订阅时长支付费用，即可便捷地使用这些先进的 AI 技术，如智能语音识别、自然语言处理等功能。

通过这种方式，企业能够实现对市场的深度渗透，将 AI 技术推广到更广泛的用户群体中。同时，企业可以根据用户的使用数据和反馈，不断优化模型性能，提升服务质量，进一步增强用户黏性。然而，这种模式也引发了用户对于供应商锁定问题的担忧。一旦用户选择了某家企业的闭环系统和服务，由于数据迁移成本高、技术兼容性等问题，就很难轻易切换到其他供应商的产品和服务，这使得用户在一定程度上被锁定在该企业的生态系统中。

这种供应商锁定现象在一定程度上促使开源替代方案逐渐受到更多关注。开源软件以其开放、透明、自由的特性，为用户提供了更多的选择和自主性，用户可以根据自身需求对软件进行定制和修改，避免了被单一供应商锁定的风险。尽管如此，闭环系统在保护专有技术以及实现商业目标方面，依然具有不可忽视的重要价值。比如，闭环系统能够让企业在不影响核心竞争力的前提下，将精力集中于提供高品质的服务和产品，通过不断优化用户体验，巩固自身在市场中的地位，实现商业利益的最大化。

虽然闭环系统在保障数据安全与合规性方面发挥了积极作用，能够有效防止数据泄露、滥用等问题，确保企业和用户的数据资产得到妥善保护，但它也可能引发一系列负面影响，其中权力过度集中的问题尤为突出。在闭环生态系统下，大型企业凭借其技术和资源优势，逐渐形成垄断地位，限制了小型企业进入市场的机会。小型企业由于缺乏足够的技术研发能力和资源投入，难以突破大型企业构建的技术壁垒和市场垄断，获取前沿技术的难度极大。这将进一步加剧行业内的不平等现象，抑制市场的创新活力，不利于整个行业的健康和可持续发展。

(三) 生态未来的可能性：混合模式的发展趋势及其影响

混合模式将成为未来 AI 生态系统发展的主流趋势，平衡开放与控制之间的矛盾。混合 AI 模型的出现，为解决当前 AI 生态系统存在的诸多局限性提供了全新的思路和方向，它巧妙地融合了开源的开放适应性与闭源的严格控制特性，成为一种极具创新性和发展潜力的模式。这种创新模式使得企业在充分利用开源所带来的高效性的同时，能够保留增强安全性与实施战略控制的关键专有元素。例如，部分开源策略允许企业将核心算法予以保密，而将外围功能开放给社区进行协作改进。核心算法往往是企业的核心竞争力所在，包含了企业多年的技术积累和创新成果，通过保密能够确保企业在市场竞争中的独特优势；外围功能通常具有一定的通用性和扩展性，通过社区协作可以充分发挥全球开发者的智慧和创造力，快速迭代优化这些功能，提升产品的整体性能和用户体验。这种方式既满足了企业的商业诉求，企业可以通过保护核心技术实现商业利益最大化，又充分发挥了开源社区的协作优势，促进了技术的快速发展和创新。

混合模式还通过降低进入门槛，为小型企业提供了借助先进工具和平台与大型实体展开竞争的机会。在传统的开源或闭源模式下，小型企业往往面临技术资源匮乏、研发成本高昂等问题，难以与大型企业抗衡。而混合模式下，小型企业可以利用开源部分的资源和工具，快速搭建起自己的技术基础，专注于自身特色业务的开发和创新，与大型企业在特定领域展开差异化竞争，有助于构建一个更加公平的竞争环境，激发市场的创新活力。

混合模式有望在 AI 生态系统内有力地促进创新、推动技术民主化以及实现经济多样性，对 AI 技术的长期发展和经济社会的进

步产生深远影响。它通过融合社区驱动的开发模式与专有技术，能够激发利基创新，在一些特定的细分市场和领域，满足用户个性化、差异化的需求，培育全新的商业模式。比如，混合模式允许企业在开源的基础之上开发并提供优质的企业解决方案。企业可以利用开源技术的成熟框架和社区资源降低开发成本，缩短开发周期，同时结合自身的专有技术和服务，为客户提供定制化、高附加值的解决方案，从而实现成本效益与收入增长的双重目标。

此外，混合模式还能够通过降低技术壁垒，吸引更多参与者投身于 AI 开发生态系统。无论是科研机构、企业，还是个人开发者，都能在混合模式下找到适合自己的参与方式和发展机会。这将促进全球范围内的技术交流与合作，整合各方资源，推动 AI 技术在不同领域的应用和创新，进而促进经济多样性的发展。不同地区、不同背景的参与者能够根据自身的优势和需求，在 AI 生态系统中发挥独特作用，形成多元化的产业格局。这将有助于营造一个安全且具有前瞻性的 AI 发展环境，满足不同利益相关者的多元需求，推动 AI 技术与经济社会的深度融合和协同发展。

随着混合模式的逐渐普及，道德考量与监管框架的重要性愈发凸显，成为未来 AI 发展中不可忽视的关键因素。在混合模式下，如何在透明度、协作以及专有控制之间精准找到平衡点，将成为决定 AI 技术能否健康、可持续发展的关键课题。一方面，透明度是保障公众信任和技术良性发展的基础。AI 技术的应用涉及大量的数据处理和决策过程，如果缺乏透明度，可能会引发公众对数据隐私、算法偏见等问题的担忧，影响技术的推广和应用。因此，需要通过制定明确的政策与指南，要求企业在使用和开发 AI 技术时公开关键信息，如数据来源、算法原理等，确保公众能够了解技术的运行机制和潜在影响。

另一方面，协作是推动 AI 技术不断创新和进步的动力源泉。在混合模式下，开源部分的社区协作能够充分发挥全球开发者的智慧，促进技术的快速迭代和优化。但同时也需要规范协作过程，防止出现侵权、恶意攻击等不良行为，以保障协作环境的健康和有序。而专有控制则是企业保护自主知识产权和商业利益的必要手段，但过度的专有控制可能会导致技术垄断，阻碍技术的传播和应用。

监管机构需要在这一过程中扮演至关重要的角色。监管机构可以通过制定相关法律法规和政策标准，鼓励企业披露关键信息，确保混合模式的透明度与问责制的实现。例如，对于涉及个人隐私数据处理的 AI 应用，要求企业明确告知用户数据的使用方式和目的，并获得用户的明确授权。对于可能产生重大社会影响的 AI 决策系统，可以通过要求企业进行算法审计，确保算法的公平性和合理性。最终，通过建立健全的道德与监管体系，混合模式将为实现更可持续、更负责任的 AI 创新开辟道路，推动技术进步与社会责任实现和谐统一，使 AI 技术真正造福于人类社会。

开源与闭环之间的博弈，绝非仅仅局限于技术层面的简单抉择，而是一个涉及商业策略、社会责任、道德伦理以及行业发展趋势等多方面因素的全面综合体现。展望未来，混合模式极有可能成为连接开源与闭环两者的关键桥梁，推动 AI 生态系统朝着健康、持续创新的方向发展。通过有效平衡开放与控制之间的矛盾，混合模式将为全球 AI 社区提供一条更为包容、公平且可持续的发展路径。在这条道路上，AI 技术将在保障各方利益的基础上充分发挥其巨大潜力，为经济社会的发展带来更多的机遇和变革，推动人类社会迈向更加智能、美好的未来。

三、从工具到系统——AI 驱动的全面技术栈再造

AI 不仅是一种工具,而且它正在通过技术栈重塑整个数字经济的基础设施。AI 的演进,正在推动从单点工具向完整系统的跃迁,使其不再只是一种辅助技术,而是嵌入底层架构,重塑计算、存储、网络、安全等核心环节,进而改变数字经济的运行逻辑。

这一变革首先体现在算力架构的优化上。从英伟达的 GPU 集群到谷歌的 TPU,再到华为的昇腾芯片,AI 驱动的硬件演进,使计算能力更加高效,并推动分布式计算、边缘计算等技术加速发展。与此同时,软件栈的重构同样关键。AI 编程框架、自动化运维、智能化数据库等技术,正让开发流程更加智能化,使软件不再是静态工具,而是具备自学习、自适应能力的动态系统。例如,GitHub Copilot 等 AI 辅助编程工具,使代码生产率提升超过 50%,标志着开发模式从"人工编码"向"人机共创"迈进。

更深层次的变化,是 AI 正在重塑数据基础设施。从传统的 SQL 数据库到 AI 驱动的数据湖架构,数据不再只是存储的对象,而是实时决策的燃料。智能搜索、智能运维、自动化网络优化等新模式,正在让 AI 成为技术栈的核心调度者,而非仅仅充当执行层的工具。这意味着,**未来的数字经济不再依赖传统 IT 架构,而是基于 AI 驱动的技术栈,实现自适应、自优化的智能化生态。AI 正从工具向系统进化,重新定义计算体系、软件架构和数据基础设施。**未来,真正有竞争力的企业不再是单纯使用 AI 的企业,而是能够在 AI 技术栈之上构建全新的智能化运营体系的企业。这场变革,才刚刚开始。

(一) AI 作为单点工具的局限性：AI 在单一应用场景中的初始价值

单一任务的解决能力虽强，但难以满足复杂场景下的全方位需求。在 AI 发展的早期阶段，其主要以单点应用的形式呈现。例如：在图像分类领域，能够精准识别图像中的物体类别；在语音识别方面，可将语音清晰转换为文字；自然语言处理也能对文本进行基础语义分析。这些工具在各自特定范畴内展现出令人瞩目的性能，例如在安防监控中，图像分类技术可快速识别闯入的陌生人员，语音识别在智能语音助手场景下能高效响应指令。然而，它们的功能往往被局限于某一特定模块，在对整体业务流程的支持上存在明显不足。

以人脸识别技术用于门禁系统为例，它在身份验证环节表现出色，能迅速准确地确认人员身份。但仅靠这一技术，难以独立构建起一套完整且全面的安全防护体系。在实际安全场景中，还需要结合实时监控，随时掌握区域内人员活动情况；通过数据分析，对过往安全事件及人员行为数据进行深度剖析，以发现潜在风险规律；进行行为预测，依据实时数据和历史分析结果，预判可能出现的安全威胁等。这种局限性促使企业和开发者深入思考与探索，**如何突破 AI 仅作为单一功能工具的现状，将其升级为综合性、集成化的系统，以契合日益复杂多变的业务需求。**

从医疗行业的案例来看，早期 AI 应用多聚焦于特定任务。例如医学影像分析，助力医生更精准地从 X 光、CT 等影像中识别病变部位与特征，为疾病诊断提供关键依据。基因组数据处理，辅助医学研究人员深度解读基因信息，探索疾病的遗传机制等。但随着医疗服务需求日益复杂，从疾病的精准诊断，到个性化治疗方案的设计，再到患者治疗过程中的长期监测与康复指导，医疗机构逐渐意识到，单一的 AI 单点工具已无法满足全流程、全方位的医疗服务需求，急需一个能贯穿医疗服务各个环节的综合性 AI 平台，以提升医疗服务的质量与效率。尽管单点工具在各自领域具有不可忽视的价值，能为特定任务提供高效解决方案，但在面对复杂场景时，其局限性便愈发凸显，难以支撑医疗行业向更高水平发展的需求。

以供应链管理为例，库存优化算法能够基于历史销售数据和市场预测，有效提升仓储效率，合理规划库存水平，减少库存积压与缺货风险。但倘若它未能与物流调度系统以及客户需求预测模型有机结合，就难以从全局视角实现供应链的优化。物流调度系统负责货物的运输路线规划与配送安排，客户需求预测模型则提前预估市场需求，三者协同才能保障货物从生产到销售的全流程高效运作。若库存优化算法孤立运行，即便仓储环节效率提升，也可能因物流配送不及时或与市场需求脱节，导致整个供应链出现问题，无法实现各个环节的协同运作，从而不能发挥出供应链的最大效能。

在制造业中，许多企业曾尝试引入独立的 AI 模块，如生产计划优化模块，试图通过算法合理安排生产任务，提高生产效率。还有的企业尝试引入质量检测模块，期望借助图像识别等技术精准检测产品质量问题。然而，由于各模块之间缺乏统一的数据标准和接口规范，不同模块采集的数据格式、存储方式不同，接口也无法相互兼容，最终难以形成协同效应，无法实现整体生产效率的大幅提升。这清晰表明，单点工具的应用虽能在短期内带来一定效益，但如果不能实现跨模块无缝衔接，就如同零散的拼图无法拼成完整画面，很难充分发挥出 AI 技术的最大潜力，无法满足企业在复杂多变市场环境下对高效生产与管理的需求。

从工具到系统的转变，是 AI 技术走向成熟的重要标志。随着

AI 技术的持续进步，越来越多的企业深刻认识到，仅仅依赖单一功能的 AI 工具，已难以在激烈的市场竞争中立足，无法有效应对市场竞争带来的巨大压力。在快速变化的市场环境中，企业需要更全面、高效的解决方案来提升自身竞争力。它们开始积极寻求一种更为全面、综合性的技术解决方案，该方案能够覆盖从前端感知（即对外部信息的收集与获取，如通过传感器收集生产线上设备的运行数据、市场中的客户需求信息等）到后端决策（即依据收集的信息做出合理决策，如根据数据分析结果调整生产计划、制定营销策略等）的完整链条。

苹果公司便是一个典型范例。通过将 A 系列芯片与 iOS 操作系统进行深度整合，苹果公司成功打造出一个高度优化的软硬件生态系统。A 系列芯片专为 iOS 设备设计，其硬件加速器针对机器学习任务进行了专门优化，能够高效支持各类 AI 运算，显著提升设备端 AI 推理的速度和精度，使设备能够快速准确地处理图像识别、语音交互等 AI 相关任务，为用户带来流畅、智能的体验。同时，iOS 操作系统提供了一套完善且易用的开发框架，开发者借助这一框架可以轻松地将先进的 AI 功能集成到应用程序中，极大地降低了开发难度，缩短了开发周期，吸引了大量开发者来为其生态系统贡献丰富多样的应用。

在自动驾驶领域，特斯拉通过整合传感器数据采集，利用摄像头、雷达等多种传感器实时获取车辆周边环境信息，包括路况、交通标识、其他车辆及行人的位置等要素；在实时路径规划方面，根据采集的信息，结合地图数据和算法规划合理行驶路线；在车辆控制等多个环节，成功实现了从单一功能模块到综合性 AI 系统的跨越。

这种转变不仅体现了技术层面从简单功能实现到复杂系统构建

的重大进步,更是 AI 技术逐步走向成熟的重要标志。随着技术的日益成熟,AI 能够更好地适应复杂多变的现实场景,发挥更大的价值,为各行业的深度变革提供强大支撑。AI 的发展并不是一蹴而就的,而是一个螺旋式上升、阶段性进步的学科,它还在不断地突破自我、努力完善。[①]

(二) 技术栈重构的逻辑:如何形成闭环系统

AI 技术栈的重构进程,离不开硬件和软件的协同优化,二者相辅相成,共同推动 AI 系统性能的提升。 具体表现为,在算法端减少对算力的需求,在硬件端带来性能提升,是实现高性能 AI 计算的重要方法。以苹果公司为例,其 A 系列芯片专为 iOS 设备量身定制,通过内置的硬件加速器,能够高效支持机器学习任务。在图像识别、语音识别等应用场景中,A 系列芯片能够快速处理大量数据,使设备端 AI 推理的速度大幅提升,精度也显著提高,为用户带来了更流畅、更智能的使用体验。例如在使用手机进行拍照时,AI 芯片可以快速对拍摄场景进行识别,并根据场景特点优化拍摄参数,拍出更优质的照片。

同时,iOS 操作系统为开发者提供了一套完备且便捷的开发框架,开发者借助这一框架,可以轻松地将先进的 AI 功能集成到应用程序中。无论是开发一款智能健身应用,利用 AI 分析用户运动数据并提供个性化训练建议,还是打造一个智能翻译软件,借助 AI 实现实时语言翻译,开发者都能在 iOS 开发框架的支持下高效完成开发工作,极大地降低了开发难度,缩短了开发周期。这种硬

---

① 刘锦涛. 浅议人工智能发展历程及核心技术 [J]. 中国科技纵横, 2019 (18): 35 - 36.

件与软件紧密结合的方式，不仅降低了技术应用的门槛，让更多开发者能够参与到 AI 应用的开发中，还大幅提升了系统的整体性能，为用户提供了更优质的服务，使 AI 技术能够更好地融入人们的日常生活。

硬件与软件的深度融合在工业自动化领域同样发挥着举足轻重的作用。西门子推出的 MindSphere 平台，巧妙地将高性能计算硬件与云端 AI 服务相结合。在实际工业生产中，高性能计算硬件负责快速处理大量来自生产设备的数据，这些数据包括设备的运行状态、生产参数等。云端 AI 服务则对这些数据进行智能分析，例如通过数据分析预测设备可能出现的故障，提前进行维护，避免生产中断；或者根据生产数据优化生产流程，提高生产效率。两者协同工作，为企业提供了从数据采集（即收集生产过程中的各类数据）到智能分析（即对采集的数据进行深入挖掘、分析）以获取有价值信息的一站式解决方案。这种软硬件协同的设计思路，能够使 AI 系统更好地适配不同的实际应用场景，充分发挥其功能优势，从而大幅提升 AI 系统的实用价值，为企业创造更大的效益，推动工业生产向智能化、高效化方向发展。

除了硬件和软件的协同作用外，数据与算法之间的良性互动也是 AI 技术栈重构的核心要素之一，二者形成的闭环循环是 AI 系统不断进化的关键动力。现代 AI 系统持续不断地采集和深入分析海量数据，利用这些数据训练出更加精准、高效的模型，并将训练好的模型应用于实际业务场景中。

以自动驾驶领域为例，车辆传感器会实时收集道路信息，包括路况、交通标识、其他车辆及行人的位置等。收集到的这些信息被用于改进导航算法，使算法能够根据实际路况规划更合理的行驶路线。比如在遇到道路拥堵时，算法可以及时调整路线，选择更通畅的道路，而经过优化后的算法又反过来指导车辆更安全、更高效地行驶，在行驶过程中又会产生新的数据，如车辆在新路线上的行驶速度、油耗等数据，这些新数据继续用于算法的优化。这种闭环机制就如同一个不断进化的生态系统，使得 AI 系统具备了自我学习和持续优化的能力，实现了从遵循静态规则到具备动态智能的重大跨越，让 AI 系统能够不断适应变化的环境，提升性能。

谷歌的 TensorFlow 框架正是基于这样的理念精心设计而成。其通过提供强大的数据处理能力，能够高效地对海量数据进行清洗、标注、存储等操作，例如在图像识别项目中，对大量图片数据进行分类标注，为模型训练做准备；提供灵活的算法开发工具，支持开发者根据不同需求开发各种算法，无论是简单的线性回归算法，还是复杂的深度学习神经网络算法。TensorFlow 帮助开发者构建了一个完整的 AI 开发闭环。从数据标注开始，将原始数据转化为可供模型训练使用的格式，到模型训练，利用标注好的数据训练模型，调整模型参数，使模型能够更好地拟合数据特征，再到测试验证，对训练好的模型进行性能测试，评估模型的准确性和可靠性，如通过准确率、召回率等指标进行评估，最后到部署应用，将经过测试验证的模型应用到实际业务中，如在智能安防系统中实现实时的目标检测与识别，整个过程都可以在一个统一的平台上连贯完成。这种闭环设计不仅极大地简化了开发流程，减少了开发过程中的烦琐环节，还显著提高了 AI 系统的迭代速度和适应能力，使 AI 系统能够快速响应市场需求和技术发展的变化，不断推陈出新，保持技术的先进性。

通过硬件、软件、数据和算法的深度整合，AI 技术栈逐渐演变成一个高度统一且具备灵活可扩展性的生态系统。在这个生态系统中，各个组件之间相互协作、相互支持，如同一个紧密合作的团队，共同推动系统的整体性能达到最优状态。

以制造业为例，AI驱动的数字化平台能够根据订单需求、设备产能、原材料供应等因素制订科学的生产计划，确保生产的高效有序进行；实时监测产品质量，利用传感器和图像识别技术对生产线上的产品进行检测，及时发现并解决质量问题；和供应链管理等功能有机结合起来，形成一个高效、智能的制造体系，如通过整合，生产计划模块可以根据供应链的原材料供应情况和市场需求预测调整生产任务，质量控制模块的数据可以反馈给生产计划模块，以便优化生产流程，提升产品质量。这种全方位的技术支撑，不仅能够帮助企业降低运营成本，减少资源浪费，提高生产效率，还能极大地提升企业的市场竞争力，使其在激烈的市场竞争中脱颖而出。

某大型制造企业通过引入AI驱动的全栈技术解决方案，成功实现了生产线的智能化升级。该方案集成了多种传感器，用于实时监控设备状态，通过对设备振动、温度等参数的监测，及时发现设备故障隐患。同时，该企业还结合了大数据分析和机器学习算法，对生产过程中的数据进行分析，例如分析生产线上各环节的生产时间、产品合格率等数据，从而优化生产流程。经过实际运行，结果表明，新系统不仅显著提高了生产效率，使单位时间内的产量大幅提升，还大幅减少了资源浪费和停机时间，降低了生产成本，为企业带来了可观的经济效益，充分展示了AI技术栈整合所带来的巨大优势。通过技术栈的整合，企业实现了生产过程的智能化、精细化管理，提升了自身在行业中的竞争力，也为整个制造业的转型升级提供了有益的借鉴。

（三）生态再造的未来方向：全面技术栈催生出新的技术标准与产业模式

全面技术栈的构建，将催生全新的技术标准与产业模式。随着

AI 技术栈的不断完善与发展，全新的技术标准和产业模式正逐步呈现在我们眼前，深刻影响着各个领域的发展格局。这些技术标准涵盖的范围极为广泛，例如硬件接口标准可以确保不同硬件设备之间能够实现顺畅连接与数据交互，不同品牌的传感器与数据采集设备之间能够通过统一接口规范进行数据传输，软件协议可以规范软件之间的通信规则和数据传输格式，使各类 AI 应用程序能够高效协同工作。在 AI 广泛应用的时代，数据隐私保护可以保障用户数据的安全与隐私，防止用户数据被滥用。而伦理规范等重要议题则确保了 AI 技术的应用符合道德和伦理准则，避免 AI 技术带来负面影响，如算法偏见导致的不公平决策等。

欧盟推出的《通用数据保护条例》为全球范围内的数据治理提供了重要的参考框架，促使企业在数据收集、存储、使用等各个环节更加规范、安全地处理数据。企业在收集用户数据时，需明确告知用户数据用途，并获得用户同意；在存储数据时，要采取严格的安全措施来防止数据泄露；在使用数据进行 AI 模型训练等操作时，要遵循相关法规，保障用户权益。在产业层面，AI 技术栈的广泛普及将有力促进跨行业的深度融合。不同行业借助 AI 技术栈，能够打破行业壁垒，整合资源，催生出更多创新型商业模式和服务形态。

金融行业已经开始积极尝试利用 AI 技术栈打造新一代风控系统。如通过整合多方数据源，包括用户的信用记录、消费行为、资产状况等，全面了解用户的信用风险状况。金融机构运用先进的机器学习算法，对这些数据进行综合分析，能够更准确地评估信贷风险，为决策提供有力支持，降低信贷违约风险。此外，零售业也借助 AI 技术实现了个性化推荐，根据用户的浏览历史、购买偏好等数据，为用户精准推荐商品，提升用户购物体验。在库存管理方面，企业可以通过分析销售数据和市场趋势，合理调整库存水平，减少库存积压和缺货情况，从而提升客户的满意度和运营效率，推动零售业向智能化、个性化方向发展。

技术生态的开放性，决定了其能否真正实现普惠价值。为了充分释放 AI 技术栈的巨大潜力，必须高度重视其开放性和包容性。这意味着不仅要积极鼓励技术创新，推动 AI 技术不断向前发展，探索更先进的算法、更高效的硬件架构等，还要确保不同规模、不同背景的企业都能够平等地获取和利用 AI 资源。通过开源平台，将一些先进的 AI 技术和代码开放给公众，可以让更多开发者能够基于这些资源进行二次开发，促进技术的快速传播与创新。例如一些开源的深度学习框架，全球的开发者都可以在其基础上进行改进和应用开发。低代码开发工具的出现也降低了开发门槛，使一些没有深厚编程基础的人员也能够快速搭建属于自己的 AI 应用，而不必投入大量资金和时间进行自主研发。这种普惠式的技术生态，能够极大地促进社会整体的数字化转型进程，让更多企业和个人受益于 AI 技术的发展，推动各行各业的创新与进步。

微软 Azure 平台提供的 AI 服务正是这种开放理念的具体体现。无论是一家可能资金有限、技术力量薄弱，难以独立开展复杂 AI 研发工作的小型初创企业，还是一家拥有庞大的业务体系和复杂的需求，需要强大的 AI 技术支持的跨国企业，都可以通过 Azure 平台轻松访问最新的 AI 技术和服务，如智能语音识别、图像分析、机器学习模型训练等服务。这种开放性不仅降低了技术应用的门槛，让更多企业能够参与到 AI 应用的开发和创新中，还激发了市场的活力，促进了整个行业的创新发展。不同的企业可以基于平台进行创新实践，这也推动了 AI 技术在更广泛的领域得到应用和推广，形成一个良性循环的创新生态系统。

未来数十年，AI 技术栈将持续深化其在各行业中的应用，逐步成为数字经济发展的关键引擎，全方位推动经济社会的变革与发展。 在优化资源配置方面，AI 技术能够通过数据分析和智能算法，合理调配人力、物力、财力等资源，提高资源利用效率。例如在物流行业，应用 AI 算法可以优化配送路线，减少运输里程，降低物流成本。在提升生产效率方面，AI 技术可以自动化生产流程，减少人工干预，提高生产速度和质量，如在制造业中实现自动化生产线的精准控制。在创造全新的产品和服务方面，AI 技术能够挖掘用户潜在需求，开发出具有创新性的产品和服务，如智能健康监测设备，实时监测用户健康数据并提供个性化的健康建议。

在这个过程中，企业和政府需要携手合作，共同制定合理的政策法规。企业作为技术应用的主体，要积极探索创新，将 AI 技术与自身业务深度融合，提升企业竞争力。政府则要发挥监管和引导作用，制定符合时代需求的数据安全和隐私保护法规，为 AI 技术的健康发展提供有力保障。同时，加大对 AI 技术研发和应用的投入，鼓励创新，培养更多 AI 人才，为数字经济的蓬勃发展注入强大动力。只有通过多方共同努力，才能构建一个开放、包容、安全、可持续的 AI 技术生态。

四、AI 驱动产业变革：技术趋势、规则博弈与全球影响

随着 AI 技术的快速进步，我们已经进入了一个全新的产业变革时代。**AI 技术不仅推动着全球经济结构的深刻转型，还在重新定义各行各业的生产方式、组织模式和社会服务结构。在此背景**

下，大模型、数字员工以及机器人过程自动化和智能过程自动化等新兴技术，成为推动这一变革的核心力量。与此同时，全球范围内的规则博弈，特别是中美两国在 AI 领域的竞争，也将在未来很长一段时间内塑造全球产业格局。因此，如何应对这一变革趋势，抢占技术高地，构建自主可控的产业生态，已成为全球主要国家竞争的关键。

AI 的变革趋势以"大模型"的发展为核心，推动了行业智能化的全面提升。从工业到金融，从医疗到城市治理，AI 技术的深度应用已经渗透到各个领域，并且在改变传统产业的生产方式和服务模式的同时，也为新兴产业的崛起提供了动力。

(一) 大模型：通用性与定制化并行

大模型（如 GPT 模型、BERT 模型等）作为深度学习的代表，已在各行各业取得了显著进展。其强大的语义理解与生成能力，令其在多个领域展现出了巨大的应用潜力。例如，在金融行业，大模型可以通过对海量金融数据的处理和分析，辅助投资决策、风险管理和信贷评估。此外，它们在智能客服、金融预测等领域的应用，也正在改变传统金融服务的运营模式。在医疗领域，大模型通过对医学文献、病历数据以及影像资料的分析，不仅能够为医生提供决策支持，还能够在疾病诊断、治疗方案推荐等方面提供智能化帮助。在工业生产中，大模型通过对生产线数据的实时监控与分析，提高生产效率，优化资源配置，甚至在自动化生产中实现自我学习与优化。

大模型的发展带来了"通用性"与"定制化"的双重趋势。虽然大型 AI 模型通常依赖海量数据和强大的计算能力，但随着计算技术的进步，定制化小型模型的训练和应用也在逐步兴起。这类定制化模型不仅能够根据特定行业的需求进行优化，而且在特定场景下能够提供更为精准的解决方案。例如，在城市治理领域，AI 技术能够通过大数据分析与传感器网络，实时监控城市的交通、环境和公共安全状况，并在城市管理中引入智能决策机制，从而提升城市的运作效率。

（二）数字员工与 RPA/IPA：劳动生产力的再造

数字员工和机器人过程自动化（RPA）及智能过程自动化（IPA）技术的崛起，进一步推动了 AI 技术在劳动生产力领域的应用。数字员工不仅可以完成繁重的重复性劳动，还能够通过 AI 赋能实现对复杂任务的处理，如数据分析、文档管理、客服支持等。数字员工正在成为各行各业中提升工作效率的核心工具，尤其是在金融、医疗和工业等领域。

在工业领域，RPA 技术已经被广泛应用于供应链管理、生产调度和库存管理等方面。通过自动化流程，RPA 帮助企业显著降低了运营成本，提升了生产效率。在医疗领域，RPA 与 IPA 技术的结合，通过自动化患者信息管理、药品调配以及手术前后的数据管理等流程，极大地提高了医疗服务的效率与质量。在金融行业，RPA 和 IPA 帮助银行和金融机构提升了在客户服务、账户管理、反洗钱等方面的自动化水平，使得金融机构能够在更短的时间内提供更精确的服务。

RPA 和 IPA 的应用使得人类劳动和智能系统的协同方式发生了根本性变化。未来，随着智能技术的不断演进，数字员工不仅会成为自动化系统中的一环，还将进一步与 AI 技术深度融合，从而推动更多领域的生产力提升。

随着 AI 技术的发展，全球主要国家之间的竞争不仅仅是技术

层面的较量，更加激烈的是规则层面的博弈。在这一背景下，中美两国在 AI 领域的竞争，尤其是在技术标准、伦理规则以及产业链布局等方面的博弈，将决定全球 AI 产业的未来方向。

美国长期以来坚持"无尽前沿"（Endless Frontier）战略，致力于保持在科技创新领域的绝对领导地位。在 AI 领域，美国的领先地位并非偶然，它得益于强大的科工复合体——这一体制内不仅聚集了科研机构、技术企业，还涵盖了政府资金与政策支持。通过其雄厚的资本实力和创新能力，美国不仅主导了 AI 核心技术的研究，还在全球范围内建立了庞大的技术市场。

美国在 AI 技术发展中的优势，除了体现在基础研究的投入上，还体现在其全球化的产业布局上。美国科技企业，如谷歌、微软、亚马逊等，已经在全球 AI 技术标准的制定和行业应用的推广中占据了主导地位。美国的技术企业在软件平台、计算硬件以及 AI 服务等多个领域形成了强大的产业链优势。

相对而言，中国的 AI 发展虽然起步较晚，但在政府政策的强力支持下，已经在技术突破和产业布局上取得了显著进展。中国通过制定《新一代人工智能发展规划》等，推动了 AI 产业链的建设，从技术研发到市场应用都取得了显著进展。然而，与美国相比，中国在核心技术，尤其是大模型、芯片设计等方面仍存在一定差距。面对日益激烈的国际竞争，中国在 AI 领域的挑战不仅来自技术的突破，更重要的是如何在国际规则和市场准入中争取更多的话语权和主导地位。中国应加大在基础研究、核心技术研发以及产业链自主可控方面的投入，推动 AI 技术的自主创新，并通过政策引导和市场激励，培育具有全球竞争力的本土企业。

在全球规则博弈方面，中美两国的竞争不仅是技术层面的较量，更是标准制定和市场主导权的争夺。美国通过其强大的科技企业和全球技术标准的制定，主导了许多 AI 技术的发展方向。与此同时，中国通过"一带一路"倡议等国际合作平台，加强与其他国家的科技合作，并努力在全球范围内提升自己的话语权。未来，全球 AI 技术的标准和伦理规则将成为国际博弈的关键领域，谁能够主导这些规则，谁就能够在全球 AI 产业中占据优势地位。

在应对这一变革趋势和规则博弈的过程中，中国需要从以下几个方面加强应对策略。**首先，加强基础技术的突破**，尤其是在大模型、芯片设计和关键算法领域，通过原创技术的研发打破美国技术垄断。中国应加大对 AI 基础研究的投入，尤其是在深度学习、神经网络等关键领域的创新，以实现技术的自主可控。**其次，推动国产化生态的建设，减少对外国技术的依赖**。特别是在芯片制造、操作系统以及大数据处理等核心技术领域，中国应通过政策支持和市场引导，加快国内技术的自主研发和产业化。建立健全的自主可控产业链，确保在技术产业发展过程中不受外部政治因素的制约。**最后，政产学研用协同创新战略也显得尤为重要**。AI 技术的快速发展需要政府、企业、科研机构和高等院校之间的紧密合作。中国应通过加强政产学研用的协同机制，促进技术创新和产业应用的转化，提升整体技术水平和产业竞争力。同时，政府应加强对创新人才的引进和培养，建立起完善的人才培养体系，提升国内 AI 技术人才的质量和数量，增强在国际竞争中的话语权。在全球竞争日益激烈的背景下，中国应主动参与国际技术标准的制定和全球 AI 伦理规则的建设，增强自己的国际影响力。通过更加积极的外交和科技合作，推动建立公平、公正、透明的全球 AI 技术治理体系，确保在全球 AI 产业发展中占据有利位置。

总体而言，AI 技术的变革趋势正在全球范围内产生深远影响，改变着产业格局、经济结构乃至国际关系。中美两国在 AI 领域的竞争，将不仅是技术上的较量，更是全球治理规则、市场主导权和产业竞争力的博弈。面对这一变革，中国需要通过技术创新、产业自主化以及全球规则的积极参与，抢占未来国际竞争的制高点。这场技术变革不仅是对技术的挑战，更是对国家战略、国际合作和全球治理能力的综合考验。

第五章
路径分野：中美 AI 发展的制度轨道与技术选择

中美 AI 竞争已进入战略相持阶段,这一阶段的特点是基础层与应用层的双极分化格局。美国凭借其在 GPU、算法框架和芯片制造等基础技术上的优势,稳固了上游主导地位。而中国则依托庞大的市场规模、应用场景的创新能力以及成本优化技术,在应用层展开局部反攻。这种动态竞争不仅局限于技术层面,更逐渐外溢到数据主权、开源生态、算力基础设施等关键领域,塑造了全球 AI 生态的复杂态势。[①]

双方的竞争已经从"技术替代"向"体系重构"转变。[②] 美国通过资本驱动的硅谷模式、技术霸权的出口管制和军事 AI 整合,构建出"技术-军事-资本"三位一体的闭环。[③] 而中国则以政策牵引为核心,通过行业大模型推动场景赋能,以国产替代打破技术封

[①] 王海滨. 美国涉华数据出境限制政策评析 [J]. 现代国际关系,2025 (1):105 - 124.

[②] 高望来. 美国对华"芯片锁喉"战略叙事:"敌人意象"的传播及其困局 [J]. 东北亚论坛,2025 (1):14 - 28.

[③] 沈逸,高瑜. 大国竞争背景下的人工智能安全治理与战略稳定 [J]. 国际展望,2024 (3):33 - 50.

锁,形成了"国家战略-产业协同-市场反哺"的举国体制。

在这场博弈中,算力竞赛、开源与闭源的生态对决、AI 伦理治理的分歧等变量正不断重塑中美两国在全球 AI 格局中的角色。这一部分将深入探讨中美竞争的具体表现与战略变量,揭示局部突破与体系构建的背后逻辑,分析全球化退潮背景下,AI 如何作为国家竞争的核心工具,为两国的长期技术战略提供支撑与方向。这场持久战的胜负不仅关乎技术优势的争夺,更是对全球 AI 未来秩序的决定性塑造。①

在全球 AI 发展格局中,中美两国的竞争呈现出显著的路径分歧,这种分歧主要体现在**创新制度、发展范式和人才战略**三个核心维度上。**在创新制度方面,美国依托其开放的创新体系,**通过市场机制推动技术进步。这种体系的特点是创新主体的多元化和决策的分散化,企业、高校、研究机构能够根据自身判断自主选择研发方向。可以看到的是,OpenAI 在推出 GPT 系列模型的过程中,展现了高度的灵活性,不仅能够根据市场需求迅速调整研发策略,还能在技术演进的关键节点上精准发力。这种敏捷性使其能够不断优化模型架构、扩展功能,并迅速将研究成果转化为具有商业价值的产品,从而在全球 AI 竞赛中占据领先地位。这一模式反映出,AI 驱动的技术栈重构不仅关乎计算能力的提升,更涉及创新机制的优化,以及对市场动态的敏锐感知和快速适应能力。相比之下,**中国采取了政策主导的集中创新模式,**通过顶层设计和资源整合推动技术突破。这种模式能够在短期内集中力量解决关键技术问题,但可能会影响创新的多样性。

在发展范式方面,美国更注重基础研究,通过持续的理论创新

---

① 李鹏,赵书韬,戚凯.拜登政府对华人工智能产业的打压与中国因应[J].情报杂志,2023(6):62-67.

保持技术领先。美国的顶尖研究机构在机器学习算法、神经网络架构等基础领域保持着明显优势，这些研究成果为整个行业的发展奠定了理论基础。而**中国则更专注于技术的实践应用，尤其是在智慧城市、智能制造等领域实现了规模化落地**。[1] 这种应用导向的发展模式帮助中国积累了丰富的实践经验和海量数据，但在原创性技术突破方面还需要加强。

在人才战略方面，双方采取了不同的策略。美国主要依靠其科技巨头的全球影响力和优厚条件吸引人才，谷歌、Meta 等企业能够为顶尖人才提供具有竞争力的薪酬和充分的研究自由。同时，美国的开放创新环境也为人才提供了广阔的发展空间。**中国则主要通过国家战略性人才计划和重点高校的培养体系，系统性地培育本土人才。**"千人计划""长江学者"等人才项目为高层次人才提供了政策支持和资源保障，但在吸引国际顶尖人才方面的竞争力还需提升。

这三个维度的分歧反映了中美两国在 AI 发展道路上的深层差异。**美国的路径更强调市场机制和自由创新，而中国的路径则更注重政府引导和实践应用。**[2] 这种差异既源于两国的制度特点，也与各自的发展阶段和比较优势密切相关。展望未来，这种路径分歧可能会持续存在，但也可能在某些领域出现融合。例如，中国正在加大基础研究投入，而美国也在加强对战略性技术的政策引导。**关键是双方能否在竞争中保持必要的交流与合作，共同推动 AI 技术的健康发展。**同时，双方也正在各自的发展道路上不断优化和调整，以应对技术变革带来的新挑战。

---

[1] 张朝辉，徐毓鸿，何新胜. 我国人工智能产业发展路径研究 [J]. 科学学研究，2023 (12)：2182-2192.

[2] 夏立平，田博. 论国际新智缘政治的范式与影响 [J]. 同济大学学报（社会科学版），2020 (6)：53-63.

一、规模与创新——美国的开放体系对抗中国的集中体系

在全球科技竞争日趋激烈的今天，AI 技术的发展正在重塑世界创新版图，而中美两国作为全球最大的两个经济体，在 AI 领域的竞争尤其引人注目。"开放造就了美国的技术繁荣，而集中赋予了中国的技术速度"——这句话准确地概括了两国在 AI 发展道路上的根本差异，也揭示了不同创新体系对技术发展的深远影响。而中美 AI 发展的根本区别，就在于美国是开放体系而中国是集中体系。

美国的开放创新体系，本质上是一个市场主导的分散决策体系。在这个体系中，创新主体（包括企业、高校、研究机构和个人）能够基于自身判断和市场信号，自主决定研发方向和资源投入。这种体系的核心特征包括：**产权清晰的知识产权制度、完善的风险投资体系、灵活的人才流动机制以及产学研之间的自由合作网络**。例如，斯坦福大学的研究人员可以自由选择研究方向，可以与企业合作，也可以创办自己的公司，企业则可以根据市场需求和技术发展趋势，自主决定是否投入特定领域的研发。

中国的集中创新体系，则是一个政策主导的协同发展体系。在这个体系中，政府通过产业政策、财政补贴、人才计划等工具，引导和整合创新资源，推动重点领域和关键技术的突破。这种体系的显著特征是：**政府在创新方向上的战略引导、在资源配置上的统筹协调以及在应用场景上的规模化推广**。[1] 比如，在 AI 领域，政府通过设立国家实验室、组建创新联盟、建设应用示范区等方式，推

---

[1] 郭朝先，方澳. 全球人工智能创新链竞争态势与中国对策 [J]. 北京工业大学学报（社会科学版），2022（4）：88-99.

动产业链上下游协同发展。

中美两国两种体系的形成不只是在 AI 产业上才得以体现，也不是一朝一夕形成的。**首先是制度传统的差异。**美国的开放体系植根于其市场经济体制和法治传统。自建国之始，美国就形成了尊重个人产权、保护市场竞争、鼓励创新创业的制度环境。这种环境培育了企业家精神，也为创新提供了制度保障。硅谷的成功正是这种制度优势的集中体现。相比之下，中国的集中体系则与其计划经济的历史传统和政府指导的治理模式密切相关。政府在经济发展中的主导作用，使其自然地承担起推动技术创新的重任。

其次是发展阶段的不同。作为较早踏足 AI 领域的国家，美国在很多技术方面处于科学前沿地位，这使得其创新往往需要在未知领域进行探索。在这种情况下，分散的市场化创新模式更有利于多路径探索，降低创新风险。而中国作为后发国家，在很多领域还存在追赶空间，在这种情况下，集中力量进行技术攻关往往能够更快地实现突破。

最后是资源禀赋差异。美国拥有全球顶尖的研究型大学、雄厚的科研基础和发达的风险投资市场，这些条件为开放创新提供了良好的支撑。而中国的优势则在于庞大的市场规模、完整的产业链和高效的执行力，这些特点更适合采用集中模式来推动创新发展。

美国的开放创新体系建立在其深厚的市场经济基础之上。以硅谷为代表的创新生态系统，构建了一个多层次、高效率的创新网络，这个网络的核心特征就是开放性和多元化。在这里，来自全球的顶尖人才可以自由流动，充裕的风险投资为创新提供源源不断的资金支持，灵活的市场机制则确保了创新成果能够快速实现商业化。[1] 特别

---

[1] 阚天舒，闫姗姗，王璐瑶. 对美国人工智能领域政策工具的考察：安全偏向、结构特征及应用评估 [J]. 当代亚太，2022（1）：101-131.

值得注意的是，美国的创新生态系统形成了产学研深度融合的良性互动模式。

美国硅谷作为全球科技创新的中心，其成功很大程度上归功于其独特的创新生态系统。这一生态系统的核心在于企业与学术界的深度合作，形成了从基础研究到技术商业化的高效闭环。以谷歌和 OpenAI 为例，这些科技巨头不仅与斯坦福大学、麻省理工学院等顶尖学府保持着密切的研究合作，还通过各种方式支持基础研究的发展。谷歌的研究人员经常在顶级学术会议发表重要论文，而企业也通过设立研究基金、提供计算资源等方式支持学术界的研究工作。OpenAI 在开发 GPT 系列模型的过程中，就充分借鉴了学术界在深度学习、自然语言处理等领域的最新研究成果。更重要的是，通过开放 API，OpenAI 让全球的开发者都能参与到 AI 应用的探索中来，这种开放策略极大地促进了创新的扩散和应用场景的拓展。[1]

以谷歌为例，其与学术界的合作模式堪称典范。谷歌不仅资助了大量学术研究项目，还通过设立"谷歌教员研究奖"（Google Faculty Research Awards）等，直接支持大学教授和研究生的研究工作。此外，谷歌还设立了"谷歌人工智能留才项目"（Google AI Residency Program），为年轻研究人员提供在工业界和产业界实践的机会，帮助他们将学术成果转化为实际应用。这种深度合作不仅加速了技术突破，还为企业输送了大量高素质人才。例如，深度学习领域的奠基人之一杰弗里·辛顿（Geoffrey Hinton）曾长期在谷歌兼职，其研究成果直接推动了谷歌在图像识别和自然语言处理领域领先地位的建立。

---

[1] 杨锡怡，贾佳，周小宇，等. 中美两国人工智能头部企业研发和创新的比较分析与启示 [J]. 中国科学院院刊，2024（6）：1084-1096.

与此同时，美国的开放创新体系还体现在其健全的知识产权保护制度和活跃的技术转移机制上。大学和研究机构可以通过专利许可、技术转让等方式，将研究成果转化为市场价值。[①] 这种机制不仅为基础研究提供了可持续的资金来源，也加速了科技成果的商业化进程。根据统计，美国在 AI 基础研究领域的高被引论文数量持续领先全球，这充分说明了其开放创新体系在促进原创性突破方面的优势。

相比之下，中国的 AI 发展采取了一种独特的集中发展模式。其核心特征之一是政府政策的强力推动与头部企业的规模化发展相结合。以华为、百度为代表的科技企业，在国家战略（如《新一代人工智能发展规划》）的引导下，不仅实现了自身的技术突破，还带动了整个产业链的升级。这种"政策引导＋企业主导"的模式，使中国在 AI、5G 通信、云计算等领域取得了显著成就。在这种模式下，政府通过政策引导和资源整合，推动重点企业和研究机构在特定领域实现快速突破。以华为、百度为代表的科技企业，在政策支持下完成了 AI 领域的全面布局。这种集中模式的优势在于能够快速整合产业链资源，形成规模效应。如图 5－1 所示，中国在 AI 相关被引论文数量统计中表现出色，2023 年占比超过欧洲和美国。

以华为为例，作为全球领先的通信技术企业，华为在 AI 和 5G 领域的突破离不开国家政策的支持。中国政府通过"新基建"战略，大力推动 5G 网络建设和 AI 技术应用，为华为提供了广阔的市场空间和技术试验场景。华为依托其强大的研发能力，将 AI 技术深度融入其产品和服务，例如通过 AI 优化 5G 网络性能、开发

[①] 周念利，吴希贤. 中美数字技术权力竞争：理论逻辑与典型事实［J］. 当代亚太，2021（6）：78-101.

图 5-1　各国 AI 论文被引用占比

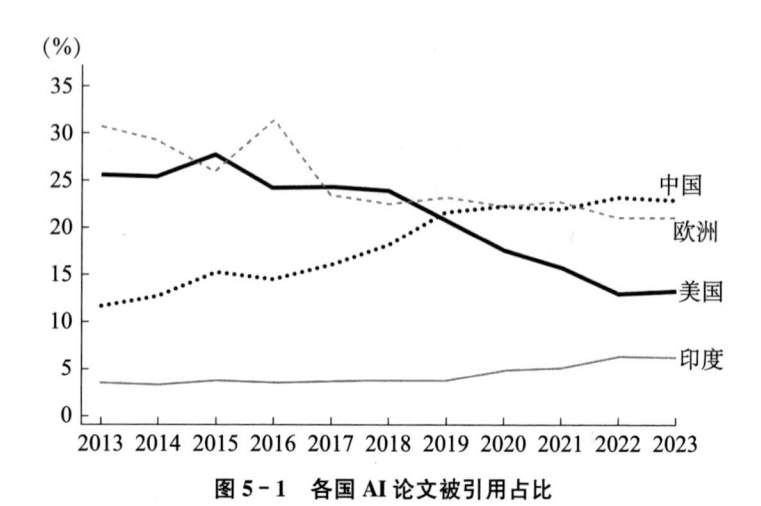

资料来源：斯坦福大学发布的《2025 年人工智能指数报告》(Artificial Intelligence Index Report 2025)。

智能终端设备（如智能手机和智能家居产品），并在智慧城市、智能制造等领域提供整体解决方案。这种规模化发展不仅提升了华为的全球竞争力，还带动了上下游产业链的协同创新。

中国的创新生态系统在政策推动下，通过头部企业的规模化发展，实现了从技术突破到产业应用的快速转化。华为和百度的成功经验表明，政策引导与企业创新的结合，不仅能够提升企业的竞争力，还能带动整个产业链的升级。未来，随着政策的持续支持和技术的不断进步，中国有望在 AI 等前沿领域实现更大的突破，为全球科技发展贡献更多"中国模式"。

然而，中美两国两种不同的发展模式都面临着各自的挑战和局限。图 5-2 对比了中美两国的创新模式：美国以"市场主导型"为特征，强调企业与高校自主研发决策、完善的风险投资生态、灵活的人才流动机制及产学研自由合作网络；中国则以"政策主导型"为核心，依靠政府战略方向引导、财政资金重点支持、国家人才计划体系和产业链协同发展推进创新。创新模式的不同体现出两国在体制机制上的根本差异。**美国的开放体系虽然有利于激发创新活力，但在需要大规模协同攻关的领域往往难以形成合力。**例如，在 AI 芯片研发、大规模算力基础设施建设等需要巨额投入的领域，市场主导的方式可能导致资源分散，影响整体竞争力。此外，开放体系也带来了技术管控的难题，如何在保持创新活力的同时确保技术安全，成为美国政策制定者面临的重要课题。[①] 近年来，美国政府已经开始采取措施应对这些挑战。例如，通过《芯片与科学法案》等政策工具，加强在关键领域的战略布局；通过设立国家人工智能研究院，促进产学研协同创新；通过完善出口管制制度，加强对关键技术的保护。这些举措表明，纯粹的市场导向模式正在向更加注重战略协调的方向调整。

美国：市场主导型创新体系	中国：政策主导型创新体系
企业与高校自主研发决策	政府战略方向引导
完善的风险投资生态	财政资金重点支持
灵活的人才流动机制	国家人才计划体系
产学研自由合作网络	产业链协同发展

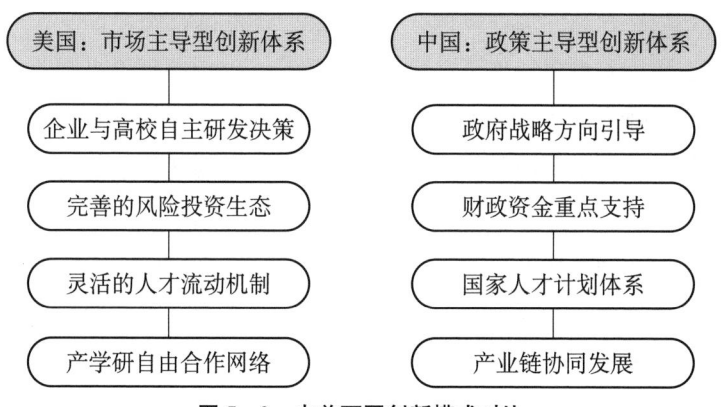

图 5-2　中美两国创新模式对比

与之相似，**中国的集中体系虽然在效率方面具有优势，能够快速调动资源实现既定目标，但也存在着明显的短板。**第一是原创性

---

① 赵明昊. 技术鹰派、国家安全与美国对华战略竞争 [J]. 国际安全研究，2025 (1)：115-132.

创新不足。尽管中国的 AI 论文发表数量已经位居全球第一,但在高被引论文和突破性研究成果方面还与美国有较大差距。**第二是创新方向的多样性不足**。过度的政策引导可能导致企业和研究机构的创新方向趋同,影响技术发展的适应性和可持续性。为了应对这些挑战,中国正在积极推动创新体系的优化升级。一方面,通过深化科技体制改革,赋予科研机构和高校更大的自主权;另一方面,通过完善知识产权保护制度,优化创新创业环境,鼓励企业加大研发投入。特别是在基础研究领域,中国正在通过设立各类科技创新基金、建设国家实验室等方式,为原创性创新提供更好的支持。①

AI 技术的发展既需要开放环境下的自由创新,也离不开规模化发展带来的实践积累。中美两国都需要在各自的发展模式中寻求突破和平衡。② 对美国来说,关键是要在保持开放创新优势的同时加强在战略领域的统筹协调,特别是在 AI 基础设施建设、人才培养等方面需要更多的政策引导和资源整合。对中国来说,则需要在保持集中效率优势的基础上进一步激发市场活力,培育多元化的创新主体,特别是要加强基础研究投入,提升原创创新能力。

值得注意的是,技术创新模式的选择并非简单的效率问题,而是与各国的制度特点、发展阶段和创新传统密切相关。随着 AI 技术的不断发展,开放与集中这两种模式很可能会在不同领域形成互补,共同推动全球 AI 技术的进步。这种趋势已经在某些领域显现,例如开源社区的蓬勃发展就为不同创新主体提供了交流与合作的平台。在这个过程中,**中美两国的良性竞争对推动全球 AI 技术发展**

---

① 曾坚朋,张双志,张龙鹏. 中美人工智能政策体系的比较研究:基于政策主体、工具与目标的分析框架 [J]. 电子政务,2019 (6):13-22.

② 苗争鸣,邢悦. 中美网络权力博弈:权力比较、认知影响与模式选择 [J]. 东北亚论坛,2024 (4):40-56.

具有重要意义。竞争不应该导致技术封锁和创新割裂，而应该成为促进双方不断提升创新能力的动力。两国如何在竞争中保持必要的交流与合作，如何在各自的发展模式中吸收对方的优势，将在很大程度上影响全球 AI 技术的发展轨迹。

二、基础研究与应用实践——两种范式的权衡与张力

中美两国在 AI 技术竞争中的差异，源于各自独特的创新体系和发展路径。美国凭借深厚的基础研究积累、强大的高校和科研机构支持，以及灵活高效的创新生态，持续引领全球科技前沿。而中国则通过政策扶持、强大的工程化能力和快速响应市场需求的优势，加速技术的落地与应用。美国专注于基础研究与高端技术的突破，而中国则在实践中通过快速迭代和大规模应用逐步缩小与美国的差距。这种差异反映了两国在科技发展阶段、资源配置和战略重点上的根本不同。

经济合作与发展组织的数据显示，2021 年美国研发投入为 8 060 亿美元，研发投入强度（研发投入与 GDP 之比）为 3.5%。在研发投入结构方面，美国研发投入中有 15% 用于基础研究，远高于全球平均水平。[①] 这种持续的高强度投入，确保了美国在前沿科技领域的领先地位。美国在 AI 基础研究领域的领先地位，是其长期以来构建的三层次协同创新体系共同作用的结果。这个体系通过企业研究机构、学术机构和国家实验室的有机配合，形成了一个完整的基础研究生态链，共同推动着 AI 领域的基础理论突破和创新发展。相比之下，中国虽然在基础研究投入上与美国存在差距，但

---

① 美国国家科学与工程统计中心（NCSES）. 2024 年美国科学与工程状况［R］. 美国国家科学基金会（NSF），2024.

其在技术落地和规模化应用方面的能力却不容小觑，这种差异使得中美两国在 AI 领域的竞争呈现出鲜明的互补性与对抗性。

在企业研究机构层面，以谷歌、DeepMind、OpenAI 等为代表的企业的实验室展现出强大的创新活力。这些企业在深度学习、强化学习等核心算法领域不断实现突破性进展。同时，这些企业还配备了世界级的计算资源和实验环境，为开展前沿研究提供了坚实的基础设施支持。以 DeepMind 为例，其在强化学习领域的研究成果，从 AlphaGo 到 AlphaFold，每一步都体现了企业研究机构在基础研究上的深度投入和持续创新能力。

在学术机构层面，美国的顶尖高校构成了基础研究的核心支撑力量。麻省理工学院、斯坦福大学、卡内基梅隆大学等院校通过其实验室和研究中心，在机器学习理论、计算机视觉、自然语言处理等多个基础研究方向上保持领先地位。这些学术机构不仅持续产出开创性的理论成果，为 AI 发展奠定了坚实的理论基础，还培养了大量高水平研究人才，为整个行业源源不断地输送创新力量。以麻省理工学院的计算机科学与人工智能实验室（CSAIL）为例，其在基础理论研究方面的突破，对整个 AI 领域的发展产生了深远影响。学术机构的独立性也确保了研究方向的多样性和前瞻性，避免了研究的短期功利化倾向。

在国家实验室层面，以阿贡国家实验室、橡树岭国家实验室等为代表的美国国家级研究机构发挥着战略引领作用。这些机构主要承担国家战略性的基础研究任务，特别是在量子计算等前沿交叉领域开展具有前瞻性的探索研究。同时，国家实验室还提供了大型科研基础设施支持，如超级计算中心等，为开展大规模基础研究提供了必要的硬件支撑。更重要的是，这些机构能够推动跨学科交叉研究，促进基础科学的整体突破。从图 5-3 中我们可以看到，美国

AI 基础研究创新协同体系由企业研究机构、学术机构和国家实验室构成三层次协同创新核心，分别提供资金与算力、理论突破与人才培养、基础设施与战略引导。同时，在下方形成强有力的创新生态系统支撑，包括充分的经费支持、健全的知识产权保护、开放的学术环境与市场化的激励机制，共同推动 AI 基础研究的可持续发展。

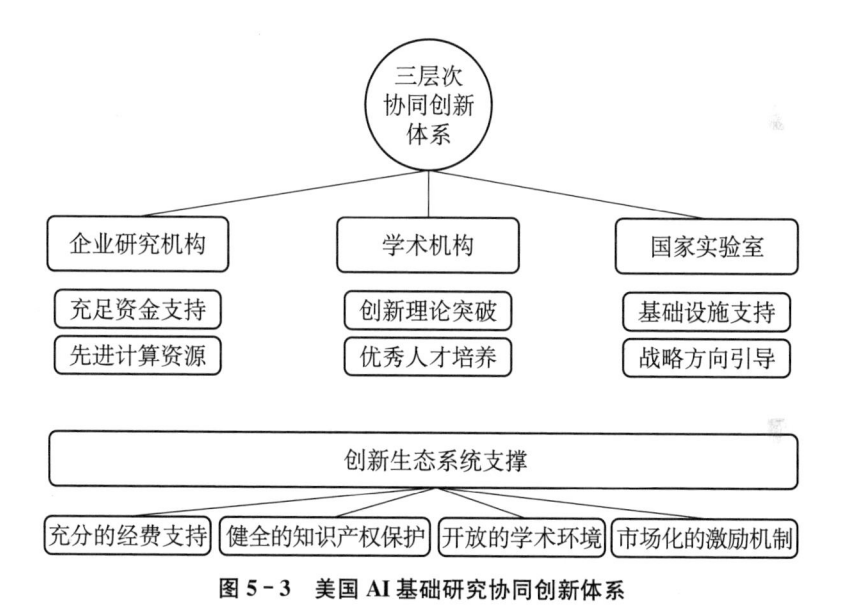

图 5-3 美国 AI 基础研究协同创新体系

这三个层面之间形成了紧密的协同关系。 企业提供充足的资金和先进的计算资源，高校贡献创新理论和优秀人才，国家实验室则提供基础设施支持和战略方向引导。研究人员可以在不同类型的机构间自由流动，促进知识的传播和创新的扩散。同时，基础研究成果能够通过多个渠道实现产业化，形成创新价值。这种协同效应的产生，得益于美国完善的创新生态系统，包括充分的经费支持、健全的知识产权保护、开放的学术环境和市场化的激励机制等。

这种多层次协同的基础研究体系，使美国能够在 AI 领域保持持续创新能力。无论是在研究方向的多样性、资源配置的效率，还是在人才培养的持续性上，都展现出明显优势。以美国在量子计算等前沿领域的布局为例，美国通过国家实验室、高校和企业的协同创新，在量子计算硬件、量子算法等方面都取得了显著进展。

相比之下，**中国在 AI 技术的应用实践方面展现出独特优势**。依托庞大的市场规模、丰富的应用场景和高效的执行力，中国在 AI 技术的落地应用上实现了跨越式发展。[1] **这种优势主要体现在三个重点领域：智慧城市建设、工业智能化和教育信息化。**[2]

在智慧城市建设方面，中国已经形成了全球最大的应用市场。从城市管理到公共服务，从交通控制到环境监测，AI 技术在城市治理中的应用不断深化。例如，杭州的"城市大脑"项目通过实时分析交通数据，优化信号灯控制，显著缓解了交通拥堵问题；深圳利用 AI 技术进行环境监测和污染源追踪，提升了城市环境治理效率。这些应用不仅改善了城市居民的生活质量，也为 AI 技术的迭代升级提供了丰富的实践场景。

据市场研究机构统计，中国智慧城市市场规模已突破 1.5 万亿元人民币，年增长率保持在 25% 以上。更重要的是，这些应用积累了海量的实践数据，为算法优化和技术创新提供了宝贵的实践基础。例如，通过分析城市交通数据，AI 算法可以更精准地预测交通流量；通过整合环境监测数据，AI 系统可以更有效地制订污染治理方案。这种"数据驱动＋场景优化"的模式，使中国在智慧城

---

[1] 沙德春，荆晶．中美人工智能产业国家顶层政策比较研究[J]．科学管理研究，2021 (3): 154-162.

[2] 汤志伟，雷鸿竹，周维．中美人工智能产业政策的比较研究：基于目标、工具与执行的内容分析[J]．情报杂志，2019 (10): 73-80.

市建设领域走在了全球前列。

在工业智能化领域,中国通过"新基建"和"智能制造"等国家战略的推动,加速了 AI 技术与传统制造业的融合。以钢铁、化工、纺织等传统行业为例,通过部署智能生产系统、预测性维护系统、质量控制系统等应用,显著提升了生产效率和产品质量。例如,宝钢集团利用 AI 技术实现了钢铁生产的智能化控制,不仅降低了能耗,还提高了产品合格率;海尔集团通过智能制造平台,实现了生产线的柔性化定制,满足了消费者个性化需求。

近几年,我国工业智能市场规模呈现快速增长态势,从 2015 年的 3.58 亿元增长到了 2020 年的 17.44 亿元。这些实践不仅推动了传统产业的转型升级,也催生了新的技术创新需求。例如,工业机器人的普及推动了机器视觉技术的发展;预测性维护系统的应用促进了传感器技术和数据分析算法的进步。中国在工业智能化领域的实践,不仅为全球制造业提供了数字化转型的范本,也为 AI 技术的进一步发展开辟了新的方向。图 5-4 显示,相较于 2020 年,2024 年各国工业智能规模占比发生了显著变化:中国从 11.15% 上升至 16.53%,增长最为明显;美国由 28.05% 略降至 26.48%;日本、德国的占比均有所下降,而其他国家总体份额保持相对稳定。这表明中国在工业智能化领域的全球影响力持续上升。

在教育信息化领域,中国的 AI 应用创新同样令人瞩目。从智能题库到个性化学习系统,从在线教育平台到教育机器人,形成了覆盖 K12、高等教育和职业教育的完整应用生态。例如,猿辅导和作业帮等在线教育平台利用 AI 技术为学生提供个性化学习方案;科大讯飞推出的智能语音评测系统,帮助学生在语言学习中实现精准反馈;教育机器人则在幼儿园和小学中广泛应用,通过互动式教学提升学生的学习兴趣。

2020年各国工业智能规模占比

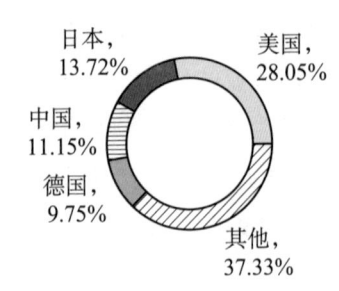

- 日本，13.72%
- 美国，28.05%
- 中国，11.15%
- 德国，9.75%
- 其他，37.33%

2024年各国工业智能规模预测占比

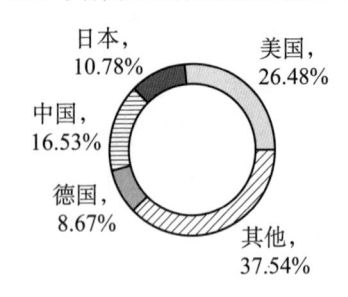

- 日本，10.78%
- 美国，26.48%
- 中国，16.53%
- 德国，8.67%
- 其他，37.54%

图 5-4　2020 年、2024 年（预测）各国工业智能规模占比

资料来源：智研咨询。

2023 年，全球教育科技市场规模为 1 521 亿美元，预计 2024 年为 1 727.1 亿美元，2031 年将达到 4 229.5 亿美元，2024—2031 年复合年增长率为 13.65%。与此同时，中国的教育科技市场也在迅速发展，2023 年中国教育科技市场规模达到 985.88 亿元。教育科技的应用不仅服务于庞大的教育市场，也在实践中积累了丰富的教育场景数据，为 AI 技术在教育领域的深化应用提供了重要支撑。例如，通过分析学生的学习行为数据，AI 系统可以更精准地识别学生的学习难点；通过整合教育资源数据，AI 平台可以为教师提供更高效的教学工具。中国在教育信息化领域的创新，不仅推动了教育公平和质量的提升，也为全球教育科技的发展提供了重要参考。

然而，**基础研究和应用实践之间存在着深刻的互动关系**。一方面，应用实践中积累的数据和问题，为基础研究提供了重要的研究方向和验证场景。中国在人脸识别、语音识别等领域的大规模应用，不仅验证了相关算法的实用性，也推动了算法的持续优化和创新。另一方面，基础研究的突破也在不断为应用实践提供新的技术支撑。美国在大语言模型方面的研究成果，正在被广泛应用于各类场景，展现出强大的应用潜力。

这种基础研究与应用实践的良性互动，正在成为推动 AI 技术进步的重要动力。例如，在计算机视觉领域，实践应用中发现的问题促使研究人员开发出更鲁棒的算法，而算法的改进又使得应用场景能够覆盖更复杂的环境。这种螺旋式上升的发展模式，正在加速 AI 技术的成熟。[①]

如何更好地实现基础研究与应用实践的融合，将是中美两国面临的共同课题。对美国而言，需要思考如何将其在基础研究方面的优势更有效地转化为应用价值，如何更好地利用市场反馈来指导研究方向。[②] 特别是在一些需要大规模实践验证的领域，如自动驾驶、智能医疗等，如何加快技术从实验室到市场的转化过程，是一个重要课题。

对中国来说，在保持应用创新优势的同时，如何加强基础研究能力建设，如何将实践中积累的经验升华为理论突破，同样至关重要。近年来，中国在加大基础研究投入、完善创新体系、培养高层次人才等方面已经开始发力，但与美国相比仍存在明显差距。如何在保持应用优势的同时补齐基础研究短板，将是未来发展的关键。

在全球科技竞争日益激烈的背景下，中美两国的优势互补可能为 AI 技术的发展提供新的动力。美国的基础研究实力与中国的应用创新能力如果能够实现某种程度的良性互动，将有助于加速 AI 技术的成熟和普及。这种互补性也提醒我们，保持适度的技术交流与合作仍然具有重要价值。

---

① 党丽娟，卢伟. 中美人工智能产业发展新动向 [J]. 宏观经济管理，2024 (12)：87-92.

② 卫平，范佳琪. 中美人工智能产业发展比较分析 [J]. 科技管理研究，2020 (3)：141-146.

最后，随着 AI 技术对经济社会发展的影响日益加深，基础研究与应用实践的融合还需要考虑更广泛的社会影响。如何确保技术发展的方向能够更好地服务于人类福祉，如何在追求技术进步的同时保持对伦理和安全的关注，都是需要中美两国共同面对的重要课题。[①] 这不仅关系到 AI 技术的健康发展，也关系到人类社会的未来福祉。

三、技术人才的争夺——从硅谷到深港

人才是 AI 时代的第一资源，而中美两国正为技术精英展开一场"全球抢人大战"。 在 AI 时代，技术人才已成为决定国家竞争力的核心要素。这场竞争不仅体现在对全球顶尖人才的争夺上，更反映在人才培养体系的构建和人才发展环境的营造方面。

技术精英对 AI 发展的推动作用首先体现在基础研究领域。以深度学习领域为例，从杰弗里·辛顿、杨立昆（Yann LeCun）到约书亚·本吉奥（Yoshua Bengio）等领军人物的研究工作，为 AI 技术的突破奠定了理论基础。这些顶尖科学家不仅产出了开创性的研究成果，还培养了大批优秀人才，形成了强大的技术创新网络。

在产业发展方面，技术精英的作用同样不可替代。谷歌、Meta 等科技巨头的快速发展，在很大程度上得益于其汇聚的顶尖技术人才。这些企业不仅能够提供极具竞争力的薪酬待遇，更重要的是创造了有利于技术创新的工作环境。例如，谷歌的"20％时间"政策，允许工程师将部分工作时间用于个人项目研究，这种机制催生了许多重要的技术创新。在庞大的就业需求和优渥的薪酬下，美国

[①] 丁迪. 负责任人工智能：中美的理念差异与合作空间 [J]. 江苏行政学院学报，2024（5）：110-119.

吸引着来自全球的 AI 人才。根据美国保尔森基金会马可·波罗智库对 AI 的长期跟踪，美国是顶尖 AI 人才的首选工作目的地。在美国机构中，美国和中国研究人员（以本科学位为基础）占顶尖 AI 人才的 75%。此外，美国也是世界上最精英 AI 人才（前 2%）的首选目的地，并且仍然是 60% 顶尖 AI 机构的所在地。[①] 如图 5-5 所示，全球 AI 顶尖人才主要集中在美国（42%）和中国（28%），其次为欧盟（12%）、英国（6%）、加拿大和韩国（各 2%），其余国家占比 8%，反映出 AI 人才分布的高度集中化。

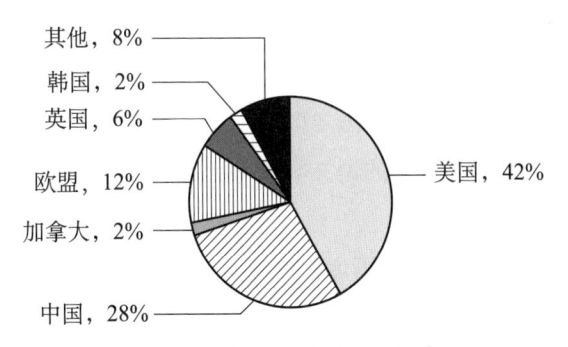

图 5-5　AI 顶尖人才所处国家

资料来源：全球人工智能人才追踪 2.0 [R]. 马可·波罗智库，2023.

在这场全球人才竞争中，美国凭借其完善的创新生态系统和开放的人才政策，长期保持着明显优势。硅谷作为全球科技创新的中心，对 AI 人才具有强大的吸引力。这种吸引力不仅来自高薪资和股权激励，更源于其浓厚的创新氛围和完善的职业发展体系。H1-B 签证制度为国际人才进入美国提供了重要通道，尽管近年来政策有所收紧，但仍然是全球技术人才流动的重要渠道。而美国众多顶尖的科研机构及大学也为培养 AI 前沿人才提供了一片沃

---

① 全球人工智能人才追踪 2.0 [R]. 马可·波罗智库，2023.

土。根据 2020—2023 年《人工智能指数报告》的数据，在 AI 顶级会议（如 NeurIPS、ICML、ICLR）发表的论文中，来自顶尖大学和科技企业研究实验室的占比持续保持在较高水平。例如，谷歌、斯坦福大学、麻省理工学院、加利福尼亚大学伯克利分校、卡内基梅隆大学等机构的论文发表数量和引用率常年位居前列。

与此同时，中国正通过多元化战略增强人才竞争力。在人才培养方面，以清华大学、北京大学为代表的中国顶尖高校已经建立了系统的 AI 人才培养体系。这些院校不仅开设了专门的人工智能学院，还通过与企业合作建立联合实验室，加强产学研协同育人。据统计，中国在 AI 领域的年度毕业生数量已经超过美国，成为全球最大的 AI 人才供给国。根据 2022 年 NeurIPS 会议的数据，中国研究人员在顶级 AI 会议中的论文贡献率已接近 30%，显示出中国在 AI 研究领域的快速崛起。[1]

在人才引进方面，中国通过"千人计划""长江学者"等国家级人才项目，为海外高层次人才回国发展提供支持。这些政策不仅包括具有竞争力的薪酬待遇，还涵盖科研经费支持、住房补贴等全方位保障。[2] 近年来，中国的人才引进政策开始显现成效，越来越多的海外优秀人才选择回国发展。特别是在 AI 等战略性新兴产业领域，人才回流趋势明显。中国在过去几年中扩大了国内 AI 人才库，以满足国内不断发展的 AI 行业的需求。由于中国培养了相当大一部分世界顶尖 AI 研究人员（从 2019 年的 29% 上升到 2022 年的 47%），因此越来越多的中国人才在国内行业工作也就不足为

---

[1] 全球人工智能人才追踪 2.0 [R]. 马可·波罗智库，2023.
[2] 张茂聪，张圳. 我国人工智能人才状况及其培养途径 [J]. 现代教育技术，2018 (8)：19-25.

奇了。[1]

然而，**中美两国在人才竞争中也面临着不同的挑战。** 对美国来说，如何维持其人才优势，特别是在面对其他国家日益激烈的竞争时，如何继续保持对全球顶尖人才的吸引力，是一个重要课题。近年来，美国在签证政策、科技管制等方面的收紧，在一定程度上影响了其人才吸引力。同时，硅谷高昂的生活成本也成为制约人才发展的重要因素。

对中国而言，虽然在人才培养数量上已经取得显著成就，但在培养质量和创新能力方面还需要进一步提升。如何建立更加开放和国际化的人才发展环境，如何优化人才评价和激励机制，是中国需要解决的重要问题。特别是在基础研究人才的培养方面，还需要更长期的积累和投入。

在国际化与本土化的平衡方面，中美两国都在进行战略调整。美国在维持其国际化优势的同时，开始更多关注本土人才的培养，加强在 AI 教育方面的投入。多所美国顶尖大学已经扩大了人工智能相关专业的招生规模，同时加强与产业界的合作，建立更有针对性的人才培养机制。

中国则在加强本土人才培养的同时继续推进教育体系的国际化。"双一流"建设战略不仅强调提升高校的整体实力，还特别强调国际交流与合作的重要性。许多中国高校通过与国际一流大学合作办学、建立联合研究中心等方式，提升人才培养的国际化水平。

展望未来，人才竞争将继续成为中美科技竞争的核心领域。 这种竞争不仅体现在对现有人才的争夺上，更体现在人才培养体系的

---

[1] 全球人工智能人才追踪 2.0 [R]. 马可·波罗智库，2023.

创新和完善上。① 美国凭借其成熟的创新生态系统和全球顶尖的高等教育机构，继续吸引着世界各地的顶尖人才；而中国则通过大规模的教育投入、产学研结合的培养模式以及政策激励，迅速构建起庞大的 AI 人才库。两种模式各具优势，竞争态势日益激烈，但最终谁能在这场人才争夺战中占据上风，仍是一个未知数。

然而，这场竞争的意义远不止于两国之间的博弈。AI 作为一项具有颠覆性潜力的技术，其发展关乎全球未来。**人才竞争不应演变为零和博弈，而是需要在竞争中保持开放与合作**。尽管中美两国在人才政策上选择了不同的路径，但如何在竞争中平衡开放性与自主性，如何建立更加健康的国际人才流动机制，仍然是全球科技界需要共同面对的挑战。

最后，随着 AI 技术的不断发展，人才竞争的形式和内容也在发生变化。除了传统的技术人才，跨学科复合型人才、AI 伦理专家等新型人才也变得越来越重要。这要求中美两国在人才战略上保持足够的前瞻性和灵活性，以适应技术发展带来的新要求。无论是美国的"**精英引领**"模式，还是中国的"**规模与速度**"模式，未来谁能在 AI 领域占据主导地位，不仅取决于人才的争夺，更取决于谁能更好地适应技术变革的浪潮，谁能更有效地将人才优势转化为创新优势。

---

① 毛锡龙，徐辉. 美国"全政府"对华战略对中美教育科技交流影响的深度分析[J]. 清华大学教育研究，2021（5）：15-29.

第六章
标准之争：全球技术生态的主导权博弈

在全球科技竞争日趋激烈的背景下，**技术标准之争、生态系统博弈与供应链安全已经成为塑造未来科技格局的三大核心要素。** 这三个维度相互交织，共同构成了一个复杂的竞争体系，深刻影响着全球创新格局的演进方向。特别是在中美竞争的大背景下，**这种多维度的较量不仅关系到技术创新的效率，更直接影响着未来世界的权力分配。**

在技术标准领域，竞争已经超越了单纯的技术层面，演变为全球治理的重要工具。 从 5G 标准的制定到 AI 伦理准则的确立，标准之争实际上是一场话语权的争夺。华为在 5G 标准制定过程中的经历就是一个典型案例：尽管在技术专利上占据优势地位，但仍然面临着来自政治因素的巨大挑战。同样，在 AI 领域，国际标准化组织（ISO）和电气电子工程师学会（IEEE）在标准制定上的竞争也反映了这种复杂性。

技术生态的开放与封闭之争则展现了另一个竞争维度。 Linux 和 TensorFlow 等开源项目的成功证明了开放创新模式的强大活力，但 OpenAI 从开源到闭环的转变又揭示了商业利益与技术控制之间的矛盾。这种博弈不仅影响着创新效率，也决定着全球技术社区的协作模式。特别是在 AI 等前沿领域，开放与封闭的选择往往关系到技术发展的方向和速度。

供应链安全则成为最直接的竞争战场。美国通过系统性的技术封锁，从芯片制造到 EDA 软件，构建起了全方位的制裁体系。2022 年 10 月的美国商务部芯片出口管制新规更是直接针对 AI 领域，显示了供应链武器化的趋势。这种制裁不仅影响了中国企业的发展节奏，也推动了全球供应链的重构。

面对这些挑战，中国采取了多层次的应对策略。在技术标准领域，中国企业正在加大国际标准制定的参与度，提升话语权。在技术生态方面，既支持开源创新，又注重核心技术的自主可控。在供应链安全方面，则通过发挥稀土等战略资源优势，构建反制能力，同时全面推进技术自主化战略。

这种多维度的竞争正在重塑全球科技创新格局。技术标准的制定可能呈现区域化特征，创新生态可能形成多中心格局，供应链可能发展出更具韧性的网络结构。在这个转型过程中，如何在竞争中保持必要的开放性，如何在管控中维持创新的活力，如何在自主发展中参与国际合作，成为各国面临的共同挑战。

特别值得注意的是，**这三个维度的竞争并非相互独立，而是形成了复杂的互动关系。**技术标准的制定往往影响着创新生态的形成，生态系统的开放程度又决定着供应链的稳定性，而供应链的安全则反过来影响着标准的制定能力。这种循环互动使得科技竞争呈现出系统性和复杂性的特征。

在这一背景下，中美两国的策略选择展现出不同特点。**美国试图通过技术优势维持全球影响力，强调供应链安全和技术管控。中国则采取更为系统的方法，在保持开放姿态的同时，通过自主创新**

提升综合实力。这种战略差异既源于两国发展阶段的不同,也反映了各自的竞争理念。

展望未来,全球科技竞争可能进入一个新的阶段。技术创新需要开放环境,但安全考虑又要求一定程度的管控;全球协作有利于效率提升,但战略竞争又推动着产业链重构。在这种复杂态势下,找到合适的平衡点,将是决定未来科技格局的关键因素。这不仅需要政策制定者的战略智慧,也需要创新主体的积极探索,更需要国际社会的共同努力。

一、谁定义未来——标准之争的背后是话语权争夺

在全球科技竞争日趋激烈的今天,技术标准已经成为国际权力较量的重要战场。技术标准不仅是一系列技术规范的集合,更是塑造未来全球技术发展方向的关键力量。正如历史告诉我们的,谁掌握了标准的制定权,谁就在很大程度上掌握了产业发展的话语权。在 AI 时代,技术标准不仅定义了机器如何运行,更决定了哪些国家、企业能够主导全球产业链的顶层设计。从 5G 通信协议到 AI 伦理框架,每一次标准的制定都暗含着地缘政治的博弈,其背后是中美两大经济体对技术话语权的激烈角逐。这场没有硝烟的战争,正在重塑 21 世纪的国际秩序。

在全球化产业链中,**技术标准如同数字世界的"宪法",既规定了技术产品的性能边界,也划定了市场准入的隐形门槛。**以 5G 标准为例,掌握核心专利的企业能够通过授权费用获取持续性收益,而未能参与标准制定的后来者则需支付高昂的入场成本。这种"规则税"的征收权,使得标准制定成为比技术研发更具战略价值的竞争领域。华为在 5G 标准制定过程中投入了大量资源,提交了

数万份技术提案，这使得华为在全球 5G 标准必要专利中的占比达到了 14% 以上（截至 2021 年底），位居全球前列。然而，这种技术优势的确立并非一帆风顺。在标准制定过程中，华为不得不面对来自欧美企业的强大竞争，以及政治因素带来的额外挑战。这个过程生动地展现了技术标准背后的复杂较量。2022 年 4 月中国信息通信研究院发布的《全球 5G 专利活动报告（2022 年）》数据显示，我国已成为全球 5G 专利的首要产出国和标准制定国，实现了通信技术的引领。这种量变积累正在引发国际规则制定的质变——当中国企业从标准追随者转变为规则共塑者，传统技术霸权体系开始出现结构性松动。

技术标准的战略价值在 AI 领域更为凸显。AI 算法透明度、数据跨境流动规则、人脸识别应用边界等标准，直接关系到价值数万亿美元的智能产业生态构建。欧盟智库 Bruegel 的研究表明，主导 AI 伦理标准制定的国家，其企业在全球市场的合规成本将降低 40% 以上。这种"规则红利"使得标准化之争超越单纯的技术范畴，成为数字经济时代国家竞争力的核心指标。

在国际标准化组织的议事厅里，中美较量呈现出鲜明的范式差异。目前，国际标准化组织和电气电子工程师学会都在积极推进 AI 标准的制定工作。这两个组织在 AI 伦理准则和技术标准的制定上存在着明显的竞争。从专利申请数据来看，中国在 AI 领域的专利申请数量已经超过美国，但在高价值核心专利方面，美国仍然保持领先。这种态势也反映在国际标准提案中：虽然中国提交的标准提案数量大幅增加，但在关键技术标准的制定过程中，美国企业仍然具有更大的话语权。以国际标准化组织/国际电工委员会第一联合技术委员会人工智能分技术委员会为例，中国在 2018—2022 年间提交的标准提案数量增长 320%，提案采纳率从 14% 跃升至

37%，而同期美国提案占比则从42%下降至29%。

在产业实践层面，这种此消彼长的态势折射出两国战略路径的根本分野：美国依托既有技术优势，通过"企业联盟＋政府背书"模式巩固既有规则体系。美国科技巨头如谷歌和微软通过组建技术联盟，正在积极推动符合其利益的技术标准。这些联盟往往具有较强的排他性，在某种程度上构成了一种"俱乐部式"的标准制定机制。与此同时，中国的科技企业如百度、阿里巴巴等也在积极参与国际标准的制定，并在国内推动行业规范的建立。这种双向发力的态势，折射出中国企业在全球技术标准体系中寻求更大话语权的努力。

这种竞争在具体技术路线上形成鲜明对峙。电气电子工程师学会主导的AI伦理标准强调**"个人数据自主权"与"算法可解释性"**，而中国在国际标准化组织推动的标准体系则更侧重**"技术社会效益最大化"与"群体权益保护"**。这种理念分歧在自动驾驶领域尤为突出：美国企业主导的SAE标准将L4级自动驾驶定义为"完全环境感知"，而中国提出的C-V2X标准则强调"车路协同系统"的必要性。表面是技术路径之争，实质是产业生态主导权的争夺——前者维护单车智能的技术霸权，后者则为中国领先的5G基建优势开拓应用场景。

当前的标准之争正将世界推向技术阵营化的十字路口。**世界贸易组织的预警显示，2022年全球新增的AI相关技术壁垒中，有67%涉及标准互认问题。**这种"标准割据"趋势在半导体领域已初见端倪：美国推动的CHIPS联盟试图建立基于"民主技术标准"的供应链体系，而中国的"小芯片互联标准"则着力构建自主生态。波士顿咨询公司的模拟预测表明，若形成完全割裂的技术标准体系，全球AI产业年增长率将下降2.3个百分点，直接经济损失超过5 000亿美元。

但技术权力的重构未必导向彻底分裂。在量子计算、脑机接口等前沿领域，中美企业正探索"竞合平衡"的新模式。电气电子工程师学会与中国电子技术标准化研究院联合发布的《可信 AI 实施指南》，在 42 个细分指标中达成 73％的共识条款。这种"局部趋同整体竞逐"的态势，折射出技术标准演进的深层规律：绝对霸权难以维系，但完全对等的多极格局也尚未成形。正如诺贝尔经济学奖得主斯蒂格利茨（Stiglitz）所言："数字时代的全球化，注定是带着裂痕的瓷器。"

在这场定义未来的标准之争中，技术文本的字里行间都镌刻着国家实力的密码。从日内瓦国际会议中心的谈判桌到硅谷科技巨头的董事会，从北京中关村的实验室到布鲁塞尔的立法机构，规则制定权的争夺正在重塑技术全球化的底层逻辑。目前，中美两国在国际技术标准制定中的力量对比呈现出一种复杂的态势。在传统的标准制定机构中，美国仍然保持着明显优势。这种优势既来自其长期积累的技术实力，也得益于其在国际组织中的影响力。这些组织的决策机制往往倾向于保护既得利益者的优势地位。然而，中国在新兴技术领域的快速发展，正在逐步改变这种格局。特别是在 AI 等前沿领域，中国企业和研究机构的活跃度明显提升，这使得标准制定的力量对比出现了新的变化。

展望未来，技术标准的争夺将继续深刻影响全球技术格局。**一种可能的发展趋势是出现"双轨制"标准**：在某些技术领域，中美两国可能各自形成相对独立的标准体系。这种情况的出现虽然不利于全球技术的协同发展，但可能是地缘政治博弈下的现实选择。**另一种可能是，通过多边协商机制，在关键技术领域达成某种程度的共识，形成具有包容性的国际标准。**

无论未来走向如何，有一点是明确的：技术标准已经成为全球科技竞争的核心战场。在这个战场上，不仅要比拼技术创新能力，更要考验参与各方的战略智慧和协调能力。对中国而言，积极参与国际标准制定，提升在全球技术治理中的话语权，将是一个长期的战略任务。这个过程需要产业界、学术界和政府部门的协同努力，需要在坚持自主创新的同时，积极参与国际合作，推动形成更加包容、平衡的全球技术标准体系。

二、开放、封闭与技术孤岛化的风险

技术生态的开放与封闭之争，恰似一面棱镜，折射出全球化时代的根本性矛盾——**协作的普惠性与竞争的排他性如何共存**。在全球科技发展的历程中，开放与封闭始终是两种相互博弈的力量。这种博弈在 AI 领域表现得尤为明显，它不仅关系到技术创新的效率，更深刻影响着全球科技生态的未来走向。我们可以看到，一方面是促进创新与合作的开放力量，另一方面则是保护核心技术与商业利益的封闭趋势。在中美科技竞争日益加剧的背景下，这种博弈变得更加复杂和敏感，直接影响着全球技术创新的格局和发展路径。

开源生态系统的成功为我们提供了开放模式价值的重要证明。以 Linux 为例，这个开源操作系统通过全球开发者社区的共同努力，已经发展成为互联网基础设施的核心支柱。它不仅打破了传统专有软件的垄断局面，更创造了一个全新的创新模式。在这个模式中，来自全球各地的开发者可以自由地贡献代码、发现问题、提出改进建议，这种协作方式大大加快了技术进步的速度，也降低了创新的成本。在 AI 领域，TensorFlow 的开源战略同样产生了深远影响。这个由谷歌开源的深度学习框架，通过开放源代码和完整的技术文档，使得全球开发者都能够参与到 AI 技术的开发中来。据统计，TensorFlow 的全球活跃开发者已超过百万，其中来自中国的贡献者占比超过 20%。这不仅加速了全球 AI 技术的发展，还培养了庞大的开发者社群，为 AI 领域的持续创新提供了重要的人才基础。更重要的是，这种开放模式促进了算法的改进和优化，推动了 AI 技术在各个领域的广泛应用。

然而，近年来我们也看到了相反的趋势。最具代表性的例子是 OpenAI 的发展轨迹。这家最初以开源使命起步的机构，随着技术实力的提升，逐渐采取了更加封闭的策略。从 GPT-2 开始的部分限制，到 GPT-3 的完全闭源，再到最新的 ChatGPT 采用 API 接口模式，OpenAI 的转变反映了顶尖 AI 技术向封闭生态发展的趋势。

这种转变背后的原因是多方面的。**首先是商业利益的考量**，随着技术的成熟和商业价值的显现，维持技术优势和市场竞争力成为重要考虑因素。**其次是对技术安全的担忧**，特别是在大型语言模型等领域，技术的潜在风险和伦理问题促使开发机构采取更谨慎的发布策略。**最后，在国际竞争加剧的背景下，技术封闭也越来越多地被视为维护国家安全和产业优势的必要手段。**

同时，**开放并非免费的盛宴**。Apache 基金会的研究表明，70% 的开源项目依赖不到 5 名核心维护者，这种"公共池塘资源"的脆弱性在政治博弈中暴露无遗。2022 年俄罗斯开发者被禁止向 React.js 提交代码的事件，暴露出开源协议在面临意识形态冲突时的无力。更值得警惕的是"伪开放"策略——当某些科技巨头将开源作为生态控制的手段，技术民主化的理想可能异化为新型垄断工具。微软收购 GitHub 后，企业用户私有代码库数量激增 300%，这暗示着开放生态的表象之下，如暗流般涌动着数据主权的争夺。

这种封闭趋势带来的影响值得关注。从创新效率来看，封闭环境可能限制了外部智力资源的参与，减少了技术改进的途径。从市场发展来看，技术封闭可能导致重复开发和资源浪费，阻碍技术的广泛应用和产业发展。更重要的是，这种封闭趋势可能加剧全球技术生态的分化，形成相互隔绝的技术体系，最终影响全球科技创新的整体效率。

更具挑战性的是，**地缘政治因素正在加速技术生态的割裂**。美国政府对中国科技企业的制裁，不仅影响了这些企业的正常经营，更导致全球技术供应链的断裂。数据显示，近年来中美两国在半导体、AI等领域的技术合作显著减少，双方的学术交流也受到限制。**这种趋势正在推动技术孤岛化的形成。**

开放生态的价值不仅体现在技术创新层面，更重要的是它能够促进全球智力资源的整合。通过开源社区，来自不同国家和地区的开发者可以共同解决复杂的技术问题，推动技术的快速迭代和进步。开源项目的成功经验表明，技术创新往往源于多元视角的碰撞和协作。此外，开放生态还能够降低技术门槛，使更多的参与者能够接触和使用先进技术，从而推动整个产业的发展。

相比之下，**技术封闭策略虽然可能在短期内保护创新成果，但长远来看可能会带来负面影响**。一方面，封闭环境下的创新效率往往低于开放生态。没有外部力量的参与和竞争，技术发展容易陷入自我局限。另一方面，市场割裂会导致重复投入和资源浪费。当各个技术生态相互隔绝时，类似的创新工作可能在不同地方同时进行，这显然不利于全球资源的优化配置。

在国际竞争加剧的背景下，技术孤岛化的风险正在以前所未有的速度上升。这种趋势最明显地体现在半导体、AI等关键技术领域。以半导体产业为例，美国对中国企业的技术限制不仅影响了直接的技术转让，还通过"长臂管辖"影响到第三方国家和企业，导致全球半导体产业链出现分割的趋势。在AI领域，数据跨境流动的限制、算法技术的封锁以及研究合作的减少，都在推动技术生态的分化。

这种技术生态的分化正在多个层面上显现。在基础研究层面，国际学术交流的障碍增加，联合研究项目减少，使得不同区域的研究群体逐渐形成相对独立的知识体系。在产业发展层面，技术标准的不统一、市场准入的限制，正在导致不同技术体系的形成。这种分化不仅降低了全球创新的整体效率，还可能导致重复投资和资源浪费。更严重的是，技术生态的割裂可能加剧国家间的误解和对抗，形成恶性循环。

在 AI 这样的前沿领域，技术孤岛化带来的挑战尤为突出。首先是安全标准的问题。当不同区域采用不同的技术标准和安全规范时，可能导致 AI 系统的安全性和可靠性难以得到统一保障。其次是伦理准则的问题。在缺乏全球共识的情况下，不同区域可能采用不同的 AI 伦理标准，这将给全球 AI 治理带来巨大挑战。最后，数据孤岛的形成也可能限制 AI 模型的训练和优化，影响技术进步。

面对这些挑战，**维护适度的技术开放性已成为全球科技发展的关键课题**。这种开放性需要在多个层面上实现平衡。在基础研究领域，应当保持必要的学术交流渠道，促进知识的共享和传播。在产业发展层面，需要建立新型的国际合作机制，在保护知识产权的同时维持技术创新的活力。在标准制定方面，应当推动多边对话，寻求共识性解决方案。

然而，完全的技术开放在当前环境下可能不切实际。 特别是在涉及国家安全和核心利益的领域，适度的技术管控是必要的。关键在于如何定义这种管控的边界，既要确保安全，又不能过度限制创新和合作。这需要建立更精确的技术分类体系，对不同类别的技术采取差异化的开放策略。

全球技术合作的未来走向在很大程度上取决于主要科技大国的战略选择。 如果各方能够在关键领域保持对话和协作，建立互信机制，那么技术孤岛化的风险可能得到缓解。例如，在气候变化、公共卫生等全球性挑战领域，加强技术合作符合各方利益。通过这些领域的合作，可以积累互信，为更广泛的技术交流创造条件。

但如果地缘政治因素继续主导技术发展，全球技术生态的分化可能难以避免。 在这种情况下，各国需要探索新的发展路径。一方面要加强自主创新能力，建立完整的技术体系；另一方面也要保持开放姿态，与理念相近的国家建立更紧密的技术联盟。在这个过程中，中等国家可能发挥重要的桥梁作用，帮助维持全球技术生态的基本联系。

这种开放与封闭的博弈，本质上反映了全球化时代的深层矛盾。技术创新需要开放环境，需要全球智力资源的协同，但安全考虑又要求建立必要的管控机制。在数字时代，这种矛盾表现得更加突出。数据安全、隐私保护、技术主权等新议题，都在考验各国的平衡能力。找到适度开放与必要管控之间的平衡点，将是决定未来全球技术格局的关键因素。这需要各方展现政治智慧，在竞争中保持合作，在分歧中寻求共识。

三、供应链制裁的逻辑与反制策略

技术生态的开放与封闭之争不仅体现在软件层面的标准之争和创新模式的选择上，更直接影响着全球供应链的整合与分化。当技术体系趋向封闭，供应链的脆弱性就会凸显；当创新生态走向孤岛化，供应链的重组就成为必然。在这个背景下，供应链制裁成为推动技术孤岛化的重要工具，同时也是应对技术封锁的关键战场。

从开源社区的合作到供应链的竞争，从技术标准的制定到产业链的重构，我们看到的是一场全方位的技术博弈。

供应链制裁已经成为当代技术竞争中最具威力的武器之一。在AI时代，这种制裁不再局限于传统的物理产品，而是延伸到了算法、软件工具等数字领域，形成了全方位的技术封锁体系。这种变化不仅反映了技术竞争的复杂性，更凸显了供应链安全在国家战略中的核心地位。

在这种大背景下，**美国作为全球技术领先国家，率先构建起了一套完整的技术管制体系，其制裁战略的演进过程为我们理解供应链武器化提供了重要案例。**通过分析美国对华技术出口管制的具体实践，我们可以清晰地看到供应链制裁如何从概念转化为现实，如何从单一产品限制发展为系统性封锁。特别是在近年来的一系列政策中，美国展现出越来越精准和富有策略性的制裁手法，这些做法代表了供应链制裁的最新发展趋势，也揭示了技术竞争的未来走向。

美国对华技术出口管制呈现出几个明显的规律和特点：

第一是战略目标的清晰性。美国的制裁措施并非随机设置，而是精准瞄准了AI、量子计算等关键前沿领域，特别是针对可能带来"赶超"效应的技术环节。这反映了美国试图通过技术封锁来延缓中国在战略性新兴产业上的发展速度，维持其技术优势的战略意图。

第二是手段的系统性。美国的制裁不是单点突破，而是构建了一个完整的封锁体系。从上游的设计软件（EDA工具），到中游的制造设备（光刻机），再到下游的终端产品（AI芯片），形成了全产业链的管制网络。这种系统性封锁的特点在于，即使某个环节出现突破，其他环节的限制仍然可以发挥作用。

第三是联盟的协同性。美国在实施技术管制时，通常会调动盟友体系的力量，形成多边围堵态势。例如通过《瓦森纳协议》影响荷兰对光刻机的出口管制，通过"印太经济框架"构建新的供应链网络。这种多边主义策略大大增强了制裁的效果。

第四是管制的递进性。美国的制裁措施往往采取渐进升级的方式，从个别企业到整个行业，从具体产品到整类技术，逐步扩大管制范围。这种渐进策略一方面避免了过于激进的措施可能带来的反弹，另一方面也给了美国产业链调整的时间。

第五是选择的精准性。在具体措施上，美国往往选择"卡脖子"的关键环节实施制裁。比如在芯片领域，重点管制极紫外光刻机等制造高端芯片必需的设备；在 AI 领域，则有针对性地限制高性能计算芯片的出口。这种精准打击极大地提高了制裁的效果。

这种层层递进的制裁策略形成了全方位的技术封锁网络。在芯片制造领域，通过限制光刻机等关键设备的出口，美国试图控制中国在先进制程上的发展。在设计工具领域，通过限制楷登电子（Cadence）、新思科技（Synopsys）等企业生产的主流 EDA 软件的使用，影响中国企业的芯片设计能力。在 AI 领域，通过限制高性能计算芯片的供应，直接影响中国在大模型训练等方面的发展速度。

从全球 AI 硬件供应链的结构来看，这种制裁的影响确实显著。在高端制造设备方面，荷兰阿斯麦公司的极紫外光刻机是制造 7 纳米以下芯片的必需设备，而美国成功阻止了这类设备对华出口。在 EDA 工具领域，美国企业占据全球市场份额的 90% 以上，这种垄断地位使得替代方案短期内难以形成。在高性能计算芯片方面，英伟达和 AMD 的产品在 AI 训练领域占据主导地位，其供应中断直接影响了中国企业的技术发展节奏。

在全球供应链竞争日趋激烈的背景下，中国凭借其独特优势构建起了系统性的反制体系。作为全球最大的消费市场，中国在全球产业分工中占据着关键地位。特别是在战略资源方面，中国掌握着全球90%以上的稀土开采和加工能力，这种资源优势为中国应对技术封锁提供了重要筹码。2024年，中国出台《稀土管理条例》，建立稀土储备体系，规范出口配额，进一步强化了战略资源的管理能力。

在技术自主方面，中国采取了全面推进的发展策略。以华为海思为代表的企业在移动处理器和AI加速器领域取得突破，华大九天等本土企业在EDA工具领域加快追赶。中国正在从材料、设备到设计、制造，构建完整的产业生态，打造自主可控的供应链体系。

与此同时，中国在法律政策框架上进行了系统性布局。2020年实施的《中华人民共和国出口管制法》首次确立了出口管制的基本制度框架，引入"对等原则"来为反制措施提供法律依据。《中华人民共和国数据安全法》《中华人民共和国个人信息保护法》的出台和《中华人民共和国科学技术进步法》的修订，进一步完善了技术安全管理体系。

这些举措与美国的供应链战略形成鲜明对比。美国通过《芯片与科学法案》投入520亿美元支持半导体产业，同时对接受补贴的企业施加限制。美国还推动"友岸外包"战略，试图重构全球供应链网络。这种博弈在多个维度展开：在时间维度上，美国试图通过技术封锁维持代差优势；在空间维度上，推动供应链"去中国化"；在地缘政治维度上，将技术制裁作为塑造国际秩序的工具。

这场供应链博弈正在推动全球科技产业链发生深刻变革。技术封锁加速了"去全球化"进程，但也推动了创新和新技术路径的形成。在这个转型过程中，如何平衡短期挑战和长期发展，如何在技术追赶中实现突破创新，将决定这场博弈的最终走向。**面对复杂的国际环境，中国需要继续强化自主创新能力，同时保持开放合作姿**

态，在全球供应链重构中找到新的发展机遇。

在这种背景下，中美两国都认识到技术自主的重要性，但选择了不同的实现路径。这种差异既反映了两国产业基础的不同，也体现了各自的战略思维特点。特别是在半导体等核心技术领域，两国的路径选择差异尤为鲜明。

技术自主已经成为中美两国的战略共识，但呈现出不同的路径选择。**美国的策略重点是产业链的"在岸化"和"近岸化"。**英特尔在亚利桑那州的晶圆厂投资，台积电在亚利桑那州的建厂计划，都反映了这一趋势。**中国则采取了更为系统的方法，通过"举国体制"推动关键技术突破。**从中芯国际的制程提升到寒武纪的 AI 芯片研发，从华为鸿蒙系统的发展到百度文心大模型的突破，都展现了全产业链协同创新的特点。

这种双向的技术自主趋势正在重塑全球供应链格局。**一方面，传统的全球化供应链正在分化，形成以美国为核心的"可信供应链"和以中国为中心的"自主供应链"。另一方面，这种分化也在推动新的技术创新模式的形成，可能催生出更具韧性的产业体系。**在这个转型过程中，东南亚、印度等新兴市场可能获得新的发展机遇，成为全球供应链重组中的重要节点。展望未来，供应链竞争可能呈现新的特点。**一方面，技术封锁的范围可能进一步扩大，特别是在新兴技术领域。另一方面，各国都在寻求供应链的多元化，这可能为国际合作创造新的机会。**在这个过程中，如何在确保供应链安全的同时维持必要的国际合作，将是各国面临的重要课题。

这场围绕供应链的技术竞争，实际上是一场关于未来话语权的竞争。谁能够掌握关键技术节点，谁就能在未来的产业格局中占据有利位置。但同时，过度的供应链割裂也可能损害全球创新体系的效率。找到安全与效率之间的平衡点，将是决定这场竞争最终走向的关键因素。

在全球化与技术竞争的十字路口，标准之争、生态博弈与供应链安全已经成为塑造未来科技格局的三大关键因素。从技术标准的制定到开放生态的选择，从供应链制裁到自主创新的突围，我们看到的是一场深刻的全球科技体系重构。这种重构不仅关系到技术创新的效率，更直接影响着未来世界的权力格局。

当我们审视技术标准之争时，能够清晰地看到话语权争夺的核心地位。标准不再仅仅是技术规范，而是成为全球治理的重要工具。开放与封闭的博弈则反映了创新模式的深刻变革，从 Linux 到 OpenAI 的发展轨迹，展现了技术生态在效率与控制之间的摇摆。而供应链安全的挑战，更是将这种竞争推向了一个新的高度，使得技术创新与产业重构紧密交织。

然而，这种全方位的竞争也带来了系统性风险。技术孤岛化的趋势可能损害全球创新的整体效率，供应链的割裂可能增加创新成本，过度的管制可能阻碍有益的国际合作。在这种情况下，如何在竞争中保持必要的开放性，在管控中维持创新的活力，在自主发展中参与国际合作，成为各国面临的共同挑战。

展望未来，全球科技格局可能呈现出更加复杂的面貌。技术标准可能出现区域化特征，创新生态可能形成多中心格局，供应链可能发展出更具韧性的网络结构。在这个转型过程中，找到竞争与合作的平衡点，在维护自身利益的同时促进全球科技进步，将是决定这场变革最终走向的关键因素。这不仅需要政策制定者的战略智慧，也需要创新主体的积极探索，更需要国际社会的共同努力。

第七章
安全边界：AI 治理的全球困境

AI技术的迅速发展正在重塑全球政治经济格局，其影响已经远远超出单纯的技术创新范畴。从技术伦理与政治伦理的深层冲突，到算法偏见背后的权力结构投射，再到AI军事化带来的战争形态革命，我们正在见证一场深刻的全球性变革。这种变革不仅改变着技术应用的方式，更深刻地影响着国际政治秩序和人类社会的基本运行规则。

在技术发展的表象之下，潜藏着复杂的政治博弈和价值较量。 从表面上看，AI技术的发展似乎遵循着纯粹的技术逻辑，追求效率和性能的提升。然而，每一项技术的应用都不可避免地携带着特定的政治选择和价值取向。从人脸识别技术的部署到社交媒体的算法审查，从智能武器系统的研发到数字监控的普及，技术的中立性愈发成为一个不攻自破的伪命题。

更值得警惕的是，**AI技术的发展可能强化既有的全球权力不平等。** 在算法系统中，历史数据中的偏见被数字化并不断强化，形成新的歧视机制。在国际竞争中，掌握AI技术优势的国家可能通过"数字霸权"的形式，将其价值观和行为标准输出到全球。而在军事领域，AI 技术不仅改变着具体的作战方式，更挑战着传统的战争伦理和国际安全秩序。

这些变化正在推动一场关于技术治理的全球性对话。各国在面对 AI 带来的挑战时，展现出不同的应对策略和价值取向。欧盟强调以人权保护为核心的监管框架，美国倾向于市场主导的发展模式，而中国则探索着兼顾发展效率与社会公平的独特路径。这些差异不仅反映了不同的治理理念，更折射出深层的政治制度和文化传统差异。

在这个背景下，如何构建有效的全球治理体系成为一个紧迫课题。这种框架必须能够应对技术伦理与政治伦理的冲突，化解算法偏见带来的社会分化，规制 AI 军事化可能带来的安全风险。然而面对当前的国际格局，达成这样的共识绝非易事。特别是在中美战略竞争加剧的背景下，技术发展可能进一步加剧国际关系的紧张。

本章将从**技术伦理**、**算法正义**和**军事安全**三个维度，深入分析 AI 发展给全球政治带来的机遇与挑战。通过对具体案例的剖析，探讨技术创新与政治变革的互动关系，思考在 AI 时代如何维护国际秩序的公平与正义。这不仅关系到技术发展的方向，更关系到人类社会的未来走向。

一、技术伦理与政治伦理的冲突

在 AI 技术快速发展的今天，技术伦理与政治伦理的关系日益成为全球关注的焦点。随着 AI 技术在各个领域的深入应用，传统认知中技术中立性的观点正面临着前所未有的挑战。**事实上，技术的中立性本身就是一个伪命题，AI 技术的每一次进步都不可避免地携带着特定的政治选择和价值取向。**

首先，从技术发展的本质来看，AI 并非在真空中发展，而是深深植根于特定的社会政治环境之中。 每一项 AI 技术的研发方向、应用场景和具体实现方式，都不可避免地反映了研发者和使用者的价值判断。例如，在机器学习算法的训练数据选择上，究竟使用哪些数据集、如何处理数据中的偏差，这些看似技术性的决策实际上都包含着深刻的价值判断。

其次，从技术应用的角度来看，AI 技术在实际部署过程中必然涉及利益分配和权力关系的重构。 以推荐算法为例，看似中立的个性化推荐背后，实际上隐含着对用户行为的引导和塑造。算法究竟是优先考虑商业利益最大化，还是注重信息多样性和用户福祉，这种选择本质上就是一种政治决策。同样，在智能决策系统中，如何平衡效率与公平、准确性与可解释性，也都不可避免地需要进行价值权衡。

再次，从制度层面来看，技术的发展轨迹往往与特定的制度安排和权力结构相互影响。 在不同的政治制度下，AI 技术会呈现出不同的发展特征和应用模式。比如，在数据收集和使用方面，中国、美国和欧盟三方就表现出明显的差异：中国强调数据安全与发展效率的统一，美国倾向于市场主导的数据利用模式，而欧盟则更注重个人数据权利的保护。这些差异不仅是技术选择的结果，更深层次地反映了不同政治制度下的价值取向。

又次，从全球治理的视角来看，AI 技术的发展正在重塑国际政治经济格局。 技术创新能力越来越成为国家实力的重要组成部分，AI 技术的竞争实质上也是国际政治影响力的竞争。在这个过程中，各国对 AI 技术的不同理解和定位，直接影响着全球治理规则的制定。例如，在算法透明度、数据主权等问题上的分歧，本质上反映了不同政治体系之间的价值冲突。

最后，从社会影响的角度来看，**AI 技术正在深刻改变着社会结构和权力分配方式**。技术的应用必然带来某些群体利益的增进和另一些群体利益的受损，这种利益的重新分配本身就具有深刻的政治含义。比如，AI 对就业市场的影响，不仅是一个技术问题，更是一个涉及社会公平和政治稳定的重大议题。

总的来说，技术中立性的伪命题体现在技术与政治的多层次交织之中。AI 技术的发展方向、应用方式和治理模式，都不可避免地要受到政治价值取向的影响。认识到这一点，对于我们理解和应对 AI 发展带来的挑战具有重要意义。**这要求我们在推进技术创新的同时，必须充分认识到技术选择背后的政治含义，在技术发展与政治伦理之间寻求适当的平衡点。**

以人脸识别技术为例，其在公共安全领域的应用就充分体现了技术伦理与政治伦理的紧密交织和复杂互动关系。这种差异不仅体现在技术应用的广度和深度上，更反映在对技术使用边界的认知和规范上。

在中国的实践中，人脸识别技术已经深度融入城市治理体系。在公共场所，如车站、机场、商场等区域，该技术的部署可以帮助执法部门快速识别可疑人员，预防和打击犯罪行为。在社区管理中，人脸识别系统与智能门禁的结合提升了居民区的安全性。这些广泛应用的背后，实际上是中国的政治体系更强调集体利益的优先性，将社会安全和公共秩序视为首要考量因素。

相比之下，美国则在人脸识别技术的应用上表现出了明显的谨慎态度。例如包括旧金山、波士顿在内的多个城市，甚至出台法案限制政府部门使用人脸识别技术。这种限制主要源于对公民隐私权的高度重视。美国公民自由联盟（ACLU）等组织频繁指出人脸识别技术可能带来的隐私侵犯风险，担心该技术会被用于未经授权的监视活动。这种担忧深深植根于美国政治文化中对个人自由的强调，以及对政府权力过度扩张的警惕。

这种差异的深层原因可以从几个方面理解：

首先，在价值优先级上，中国的政治体系更倾向于将公共安全置于个人隐私之上，认为适度让渡部分个人权利是维护社会整体利益的必要条件；而美国的政治传统则更强调个人权利的不可侵犯性，将隐私权视为基本人权的重要组成部分。

其次，在政府角色定位上，中国政府在社会治理中扮演着更为主动和全面的角色，技术的应用往往服务于提升治理效能的整体目标；而在美国政治体系中，政府权力受到严格限制，公民社会对政府行为保持高度警惕，这种制度设计直接影响了技术应用的边界。

最后，在技术治理机制上，中国采取的是自上而下的统筹规划模式，能够快速推进技术应用的规模化部署；而美国的技术治理更多依赖市场机制和社会监督，各利益相关方的博弈在很大程度上决定了技术应用的范围和方式。

同样的技术，在不同的政治体系中可能走向完全不同的发展路径。同时，这种差异不是简单的对错之分，而是反映了不同社会在价值取向和制度安排上的根本性差异。因此，在讨论技术伦理问题时，我们必须充分考虑特定政治环境的约束和影响，认识到技术应用模式的选择本质上是一种政治选择。

社交媒体平台的算法审查机制提供了一个极具代表性的案例，展示了技术应用中政治伦理困境的复杂性。这种复杂性不仅体现在技术实现层面，更深刻地反映在平台治理的政治选择上。**首先，从算法设计的角度来看，内容审查算法本身就包含着复杂的价值判断。**当平台设计算法规则时，需要定义什么是"有害内容"、什么是"虚假信息"，这些定义本身就带有强烈的主观性和价值取向。

例如，在新冠疫情期间，Facebook 和 Twitter 对"疫情信息"的界定标准经历了多次调整，从最初对病毒来源讨论的全面封禁，到后来允许某些相关讨论，这种变化本身就反映了平台在政治压力下的立场调整。

其次，算法的实际运作往往反映了特定的政治经济利益。这些平台虽然标榜技术中立，但其算法的优化目标通常是最大化用户参与度和商业利益。这种优化导向可能强化社会分裂，因为争议性内容往往能带来更高的用户参与度。在美国 2020 年总统大选期间，社交媒体算法对政治言论的推荐机制就备受争议，被认为加剧了社会撕裂。

从内容调控的实践来看，平台的决策往往体现了多重政治压力的博弈。以 Twitter 对特朗普账号的处理为例，从最初的特殊标注，到最终的永久封禁，每一步决策都不仅是技术层面的考量，更是复杂政治博弈的结果。这种做法引发了关于平台权力边界的争议：私营社交媒体平台是否有权限制民选政治人物的言论自由？这实质上是一个关于数字时代政治权力分配的根本性问题。

在跨国运营层面，这些平台面临着更为复杂的政治伦理挑战。不同国家对内容审查的要求存在显著差异，平台需要在全球一致性和本地化之间做出权衡。例如，在欧盟，《通用数据保护条例》和《数字服务法案》要求平台对算法决策提供更大透明度；而在其他地区，平台可能需要配合当地政府的内容管控要求。这种差异化处理本身就说明了所谓的技术中立性难以真正实现。

疫情期间的信息治理更是集中体现了这一困境。平台需要在打击虚假信息与保护言论自由之间寻找平衡点。例如，关于疫苗安全性的讨论，平台往往需要权衡公共卫生安全和个人表达权利。这种权衡不可避免地带有政治色彩，因为对"科学事实"的认定本身就可能受到政治立场的影响。

在 AI 快速发展的今天，各国在政策制定层面展现出的差异，深刻反映了技术伦理与政治伦理的复杂互动关系。这种差异不仅体现在具体政策措施上，更深层次地反映了不同政治体系对 AI 发展的价值取向和战略考量。

欧盟《人工智能法案》代表了一种独特的监管路径。该法案将 AI 系统按风险等级分为不可接受风险、高风险、有限风险和最低风险四个层次，并对不同风险等级的 AI 系统采取差异化监管措施。这种分级管理的方式体现了欧盟"风险预防"的治理理念。特别是对高风险 AI 系统，法案要求进行强制性的合规评估，包括数据质量、算法透明度、人类监督等多个维度。这种严格的监管框架，反映了欧盟将人权保护置于核心地位的政治传统，以及对技术发展可能带来负面影响的审慎态度。

相比之下，美国的 AI 伦理治理呈现出明显的市场导向特征。美国政府更倾向于通过行业自律和市场机制来规范 AI 发展，强调维护创新自由和市场竞争。例如，美国国家科技委员会发布的 AI 伦理准则强调"负责任的创新"，但较少涉及具体的强制性要求。这种做法与美国的自由市场传统一脉相承，反映了其对政府干预持谨慎态度的政治理念。

中国在 AI 伦理治理方面则走出了一条独特路径。《新一代人工智能伦理规范》强调 AI 发展要"以人为本"，同时兼顾发展效率与社会公平。这一规范既关注技术创新对经济发展的推动作用，也强调 AI 应用要符合公平正义原则，体现了中国特色的治理思路。特别是在数据安全、算法公平等方面，中国制定了一系列具有约束力的政策措施，体现了政府在技术治理中的主导作用。

在技术伦理层面，各国都面临着如何平衡效率与伦理的挑战。

AI 技术带来的效率提升是显而易见的，从自动驾驶到智能医疗，从工业生产到金融服务，AI 的应用大大提高了生产效率和服务质量。然而，这种效率提升往往伴随着诸多伦理风险。例如，AI 算法可能带来非故意的歧视，在金融信贷、招聘等领域对特定群体造成不公平待遇。数据收集和使用过程中的隐私侵犯、安全漏洞等问题也日益凸显。这些问题的解决不能仅仅依靠技术手段，更需要从政治伦理的高度进行综合考量。

在国际层面，数据跨境流动问题最能体现各国在技术治理方面的价值分歧。欧盟的《通用数据保护条例》将个人数据保护提升到前所未有的高度，要求任何处理欧盟公民数据的机构都必须遵守严格的合规要求。这种做法体现了欧盟对个人数据主权的高度重视，以及对数据市场化可能带来风险的警惕。美国则更强调数据自由流动对数字经济发展的重要性，主张通过市场机制和企业自律来保障数据安全。而中国在这一问题上采取了更为平衡的立场：一方面通过《中华人民共和国数据安全法》《中华人民共和国个人信息保护法》等法律强化数据主权保护，另一方面也支持数据要素在确保安全的前提下有序流动，以促进数字经济发展。

这些差异的根源在于各国政治制度和价值观念的深层分歧。**欧盟的严格监管体现了其对个人权利的强调和对市场力量的警惕；美国的市场导向反映了其对政府干预的谨慎态度和对企业创新的信任；而中国的做法则体现了政府在经济社会发展中的主导作用。**这些分歧不仅影响着各国的国内政策，也对全球 AI 治理框架的构建造成了重要影响。如何在这些差异中找到共同点，建立起具有普遍约束力的国际规则，成为当前全球 AI 治理面临的重大挑战。面对这些挑战，建立跨越价值冲突的全球治理体系成为一个迫切需要解决但又极具挑战性的任务。当前，国际社会在 AI 伦理治理方面已经开展了多层次的对话与合作，如联合国教科文组织通过的《人工智能伦理建议书》就为全球 AI 治理提供了重要参考。然而，要真正建立起有效的国际合作机制，仍需要各国在保持自身特色的同时寻找共同价值基础。

从长远来看，技术伦理与政治伦理的冲突不可能完全消除，但可以通过对话与合作来管理和缓解。关键在于认识到技术发展本身就蕴含着价值选择，任何技术应用都不可能完全中立。在此基础上，各国需要在尊重差异的前提下共同探索 AI 发展的伦理边界，构建兼顾效率与公平、创新与安全的治理框架。这不仅关系到 AI 技术的健康发展，更关系到人类社会的共同未来。

二、算法偏见与"数字霸权"的隐性输出

在数字技术高速发展的今天，算法偏见已经成为一个不容忽视的全球性问题。这种偏见不仅是简单的技术缺陷，更深层次地反映了现实世界中的权力不平等在数字空间中的投射和强化。当我们仔细审视各种 AI 系统中出现的偏见现象时，会发现这些看似技术性的问题背后，往往隐藏着深刻的社会政治含义。

首先，从偏见的形成机制来看，算法偏见是一个多层次的系统性问题。表面上，这些偏见似乎源于数据采集的不完整或算法设计的疏漏，但实际上，它们深深植根于社会的权力结构之中。训练数据中的偏差往往反映了现实社会中的不平等状况，而算法在学习过程中不仅继承了这些偏差，还可能将其放大和固化。例如，当 AI 系统使用历史数据进行训练时，过去存在的性别歧视、种族歧视等问题会被编码到算法决策中，形成一个自我强化的循环。

**其次，从权力分配的角度来看，算法偏见实际上是数字时代权

力不平等的新形式。掌握数据收集和算法开发能力的群体往往是已经处于社会优势地位的群体，他们的价值观和利益诉求会不自觉地嵌入技术设计中。这种权力的不对称性使得技术发展可能进一步加剧社会分化，而不是减少差距。特别是在算法决策日益普及的背景下，那些在数据表征中处于劣势的群体可能面临更大的歧视风险。

再次，从技术治理的视角来看，算法偏见凸显了纯技术解决方案的局限性。 虽然可以通过改进数据采集方法、优化算法设计来减少偏见，但如果不解决背后的社会结构性问题，这些技术手段的效果将会十分有限。这就要求我们在应对算法偏见时，必须将技术改进与社会制度改革结合起来，通过多层次的干预来实现真正的公平。

最后，从全球竞争的维度来看，算法偏见问题也反映了国际技术秩序中的权力不平衡。 主导 AI 技术发展的往往是少数发达国家的科技巨头，它们开发的算法系统可能带有强烈的文化和价值观偏向。当这些系统在全球范围内推广时，就可能形成一种新的技术殖民主义，通过算法输出特定的价值观和行为模式。

更深层的问题在于，算法偏见往往具有隐蔽性和系统性特征。 与传统形式的歧视相比，算法偏见更难被识别和纠正，因为它们往往被包装在看似客观中立的技术外衣之下。这种特征使得对算法偏见的监督和规制变得异常困难，需要发展新的评估方法和监管框架。因此，要真正理解和应对算法偏见问题，必须超越纯技术的视角，将其置于更广泛的社会政治背景下进行分析。这种分析要认识到，算法系统并非中性的技术工具，而是社会权力关系的载体。只有从这个角度出发，才能制定出更有效的应对策略，推动建立更加公平、包容的数字社会秩序。

亚马逊的 AI 招聘系统就提供了一个典型案例。亚马逊 AI 招聘系统的案例深刻揭示了算法偏见是如何在技术系统中形成和强化的。这个案例不仅展示了技术层面的问题，更反映了社会结构性不平等如何通过数字技术得到系统性强化。

从数据源头来看，这一偏见首先植根于历史数据的结构性偏差。亚马逊的 AI 招聘系统使用过去十年的招聘数据进行训练，而这些历史数据本身就反映了科技行业长期存在的性别失衡——技术岗位大多由男性占据，女性从业者比例显著偏低。这种历史数据中的性别不平衡，不仅是简单的数量差异，更反映了整个科技行业在招聘、晋升等方面存在的系统性偏见。

在算法学习过程中，这种历史偏见被进一步数字化和模式化。系统通过机器学习算法，从历史数据中提取"成功候选人"的特征。由于历史数据中成功获得录用的候选人主要是男性，系统就会将一些与性别相关的特征（如就读全男子学校、参与男性主导的社团活动等）识别为积极因素。更严重的是，即使简历中明确提到"女性"的词语（如"女子篮球队队长"），也会被系统判定为消极因素，因为这些词语在历史上的"成功案例"中出现频率较低。进一步，这种算法偏见在实际招聘过程中产生了自我强化效应。当系统倾向于推荐男性候选人时，这些推荐结果又会成为新的训练数据，进一步强化系统的性别偏见。**这形成了一个恶性循环：历史偏见→数据偏差→算法偏见→招聘结果偏差→新的数据偏差**。如果不进行人为干预，这种循环会不断加深性别不平等。

更深层的问题在于，这种算法偏见往往以"客观"和"数据驱动"的面目出现。系统可能会辩解说，其推荐完全基于历史数据中的"成功模式"，看似遵循了客观中立的原则。然而，这种表面的客观性恰恰掩盖了背后的制度性歧视。通过将历史偏见编码为算法规则，技术系统实际上在为歧视提供了一种"科学"的合法性。亚马逊最终发现这一问题并放弃了该 AI 招聘系统，这一决定本身就说明了纯技术手段难以解决深层的社会问题。要真正解决算法偏见，需要从多个层面入手：首先要确保训练数据的多样性和代表性；其次要在算法设计中明确加入反歧视的机制；最后，更重要的是，要认识到技术系统运行的社会背景，通过制度改革来促进实质性的性别平等。在面部识别技术领域，种族偏见问题同样突出。多项研究表明，主流面部识别系统对不同种族的识别准确率存在显著差异。特别是对于有色人种，错误率往往明显高于白人群体。这种差异不仅是技术精度的问题，更反映了数据采集和算法开发过程中的系统性偏见。当这些带有偏见的系统被应用于执法、安保等领域时，就可能导致特定群体遭受不公平对待。

从技术角度来看，这些偏见往往可以追溯到训练数据的不均衡性。 当 AI 系统的训练数据主要来自某些特定群体，而对其他群体的数据收集不足时，就会导致系统对不同群体的处理能力产生差异。然而，这种数据不均衡本身就反映了现实社会中的权力结构——掌握数据收集和使用权的往往是处于优势地位的群体。这一问题在国际层面表现得更为复杂。美国科技巨头通过其在 AI 领域的技术优势，实际上在全球范围内形成了一种"数字霸权"。它们开发的 AI 系统不仅携带着特定的文化价值观，还通过市场支配地位将这些价值观输出到全球。这种技术霸权不仅体现在商业领域，还延伸到社会治理、文化传播等多个层面。

面对这种情况，许多国家开始采取措施维护自身的"数字主权"。 中国在这方面走在前列，通过实施数据本地化政策，要求重要数据必须存储在国内，并对跨境数据流动实施严格管理。这些措施的目的不仅是保护数据安全，更是为了防止通过数据垄断实现的文化渗透和价值观输出。在应对算法偏见方面，业界也在积极探索解决方案。一些企业开始在算法设计中引入"公平性指标"，通过技术手段来平衡不同群体的利益。另一些企业则致力于构建更加多元化的训练数据集，试图从源头上减少偏见。然而，这些技术层面的努力如果不能与社会制度的改革相配合，效果可能会比较有限。

更深层次的问题在于，**当前的 AI 发展模式在很大程度上强化了既有的权力结构**。拥有数据和计算资源的大型科技企业通过 AI 技术获得了更大的市场影响力和社会控制力，这种力量集中化趋势可能会进一步加剧社会不平等。

应对算法偏见和数字霸权的挑战需要采取全方位的系统性方案。**在技术层面，首要任务是提高算法系统的公平性和透明度。**这包括开发新的算法评估工具，用于检测和量化算法中的偏见；**建立更加多元化的训练数据集**，确保数据能够充分代表不同群体的特征和需求；同时，**要提高算法决策过程的可解释性**，让用户能够理解并质疑算法的判断依据。

在制度层面，需要构建多层次的监管体系。首先，要建立算法审计制度，要求重要的 AI 系统在部署前必须通过公平性评估。**其次，要制定明确的问责机制**，当算法系统产生歧视性结果时，相关机构必须承担相应责任。**最后，还需要建立公众参与机制**，让不同利益相关方都能参与到 AI 系统的治理过程中。**在国际层面，需要推动建立全球性的数字治理框架**。这包括：制定跨国数据流动的规则，平衡数据主权与数字经济发展的关系；建立国际算法标准，确保 AI 系统在全球范围内遵循基本的公平原则；促进国际合作，共同应对数字鸿沟等全球性挑战。

更深层的改革需要从社会结构入手。这包括：增加科技行业的多样性，确保不同群体都能参与到技术开发过程中；加强数字素养教育，提高公众对算法偏见的认识和应对能力；建立社会对话机制，就 AI 技术的发展方向和价值取向进行广泛讨论。同时，我们必须认识到，技术发展的方向本身就是一个政治选择。当前 AI 技术的发展路径在很大程度上受制于市场逻辑和既有权力结构，这可能会加剧社会不平等。因此，需要重新思考技术发展的价值导向，将社会公平和人类福祉作为核心目标。

应对算法偏见和数字霸权的努力，实际上是在数字时代重新定义社会正义。**这需要我们突破纯技术的思维框架，认识到数字技术与社会权力关系的深层联系。**所以，只有将技术创新与社会进步结合起来，才能真正实现数字社会的公平与正义。

这种认识对于未来技术发展具有重要的指导意义。它提醒我们，在推进 AI 技术创新的同时，必须时刻关注技术应用的社会影响，防止技术进步反而强化现有的不平等结构。通过技术与制度的协同创新，我们才能构建一个更加包容、公平的数字未来，使 AI 技术真正成为促进社会进步的力量。

三、从无人战场到信息战场——AI 军事化的挑战

AI 技术在军事领域的迅速渗透，正在深刻改变现代战争的面貌。从无人战场到信息战场，AI 不仅带来了作战方式的革命性变革，更挑战着传统战争的伦理边界和国际秩序。这种变革不仅体现在武器装备的智能化升级上，更反映在整个军事战略思维的转变上。从战争形态的演变来看，AI 技术正在重塑战场的基本面貌。传统战争中人员密集、装备集群的作战方式正在被分散化、网络化的智能作战体系所取代。智能化武器系统不仅能够独立完成侦察、定位、打击等任务，还能实现系统间的协同作战。这种变化使得战场空间更加立体化，作战节奏更加快速化，对抗形式更加复杂化。

而从军事能力的构建角度来看，**AI 技术正在改变军事力量的基本构成要素**。传统的军事实力主要依赖常规武器装备的数量和质量，而在 AI 时代，信息处理能力、算法优势、数据资源等无形要素的重要性日益突出。这种转变使得军事竞争的重点从硬件竞赛转向了软件竞赛，从可见的物理对抗转向了不可见的智能对抗。

进一步，从指挥控制的层面来看，AI 系统正在改变军事决策的基本模式。传统的"人在回路中"决策模式正在向"人在回路上"甚至"人在回路外"演进。AI 系统能够在极短时间内处理海量信息，提供决策建议，甚至在某些情况下独立做出战术决策。这种变化大大提高了军事行动的效率，但同时也带来了控制权转移的风险。

从战略层面来看，AI 技术的发展正在改变传统的核威慑理论和军事战略。一方面，AI 系统的不可预测性和潜在的失控风险，使得传统的建立在理性计算基础上的核威慑理论面临挑战。另一方面，AI 技术带来的信息优势和决策优势，可能导致先发制人的诱惑增加，从而影响战略稳定性。AI 技术要求军事决策者必须适应一个更加复杂、快速变化的作战环境，需要重新思考战争的本质和胜负的定义。在这个环境中，技术优势和信息优势可能比传统的火力优势更具决定性，而系统的韧性和适应能力可能比单纯的破坏力更加重要。

这些变化共同构成了一个复杂的军事转型图景，其影响远远超过单纯的技术升级，而是涉及整个军事体系的根本性重构。理解这种转型的多维度特征，对于把握 AI 时代的军事发展趋势具有重要意义。在传统战场上，无人机技术的发展和应用提供了一个典型案例。无人机技术在现代战场上的应用，特别是美国在中东地区的实践，提供了一个深入理解 AI 军事化影响的典型案例。这个案例不仅展示了 AI 技术如何改变具体的作战方式，更反映了它对战争本质和军事伦理的深刻影响。

从技术层面来看，AI 增强型无人机系统带来了多重军事优势。首先是侦察能力的提升。配备了 AI 图像识别系统的无人机能够持续不断地监控目标区域，通过机器学习算法快速分析地面目标的特征和行为模式。其次是打击能力的提升。AI 系统能够实时计算最佳攻击时机和打击参数，显著提高军事行动的效率。例如，美军的 MQ-9 "死神"无人机就整合了先进的 AI 识别系统，能够在复杂环境下精确识别和跟踪目标。在作战效果上，这种技术优势转化为显著的军事收益。对美军而言，最直接的好处是使己方人员完全脱离危险区域，实现"零伤亡"作战。无人机操作员可以在数千公里外的安全基地远程操控，完全规避传统作战中的人员伤亡风险。同时，AI 系统的辅助决策能力也能够大大降低"误伤"风险，提高军事打击的精确性。

然而，这种看似"完美"的作战方式带来了深刻的伦理困境。首先是决策门槛的降低问题。当军事打击不再需要承担己方人员伤亡的风险时，决策者发动武力的心理负担大大减轻。这种"零成本"的战争心态可能导致军事手段被过度使用，甚至成为解决政治争端的首选工具。例如，美国在也门、索马里等地的无人机打击行动，就因其频繁程度而备受争议。其次是责任归属的模糊化。当 AI 系统参与目标识别和打击决策时，一旦发生误判造成平民伤亡，责任如何划分就成为一个复杂问题。是归咎于 AI 系统的技术缺陷，操作人员的判断失误，还是决策指挥链的系统性问题？这种责任的不确定性可能导致决策者更容易推卸责任。

更深层的问题是对战争本质的改变。传统战争中的直接对抗和人员伤亡，在某种程度上能够提醒人们战争的残酷性，促使各方慎重考虑和平解决方案。但无人机战争的"清洁"外表，却可能淡化人们对战争的警惕，使之逐渐演变为一种"常态化"的政治工具。这种转变对国际关系的稳定性构成了潜在威胁。无人机战争的案例清晰地展示了 AI 军事化的双面性：一方面，它确实提高了军事行动的效率和精确性，降低了己方伤亡；另一方面，它也可能降低战争门槛，改变战争的基本性质。这种复杂性提醒我们，在推进军事智能化的同时，必须建立相应的伦理框架和法律约束，确保技术进步不会导致战争失控。更具争议性的是自动化武器系统的发展。美国的"猎人杀手"计划旨在开发具有自主决策能力的武器平台，而中国在智能化导弹系统领域也取得了重要进展。这些系统不仅能够自主识别目标，还可能具备独立做出攻击决策的能力。这种发展趋势引发了国际社会对"杀手机器人"的深切忧虑，因为它可能突破人类对战争的控制底线。

AI 技术在信息战场上的应用正在开创一个全新的战争维度，其影响力可能比传统军事打击更具破坏性。在这个领域，技术的发展正在模糊真实与虚假的界限，创造出前所未有的战略欺骗和认知操纵能力。深度伪造技术的军事化应用具有几个关键特征。

首先是其逼真度和制作效率的飞跃提升。现代 AI 系统能够通过学习目标人物的面部表情、声音特征和行为模式，生成几乎无法分辨真伪的视频内容。例如，一个伪造的国家领导人宣战视频，如果在关键时刻播放，可能在短时间内引发股市动荡、社会恐慌，甚至军事误判。其破坏力不亚于实体攻击。

其次是信息传播的规模化和精准化。AI 系统能够根据用户数据分析，精确定位易受影响的群体，通过算法推荐系统实现虚假信息的定向传播。同时，AI 还能够自动生成大量变体内容，逃避传统的内容审查机制。这种传播方式使得虚假信息能够在极短时间内形成社会影响力,而等到真相澄清时,破坏已经造成。

更具挑战性的是信息战的责任归属问题。在传统军事打击中,攻击者通常是可以识别的。但在 AI 驱动的信息战中,攻击来源可能被多重技术手段掩饰,造成溯源困难。即使发现了直接发布者,背后的策划者和执行链条也可能仍然隐藏在数字世界的迷雾中。这种匿名性和不可归责性,使得传统的威慑和报复机制难以发挥作用。这些特征引发了一系列深刻的伦理挑战。

首先,AI 系统决策存在自主性问题。在信息战场上,形势瞬息万变,可能需要 AI 系统在极短时间内做出反应决策。但是,如果允许 AI 自主决定发布什么信息、打击什么目标,可能带来无法预料的连锁反应。例如,一个 AI 系统可能判断某个社交媒体话题具有威胁性而自动进行封禁,但这个决定可能错误地抑制了重要的公共讨论。

其次,比例原则的挑战在信息战中表现得尤为复杂。在传统军事打击中,伤害的范围和程度是相对可预测的。但信息战的影响往往是非线性的,一个看似微小的信息操纵可能引发巨大的社会震荡。AI 系统能否准确评估信息行动的潜在影响,避免过度反应,这是一个悬而未决的问题。

最后,最根本的挑战在于人类对信息战场的控制权问题。 随着 AI 系统在信息收集、分析和传播中的作用越来越大,人类可能逐渐失去对信息环境的实际控制。这种失控不仅影响军事决策的准确性,更可能动摇民主社会赖以存在的真实信息基础。

国际社会已经开始探索建立 AI 军事化的规制机制。联合国框架下已经展开了关于致命自主武器系统的讨论,多个国家和组织呼吁建立全面禁令。然而,由于大国之间存在战略竞争,这种规制努力面临着重大挑战。特别是在当前中美战略竞争加剧的背景下,双方都难以放弃在 AI 军事领域的发展。

面对这种局面，国际社会需要在几个方面寻求突破：首先是建立基本的行为准则，明确 AI 军事应用的底线。例如，保持人类对致命性决策的最终控制权，禁止完全自主的杀伤性武器系统。其次是加强国际合作与对话，建立危机预防和管控机制，防止 AI 军事化失控。最后是推动军备控制框架的更新，将 AI 武器系统纳入军备控制范围。

从更深层次看，AI 军事化反映了科技发展与人类安全之间的深刻矛盾。一方面，各国都试图通过 AI 技术提升军事实力，维护国家安全；另一方面，AI 军事化的发展又可能带来新的安全风险和不稳定因素。这种矛盾要求我们重新思考安全的定义和实现路径。

未来的国际安全框架必须能够应对 AI 时代的新挑战。这包括建立更有效的军备控制机制，发展新型战略稳定理论，以及探索协作性安全的可能性。特别是在中国和美国两个 AI 大国之间，需要建立起新的战略互信，避免 AI 军备竞赛导致的安全困境。

总的来说，AI 军事化既带来了战争形态的革命性变革，也提出了前所未有的伦理挑战。如何在追求军事创新的同时确保人类对战争的有效控制，如何在战略竞争中维护世界安全与稳定，这些都是我们必须认真面对的问题。在这个过程中，技术发展必须与伦理约束和国际规则相协调，才能真正服务于人类和平与安全的终极目标。

四、主权 AI：从中国实践看数据与制度的主权化路径

在全球数字化转型的浪潮中，AI 与数据主权成为关系国家竞

争力和战略地位的核心议题。随着技术日益成为全球政治、经济和文化博弈的新舞台，主权 AI 的概念应运而生。主权 AI 不仅关乎国家在 AI 技术上的自主创新能力，更深刻影响国家在全球数字经济中的竞争地位、治理能力以及文化主权。**对于中国而言，构建主权 AI 的路径是一个多维度的战略过程，涵盖了技术创新、产业链自主化、数据治理以及文化主权等方面。**这一过程既是技术发展的问题，又是国家战略、国际竞争与全球治理结构中的重要议题。

主权 AI 的概念首先要从"主权"的内涵出发进行界定。在传统意义上，主权指的是国家对其领土、资源和治理体系的控制与支配权。在数字时代，这一主权的概念扩展到数据和信息流动的控制上。**主权 AI 即国家通过自主技术研发、数据治理与产业支持，确保其在全球 AI 竞争中的主动权与话语权。这不仅涉及 AI 的技术突破，还包括数据资源的掌控、技术应用的自主性以及在国际规则制定中的地位。**数据主权和互联网主权成为实现主权 AI 的两个核心支柱。数据主权意味着国家对本国境内产生的数据拥有控制权，这直接影响到国家安全、隐私保护、经济利益以及技术创新能力。而互联网主权则涉及国家对跨国互联网平台、信息流动和数字文化的控制。主权 AI 通过确保数据和技术的自主可控，塑造了国家在全球数字治理中的竞争力。

中国的主权 AI 战略目标在于通过技术创新和产业生态建设，提升国家在全球 AI 领域的竞争力。首先，技术创新是主权 AI 的根本。中国必须突破国际技术垄断，特别是在 AI 的核心技术、硬件设备、深度学习算法等关键领域实现自主可控。这不仅关乎科技研发，更关系到中国能否在未来的全球竞争中占据有利位置。其次，产业生态建设是主权 AI 的另一重要目标。中国需要建立完善的 AI 产业链，涵盖从技术研发、硬件制造、数据处理到应用创新的各个环节。在此过程中，国内企业的自主创新能力必须得到充分激发，从而减少对外国技术的依赖。再次，数据治理则是实现数据主权的关键路径。中国需要制定完善的数据保护与流动规则，在保护国家安全与隐私的同时，推动数据在全球范围内的有序流动。通过建立健全的国内外数据治理框架，推动全球数据流动的公平性与安全性，中国能够提升在全球 AI 发展中的话语权。最后，文化主权目标意味着中国要在数字化时代建立具有中国特色的信息文化体系，通过数字平台与技术标准的全球推广，确保中国的文化与价值观在全球互联网空间中得到充分表达和保护。

在推动主权 AI 战略的过程中，中国面临着多重挑战。 首先，技术创新的短板仍然显著。尽管中国在 AI 领域取得了快速进展，特别是在应用层面和部分行业的深度应用上，但在核心技术如高性能计算芯片、基础算法以及深度学习等领域，中国依然存在较大的短板。当前，中国 AI 技术在软硬件的自主可控能力上仍然受到国际市场和技术封锁的制约，特别是在半导体技术领域。其次，产业链的自主化程度仍有待加强。尽管中国已经构建了一定规模的 AI 产业体系，但在核心硬件（如芯片、操作系统、存储设备）和高端制造领域，依赖外国技术的局面尚未得到根本改变。产业链的深度整合和技术自主化仍是实现主权 AI 的瓶颈之一。再次，应用成熟度的问题仍然存在。尽管中国在 AI 的普及应用方面具有一定优势，特别是在金融、医疗和工业制造等领域，但这些应用的规模化和深度化仍不充分。许多行业中的 AI 应用仍处于实验阶段，尤其是在复杂的社会治理、城市管理等领域，AI 技术的成熟度和社会接受度仍有待提高。最后，在数据治理方面，中国面临如何在保证国家安全与隐私保护的同时，避免过度监管对企业创新的压制这一矛盾。如何平衡开放与监管，构建适应国际标准的数据治理框架，是中国未来在全球数字治理中的关键课题。

就现实来说，中国应在多个领域采取一系列战略措施，推动主权 AI 的实现。**首先，增强核心技术创新能力是中国主权 AI 战略的关键**。中国需要加大在基础技术研发领域的投入，尤其是加大在半导体、计算力、算法等核心领域的投入。这不仅包括国家对科技企业的支持，还需要优化政策环境，鼓励企业、科研机构和高等院校之间的合作。通过加大自主研发的力度，提升国产技术的核心竞争力，中国能够突破国际技术封锁，提升在全球 AI 竞争中的自主性和话语权。**其次，推动产业链自主化是确保主权 AI 成功的另一重要路径**。中国必须加快推动 AI 产业链上游的技术突破，尤其是在芯片设计、数据处理、云计算等领域的独立研发，减少对外国技术的依赖。政府可以通过税收优惠、融资支持等政策手段，鼓励本土企业提升自主创新能力，同时通过产业政策引导，推动中小企业的技术创新，形成完整的自主可控产业链。**再次，提升应用成熟度是中国主权 AI 战略中的关键环节**。中国应通过推动 AI 技术在更多行业的深度应用，特别是在医疗、教育、能源、金融等领域，促进 AI 技术的全面普及。在此过程中，政府应加强行业监管和政策引导，确保 AI 技术应用的合规性与社会可接受性。此外，AI 技术的伦理研究和社会影响评估也应同步推进，确保技术的可持续发展。**最后，数据主权的治理应当立足于国际合作与国内监管的平衡**。中国应在全球范围内参与数据治理的国际规则建设，推动形成全球数据流动的公平规则。同时，中国应建立完善的数据保护体系，确保国家数据主权与民众隐私的有效保护，防止数据滥用与外部干预。

总体而言，主权 AI 是中国在全球数字竞争中提升国家竞争力和国际话语权的战略选择。通过推动核心技术创新、产业链自主化、应用深度化和数据主权治理，中国能够在全球 AI 领域中占据更有利的位置。然而，这一过程不仅是应对技术上的挑战，更是国家战略、全球治理规则及国际合作的多维博弈。中国需要在保障自身利益的同时，推动全球 AI 规则的共同建设，为全球 AI 治理提供中国方案。在未来，主权 AI 将不仅是技术主权的体现，更是国家全面综合实力的一部分，关系到中国在全球数字经济时代的战略地位。

五、中美 AI 政策博弈新趋势：一线专家的观点与对策

在全球 AI 竞争日益激烈的背景下，中美两国之间的 AI 政策博弈已成为全球科技战略和国际关系中的关键议题。特朗普政府"回归"后的美国 AI 政策呈现出明显的变化趋势，其政策导向和执行力直接影响了中美两国在 AI 领域的竞争格局。与此同时，中国也在通过制度创新和战略布局，积极应对来自美国政策挑战的压力。在这一过程中，专家的深刻见解和具体建议为中国 AI 发展的方向提供了重要指导，尤其是在数据主权、算力布局、人才培养等方面的战略选择上具有深远意义。

特朗普政府"回归"后，美国 AI 政策呈现出一系列内外政策转变的迹象，特别是在对内与对外的战略布局上展现出鲜明对比。**在对国内政策的调整上，特朗普政府采取了放松监管的策略，尤其是在科技创新领域**。这种放松不仅体现在政府对企业的监管政策放宽上，还包括了对 AI 技术和数据利用的宽松态度。**美国依然强调"创新第一"的原则，强调市场导向和科技企业的自主创新能力，在一定程度上给 AI 产业的发展提供了更多的自由度，尤其是在企业技术研发、数据利用以及行业规范等方面**。在这一政策下，科技企业得以加大对前沿技术的投入，推动了 AI 的迅猛发展。

在对外政策方面，美国则展现出强烈的竞争性和遏制性。特朗普政府对中国等国家的技术崛起表示担忧，尤其是在 AI 和 5G 技术领域，采取了一系列针对中国的限制性措施，包括技术封锁、投资审查和人才流动限制等。美国政府通过强化对中美科技竞争的战略布局，加强对中国 AI 企业的制裁，限制其进入美国市场，并通过与盟友的合作对中国的技术发展进行围堵。这一战略不仅体现了美国在科技领域的全球领导力欲望，更揭示了美国试图通过制度性手段遏制中国在 AI 领域的迅速崛起，保住其在全球科技市场上的主导地位的意图。

在这种背景下，美国的"科工复合体"对于中美 AI 竞争格局的影响愈加显著。**专家普遍认为，美国的科技企业与政府之间存在着紧密的合作与互动，尤其是在国防、科技创新和产业布局方面，"科工复合体"扮演了核心角色。**美国政府通过科技投资、科研项目和军事需求来引导技术发展，而美国的科技企业则通过技术的创新和产业化来推动发展，形成了国家战略支持与企业动力相结合的模式。这一模式在 AI 技术的开发和应用上表现得尤为突出，尤其是在 AI 军事应用、数据采集、云计算等领域，美国的科技企业和军方之间的合作关系越来越紧密。这种合作不仅使得美国在全球 AI 技术竞争中占据优势地位，也使得中国在发展 AI 技术时面临着巨大的技术壁垒与市场限制。

面对美国日益复杂的政策挑战，中国如何应对，尤其是在 AI 领域，成为当前国际关系学者关注的核心议题。专家指出，**中国在 AI 领域的战略布局必须与国际环境变化紧密对接，尤其是要加强自主创新、产业链自主化、数据主权的保护与建设。**中国应当从多个层面进行系统性思考，并采取针对性强的政策措施。数据主权和语料库建设是中国在 AI 领域突破的关键。专家强调，数据是 AI 发展的"燃料",没有足够的数据支持,AI 技术无法进行有效的训练与应用。因此,中国需要加强数据主权的建设,特别是在国内数据的保护与流动上,制定更加合理的数据治理体系。同时,建立和完善国家级语料库,汇聚国内数据资源,为 AI 技术的研发和创新提供坚实的基础。通过提升数据治理水平,确保数据流动的安全性和合法性,减少外部干预和数据泄露的风险,进而加强 AI 技术的自主发展能力。

同时,专家普遍认为,中国的国产算力生态布局亟须加强。AI 技术的突破不仅依赖算法,更重要的是算力的支持。当前,中国在算力方面仍然依赖外部技术,特别是在高性能计算芯片和云计算基础设施方面。为了推动 AI 技术的发展,中国必须加大对国产算力设备的研发投入,减少对外国技术的依赖,尤其是在云计算、GPU 芯片、数据存储等关键技术领域,从而建立起自主可控的算力生态系统。此外,中国应加速云计算基础设施建设,完善 AI 应用的硬件支撑,以推动 AI 技术在多个领域的深度应用。

在 AI 产业人才培养与创新方面,专家指出,人才是 AI 技术创新的核心动力。中国应加强在 AI 基础研究领域的人才培养,特别是要加大在计算机科学、数学、算法等核心学科的教育投入。专家建议,政府应通过政策引导,鼓励高校和科研机构与企业的合作,培养更多符合产业需求的高素质 AI 人才。此外,推动国际人才的引进与合作也非常重要,尤其是在技术研发和创新领域,国际化的合作将进一步提升中国 AI 技术的竞争力。

为了提升 AI 技术应用的成熟度,专家提到,**三端培训体系的构建是不可忽视的战略目标。**专家认为,**AI 技术的普及不仅仅依赖高端技术人才的培养,还需要构建面向中低层次技术应用的培训体系。**这包括为各行各业的从业人员提供 AI 相关技能培训,提升他们在智能化工作环境中的适应能力。通过构建全面的三端培训体系，不仅能够加速 AI 技术的产业化，还能提升全民 AI 素养，推动技术在各个社会层面得到广泛应用。

专家强调，政产学研用的协同机制是推动中国 AI 战略成功的关键。 中国需要进一步加强政府、企业、学术界和应用领域的协同创新机制，推动技术创新与市场需求的紧密对接。政府应通过政策引导，推动企业与学术界的合作，形成技术开发、市场应用和产业发展之间的良性循环。同时，在 AI 技术的应用推广中，政府应加强行业监管和道德规范，确保技术的应用符合社会发展需求，避免技术滥用和失控。

专家特别强调了中美两国在 AI 领域的竞争。中美两国之间的技术竞赛不仅是两国经济实力和创新能力的对决，更关乎全球科技发展的方向。 中国从一个技术追赶者逐渐转变为技术强国，已经在 AI 的基础设施建设、技术创新和标准制定等多个领域取得了显著进展。中国的崛起促使全球科技格局发生了深刻变化，尤其是在 AI 技术的应用、数据治理和产业链自主控制等方面，中国开始展现出与美国竞争的潜力。**专家们一致认为，中国的技术优势，尤其是在大数据、云计算、AI 应用等领域，为其成为全球科技强国奠定了坚实基础。** 这一转变也伴随着复杂的全球治理和技术生态挑战。**专家指出，在全球技术治理体系中建立影响力，对于中国及其他新兴科技强国来说至关重要。** 尤其是在技术标准和数据治理方面，全球各国和国际组织需要就如何规范 AI 技术的使用、保护隐私和数据安全、解决技术不平等等问题进行广泛讨论。**专家强调，技术合作与治理应当有界限，合作有助于促进技术的全球应用和利益共享，但如果不加约束，技术霸权和不平等的技术标准可能加剧全球技术鸿沟，甚至引发全球科技冲突。** 图 7-1 显示，2024 年我国专利转让许可备案次数达到 61.3 万次，同比增长 29.9%，反映出我国知识产权流通和科技成果转化活跃度持续提升。

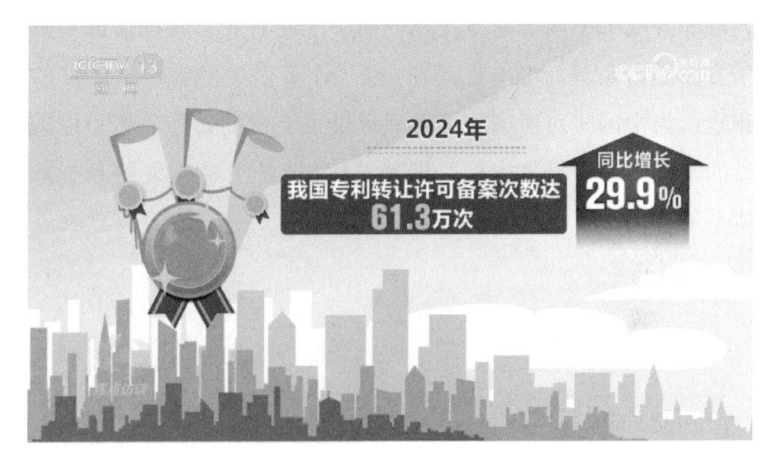

图 7-1　2024 年中国专利转让许可备案次数以及增长幅度

在对话的核心部分，**专家还提到，AI 技术不仅是经济和军事竞争的工具，它还在重新塑造国际政治和地缘政治的格局**。随着 AI 的应用不断深入，国家间的科技竞争将不再局限于传统的军事和经济领域，而是会扩展到更加复杂的技术合作与全球治理层面。专家指出，在这样的背景下，如何在国际组织中进行有效的合作与竞争将成为决定未来全球治理格局的重要问题。

专家们一致认为，中国需要主动构建制度协同，应对美国日益复杂的政策挑战。通过加强技术创新、产业自主化和数据治理，构建与全球合作共赢的 AI 生态，中国可以在保持自主发展的同时融入全球 AI 竞争和合作格局。**此外，面对与美国的政策博弈，中国还需要加强对全球 AI 规则的主动塑造，推动国际科技治理体系的改革和完善，确保在全球数字经济中占据有利位置**。通过制度创新与国际合作，中国能够更好地应对美国政策的挑战，并在全球 AI

竞争中占据更加有利的地位。

总的来说，中美 AI 政策博弈正在深刻影响全球科技竞争与国际关系的走向。中国如何在技术创新、产业布局、数据治理和国际合作方面做出应对，将决定其在全球 AI 竞争中的地位。专家的观点和建议为中国应对美国政策挑战提供了宝贵的参考，指引中国在激烈的国际竞争中抢占先机，推动 AI 产业的可持续发展和全球治理体系的改革。

第八章
制度映像：中美 AI 政策的差异与对照

AI 领域的竞争早已不只是技术层面的较量，更是一场围绕政策、资本和产业生态的深层博弈。中美两国作为全球 AI 发展的核心引擎，其政策模式不仅反映出各自的制度特色，也深刻影响着未来全球技术秩序的演变。从政策逻辑来看，美国依托**"科技资本主义"**，将创新交由市场驱动，而中国则采取**"政策主导型创新"**，以国家战略为引导，通过资源整合加速技术突破。这种双轨模式，既塑造了两国 AI 产业的不同发展路径，也折射出两种治理体系在数字时代的竞争。

在美国，AI 政策的核心逻辑是**"去中心化的市场主导"**。政府更多承担基础研究资助和国防领域的引导作用，而科技巨头如谷歌、OpenAI、微软等则在资本推动下形成**"创新寡头"**，通过竞逐技术前沿、争夺 AI 人才、并购初创企业等方式，实现产业主导权。这种模式的优势在于，市场竞争能最大化释放创新活力，使技术突破更具前瞻性。例如，OpenAI 在短短几年内完成从研究机构到商业化企业的转型，其背后正是资本市场的灵活机制使其能迅速调整研发策略，并通过云计算、订阅服务等商业模式形成闭环。然而，这种以企业为核心的模式也带来了"技术私有化"的问题——AI 发展往往倾向于服务资本利益，而缺乏对长期社会影响的系统性考量。

相比之下，**中国的 AI 发展路径更加强调"国家战略主导+市场协同推进"**。政府通过一系列顶层设计，如《新一代人工智能发展规划》及"十四五"规划等，将 AI 提升至国家战略高度，并依靠政策支持、财政补贴、数据基础设施建设等手段，推动产业链协同发展。华为、百度、阿里巴巴等企业不仅承担市场角色，也被赋予国家技术突破的使命，在高端芯片、自动驾驶、智能制造等领域承担关键任务。这种模式的优势在于能够集中力量突破"卡脖子"技术，特别是在受外部封锁的背景下，通过政策调控保障产业链安全。例如，在高端 AI 芯片受限的情况下，中国政府加大对国产芯片的支持力度，推动中芯国际、寒武纪等企业加速研发，逐步形成自主可控的产业体系。然而，这种模式也可能导致资源错配，市场灵活性相对较弱，企业在全球竞争中面临适应性挑战。

政策的不同逻辑，最终影响的是全球 AI 规则的制定权。美国凭借先发优势，试图通过技术封锁、供应链管控来维持主导地位，而中国则通过"数字丝绸之路"、跨境技术合作等方式推动全球 AI 生态多元化。未来的竞争，不仅取决于谁能在技术上更进一步，更关乎谁能在政策和产业布局上构建更具韧性的生态体系。在这场 AI 时代的"隐形博弈"中，政策不仅是方向盘，更是决定全球智能秩序走向的关键杠杆。

一、美国的"科技资本主义"与中国的"政策主导型创新"

美国依赖资本驱动的自由实验室，而中国依赖政策主导的国家实验室，两者正争夺未来技术的制高点。在 AI 等前沿科技领域，中美两国的创新模式展现出截然不同的路径,美国强调市场驱动,中国则依托国家战略进行系统性布局。这种模式差异,不仅塑造了各自的技术生态,也决定了全球技术竞争的未来格局。

美国的"科技资本主义"模式,依托硅谷的风投资本、大学实验室和科技巨头共同推动技术突破。企业是创新的主导者,政府在关键领域提供研究资助和政策激励。OpenAI 从开源实验室起步,在资本助推下迅速商业化,微软、谷歌、Meta 等科技巨头则通过收购、投资和自主研发构建 AI 闭环生态。**这种模式的优势在于,市场竞争带来高效的资源配置,使得创新速度快、商业化能力强。然而,其弊端在于,企业的短期盈利目标可能削弱基础研究,而技术垄断也可能加剧社会不平等。**

相对而言,中国的"政策主导型创新"强调国家战略引导,依靠政府、企业和科研机构的协同推进,集中资源攻克关键技术。例如,中国通过《新一代人工智能发展规划》将 AI 纳入国家核心战略,并推动华为、百度、阿里巴巴等企业承担关键任务,建设智能计算中心、AI 算力集群和国产芯片供应链。**这种模式的优势在于,能够迅速整合产业链,实现关键技术自主可控。然而,政策主导的创新路径也可能导致市场适应性较弱,部分资源投入可能面临冗余或效率不佳的风险。**在这场全球科技竞赛中,自由实验室与国家实验室各有优势,但最终,决定胜负的不是单一模式的优越性,而是谁能更快找到市场与政策、自由创新与战略协同的最优平衡点。

(一)资本驱动与政策主导的核心特征

在美国,AI 发展的核心模式可以概括为"科技资本主义"。这一模式深刻体现了其创新体系的核心特征:高度依赖市场机制和私人投资,并强调自下而上的创造力和自主性。具体而言,在资本驱动的模式下，私人资本在 AI 技术的研发和应用中占据主导地位，形成了一个由风险投资、初创企业、大型科技企业和资本市场共同构成的高度灵活且充满创新力的生态系统。

在这一系统中，政府的作用相对有限。政府主要通过立法、监管以及公共采购等手段间接影响 AI 技术的发展方向，更多的还是依赖企业基于市场需求和资本回报的考量，自主选择研发重点和商业化路径。特别是特朗普再次就任美国总统后，实施了更为宽松的监管政策，例如减少发布前的模型监督以及简化新技术的审批流程等，目的是最大限度地减少对 AI 产业的干预，鼓励自由市场竞争。正是这种自下而上的创新机制，使得美国在该领域保持了持续的领先地位。

以 OpenAI 为例。在 OpenAI 创立之初，埃隆·马斯克（Elon Musk）、萨姆·奥尔特曼（Sam Altman）、格雷格·布罗克曼（Greg Brockman）等科技界领军人物，共同投资 10 亿美元成立了这家 AI 研究机构。最初，OpenAI 以"确保通用人工智能造福全人类"为宗旨，定位为非营利组织，开源了众多 AI 模型和工具，并鼓励全球的研究者和开发者共同参与 AI 技术的探索。在历史上，资产阶级善于利用非营利组织来解决经济发展的负外部性问题，以缓和社会矛盾。[1]

但随之而来的一系列挑战，使 OpenAI 不得不走上商业化之路。面对高昂的研发成本、激烈的市场竞争，以及对 AI 技术安全性和伦理问题的深度关切，OpenAI 开始重新审视自身的定位和发展战略——向商业化转变。微软在 2023 年 1 月宣布向 OpenAI 追加投资 100 亿美元，并将其技术深度整合进微软的 Azure 云服务平

---

[1] 银培萩，杨绣祯. 人工智能的营利与非营利之争：OpenAI 案例的过程追踪[J]. 当代世界与社会主义，2024（6）：113-121.

台,此举极大地促进了 OpenAI 核心技术的大规模商业化进程。随后在 2024 年,OpenAI 又进行了新一轮数十亿美元的融资,其中兴盛资本(Thrive Capital)领投 10 亿美元,使得企业估值迅速攀升至 1 000 亿美元。

可以看出,OpenAI 的商业化进程充分体现了私人资本的推动作用。在大规模融资的同时,充分推动技术和市场需求的有效对接,不仅加速了 AI 技术的迭代升级,还促进了相关产业链的快速形成与发展。图 8-1 显示,中美两国在 AI 研发经费投入上存在结构性差异:美国主要依赖企业(占比为 70%～80%),而中国则政府资助占比更高(为 40%～50%);中美两国 AI 研发投入占 GDP 比重分别为 0.2%～0.3%和 0.3%～0.5%。

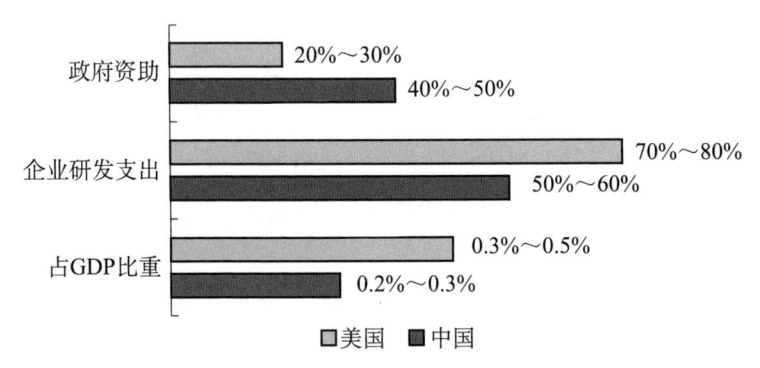

图 8-1 中美两国 AI 研发经费投入比例对比

资料来源:Statista、麦肯锡全球研究院、经济合作与发展组织、中国国家统计局。

相比之下,中国的 AI 发展则更多地体现了政策主导的特点。自 2017 年国务院发布《新一代人工智能发展规划》以来,中国便明确了 AI 作为国家战略的重要性,并设定了具体的发展目标和实施路径。根据该规划,中国政府不仅提出了"三步走"的战略目标,还强调了研发攻关、产品应用和产业培育的"三位一体"推进策略，以确保 AI 技术能够服务于国家的整体发展战略。

此外，该规划还提到要充分利用已有的资金、基地等存量资源，发挥财政引导和市场主导作用，形成财政、金融和社会资本多方支持的新一代 AI 发展格局。对于中小企业和初创企业，政府则通过提供财税优惠政策，包括对高新技术企业的税收优惠和研发费用加计扣除等措施，来促进这些企业在 AI 领域的成长和发展。这进一步体现了中国在支持 AI 发展方面的模式，更侧重于顶层设计与资源整合，尤其是通过"集中力量办大事"的方式，来加速 AI 技术的进步。

在这样的政策背景下，华为等大型科技企业的发展得到了国家的大力支持。2024 年 5 月，国家集成电路产业投资基金三期股份有限公司成立，其注册资本高达 3 440 亿元，主要聚焦于半导体全产业链。而华为之所以能够解决芯片制造问题，正是得益于国家芯片大基金项目的扶持。随着 2025 年 1 月 17 日国家人工智能产业投资基金合伙企业（有限合伙）的成立（出资额为 600.6 亿元），与 AI 密切相关的算力芯片、存储芯片（HBM 芯片）等 AI 半导体关键领域，也将成为新的投资重点。

截至 2024 年，中国的 AI 核心产业规模持续扩大，已接近 6 000 亿元，相关企业数量超过 4 500 家，涵盖智能芯片、开发框架、通用大模型等多个领域。在算力方面，中国位居全球第二，为 AI 技术的研发和应用提供了坚实基础。中国的 AI 模型发展呈现出多元化趋势，主要由大型科技企业和初创企业共同推动，并形成了通用模型和行业模型两大方向。阿里巴巴、百度等科技巨头发布了各自的通用大模型，而初创企业如 DeepSeek 则专注于特定领域的模型开发，其推出的 DeepSeek-R1 模型以高性价比和强大的推理能力引发全球关注。

政府的政策支持和系统化战略布局为中国 AI 产业的发展提供了有力保障。然而，与美国相比，中国的私人投资活跃度仍有提升空间。这种政策驱动的发展模式在推动技术进步的同时，也可能带来对政府资源过度依赖的风险。因此，**如何平衡政策引导与市场活力，激发企业创新潜力，将是未来需要深入思考的问题**。此外，AI 领域的竞争不仅是技术和资本的较量，还涉及伦理、法律和社会影响等复杂因素。在追求技术突破的同时，如何确保 AI 的公平性、透明度和安全性，并促进全球范围内的合作与发展，是一个需要持续关注和探索的课题。

(二) 美国模式的市场活力与中国模式的集中效率

然而，中美两国的两种创新模式各有优劣。美国的创新模式以市场活力为核心驱动力，其资金主要来源于私人投资者，而非公共财政。由于私人投资者通常追求较高的回报率，因此具有高增长潜力和颠覆性技术的企业或项目更容易获得风险投资企业和其他私人投资者的青睐。

例如，2022 年 11 月，OpenAI 推出的 ChatGPT 在全球范围内迅速走红的同时，也吸引了大量的资本涌入。微软追加的 100 亿美元投资进一步证明了市场对 ChatGPT 的肯定以及 AI 发展的广阔前景。风投数据机构 PitchBook 的研究报告显示，2024 年美国 AI 初创企业共获得 970 亿美元融资，在美国整体创业融资 2 090 亿美元中占据近半壁江山，创历史新高。从图 8-2 中我们可以看到，AI 和机器学习在全球风险投资资金中的占比逐年增大，自 2022 年后增速加快，2024 年占比达到 35.7%。

这样的融资机制使得成功的创业企业能够迅速扩展规模，并产生巨大的经济效益。**硅谷的崛起正是这一模式的缩影**：风险投资、

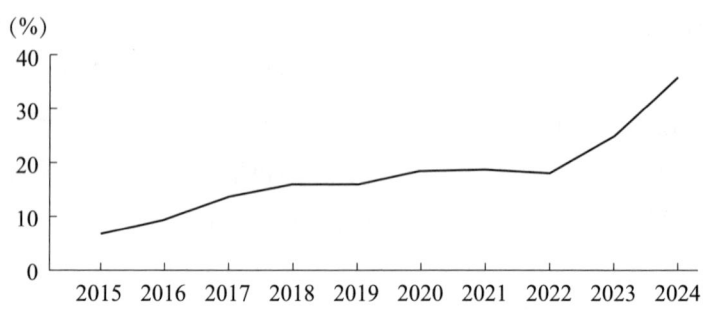

图 8-2 2015—2024 年 AI 和机器学习在全球风险投资资金中的占比

资料来源：PitchBook。

初创企业与顶尖高校形成协同网络，推动从互联网到 AI 的革命性突破。例如，谷歌、IBM 等科技巨头在量子计算领域持续突破硬件极限，而 OpenAI 等初创企业则以开源模式吸引全球开发者参与生成式 AI 的迭代。这种分散式创新具有天然的敏捷性，当 ChatGPT 在 2022 年横空出世时，美国企业能在数月内催生出数十个衍生应用，这正是市场驱动下快速试错能力的体现。

但此举也在一定程度上加剧了"赢家通吃"的竞争局面，即少数成功的企业占据了绝大部分的市场份额和利润，大多数初创企业则难以生存，而过度依赖市场带来的资源配置失衡问题将进一步加剧地区间科技实力的差异。根据 Crunchbase 的统计，2024 年旧金山湾区初创企业共获得 900 亿美元风险投资，约占全球风险投资总额 1 780 亿美元的 51%。

同时，资本逐利的短视性也可能导致基础研究投入不足。美国企业虽然在硬件性能上领先，却因规模化生产的经济性困境而难以快速商业化，这暴露出纯市场逻辑在长周期技术攻关中的局限性。这一模式在硅谷的实践中曾发挥很大作用，但弊端也日益显现，尤其是在面对高度不确定和长周期的项目时，存在一定的保守性和短视性。例如，在最近的 AI 浪潮中，硅谷的很多资本都偏于保守而错失了大批 AI 明星项目。

相比之下，中国的技术追赶战略则展现出极强的国家意志。从"十四五"规划将 AI 列为七大前沿领域，到建立国家级超算中心集群，政策工具始终扮演着顶层设计角色。这种"集中力量办大事"的体制优势，在应对"卡脖子"技术封锁时尤为突出。在美国实施高端芯片出口管制后，国家集成电路产业投资基金迅速注资超千亿元，这种举国体制的响应速度远超市场自发调节的效能。

更值得关注的是，这种压力催生了独特的创新路径。以 AI 企业 DeepSeek 为例，其在英伟达 A100 芯片被禁运前建立的战略储备，结合算法优化将计算效率提升四倍，最终研发出性能比肩 ChatGPT 但成本仅 1/4 的开源模型。这种**"限制倒逼创新"**的现象，折射出政策主导模式下资源动员与目标聚焦的特殊效能。

然而，集中式资源配置模式容易带来官僚主义障碍，成为制约因素。由于决策过程往往需要经过多个层级的审批流程，因而会延长项目的启动时间，导致反应速度迟缓，从而影响到创新的速度和灵活性。例如，在一些国家重大科技项目中，从提案到最终批准至少需要数月至一年以上的时间，这对于快速变化的技术领域来说显然有些"滞后"。

此外，过度依赖政府指导会抑制企业的自主创新能力。当政府指导超越"市场补充者"角色时，反而可能削弱企业的创新基因。这种矛盾的根源在于，创新活动本质上充满不确定性、分散性，并且深受市场需求的驱动，而政府主导模式往往强调集中规划与控制，这种制度性差异自然导致了两者之间的冲突。

当政府通过补贴目录、技术标准等工具直接干预时，企业容易陷入**"政策寻租"**陷阱。以中国新能源汽车产业为例，2013—2015

年这三年是单车补贴金额最高但监管相对宽松的一个时期，也是新能源汽车骗补最集中的时期。此外，这种政策套利行为，使得企业研发资源从提升电池能量密度、智能驾驶等核心技术，转向满足补贴技术指标的短期适应性创新。

因此，如何平衡好政府引导与市场机制之间的关系成为中国模式面临的一个关键挑战。面对新一轮科技革命，中国需要从"政策驱动"转向"制度赋能"：一方面，政府需要继续发挥其在战略规划、基础设施建设和人才培养等方面的作用；另一方面，则应鼓励更多的市场化运作，给予企业和科研机构更大的自由度去探索和尝试新技术、新模式。

（三）未来竞争态势：两种模式如何塑造中美两国在技术创新领域的长期竞争力

面对全球一体化进程的加速，中美两国之间的竞争已然成为全球科技领域竞争格局的核心。两国截然不同的发展模式——美国以资本驱动的市场化创新与中国以政策主导的集中化战略，不仅塑造了各自的科技生态，更深刻影响着全球技术权力的平衡。这两种模式在效率、可持续性和适应性上的差异，既体现了制度与文化基因的分野，也揭示了技术霸权争夺背后的深层逻辑。

两种模式的竞争在量子科技领域形成鲜明对照。美国凭借私营部门的活力，在量子纠错等底层技术上保持领先，谷歌的72量子位芯片便是典型成果；而中国则通过国家自然科学基金等渠道，在量子通信领域构建起卫星加密网络，将技术优势转化为地缘政治筹码。

这种分野本质上反映了创新价值取向的差异：**市场驱动更关注商业变现的即时性，政策主导则强调技术主权的战略性**。当波士顿动力机器人以5万美元高价维持实验室尖端地位时，中国企业已将具备语言功能的机器狗价格压至 1 500 美元，这背后是制造能力与市场规模的政策性整合。

创新范式的差异正在重塑技术标准的话语权。美国试图通过"小院高墙"策略维护技术霸权，而中国通过"一带一路"数字基建输出 AI 平台，在发展中国家构建起替代性技术生态，这种**"数字丝绸之路"**的拓展无疑将重塑全球创新版图。

在气候科技等人类共同挑战面前，竞争逻辑却催生意外合作。在 2025 年国际消费类电子产品展览会（CES）上，中美两国企业超越政治壁垒，在清洁能源、智能电网等领域达成多项技术标准互认，显示出市场力量对地缘博弈的超越性。从中也可以看到国内科技领域发展的新趋势：中国 AI 企业正从技术驱动转向应用驱动，跨界融合成为常态，AI 技术正与多行业结合催生出新的商业模式。

这种**"竞合共生"的新态势，暗示着技术创新已进入多元范式并存的时代。**美国商务部副部长格雷夫斯（Graves）关于"共同开发全球标准"的倡议，与中国推进"双循环"新发展格局中强调的国际科技合作，**都在试图寻找制度差异下的最大公约数。**

技术创新的国家竞赛正在改写传统发展理论。美国需要思考如何调和资本短期回报与长期战略投入的矛盾，中国则需破解集中效率与创新活力的二元悖论。当 DeepSeek 的开源模型突破算力桎梏，当谷歌量子芯片突破纠错瓶颈，这些突破既是制度优势的产物，也孕育着范式融合的可能。**未来的技术领导力，将属于那些能在市场活力与政策远见间找到动态平衡的体系**，这不仅是中美两国的必答题，更是塑造人类技术文明走向的关键抉择。

二、政府、企业与科研机构——资源配置的制度性差异

美国的创新是企业引领科研，而中国的创新是科研赋能企业。

这一制度性差异不仅塑造了两国的科技发展模式，也深刻影响了全球技术竞争的未来走向。在 AI、半导体、生物科技等前沿领域，美国依靠市场力量驱动技术突破，而中国则以政策主导，实现科研体系与产业链的深度融合。

在美国，企业是技术创新的核心引擎，科研机构则更多扮演辅助与孵化的角色。硅谷的科技巨头不仅设立自有实验室，还通过与顶尖大学合作、投资初创企业等方式，**将基础研究迅速转化为商业应用**。OpenAI 的发展路径正是这一模式的典型体现：从私人资本资助起步，到与微软深度绑定，依托 Azure 云计算平台加速 AI 模型的训练与商业化布局。特斯拉的自动驾驶系统，也是在持续的市场迭代中优化升级，而非依赖国家实验室的长期技术攻关。这种模式的优势在于，市场导向能极大地提升创新效率，使新技术更快投入实际应用。然而，企业主导的创新体系也存在短视倾向，高度依赖资本回报使得部分基础科研投入不足，甚至加剧技术垄断，形成少数科技巨头的"创新寡头"格局。

相较之下，**中国的创新体系强调国家战略引导下的科研赋能模式**，政府通过政策调控，使科研机构、企业和产业链上下游形成高度协同。中国科学院、清华大学等顶尖研究机构与华为、百度、阿里巴巴等科技企业建立长期合作，**共同推动从基础理论研究到工程化应用的完整创新链**。华为在芯片、5G、AI 计算等领域的突破，正是国家长期科研投入与产业政策引导的结果。此外，中国的"国家重点研发计划"等战略性项目，在量子计算、AI 芯片、自动驾驶等关键技术方向上提供了持续的资源支持。这一模式的优势在于，有助于集中力量突破核心技术瓶颈，减少对外部技术供应链的依赖。然而，政策主导的创新体系也可能面临市场化不足的问题，部分科研成果在转化过程中受到行政流程的约束，难以高效落地。

从全球科技竞争来看，美国的市场驱动模式确保了技术的商业化效率，而中国的政策引导体系在核心技术自主可控和产业链整合方面更具优势。**未来，真正决定竞争胜负的，不是单一模式的优越性，而是谁能更精准地协调政府、企业和科研机构的关系，在开放创新与产业安全之间找到最佳平衡点。**

（一）美国企业创新主导型与中国产学研结合型的对比

美国的资源配置体系根植于自由市场的土壤，企业不仅是技术研发的主体，更是创新方向的主导者。从硅谷巨头到初创企业，私营资本驱动的创新网络始终保持着对市场需求的敏锐嗅觉。尤其是在 AI 领域，谷歌、特斯拉等企业不仅投入数百亿美元自建实验室，更通过收购初创企业、资助高校研究项目等方式，构建起覆盖从基础研究到商业化应用的全链条创新体系。这种模式的优势在于，企业能够直接将市场需求转化为研发动力。例如，特斯拉的自动驾驶技术迭代始终以量产落地为导向，其算法优化与硬件升级的节奏完全匹配市场竞争需求。

在宏观制度层面，美国创新体系呈现出**"双螺旋"** 的独特结构。具体而言，市场机制构成显性主轴，政府战略形成隐性支撑。在 AI 基础研究领域，政府资金通过美国国家科学基金会（NSF）、美国国立卫生研究院（NIH）等渠道注入高校实验室，培育出 Transformer 架构等颠覆性成果，随后被谷歌等企业快速商业化，形成**"政府育苗—企业造林"** 的良性循环。

更具范式意义的是美国国防高级研究计划局（DARPA）的运作机制。DARPA 通过动态调整的扁平化组织架构，以 200 多人的精干团队管理 34 亿美元年度预算，项目经理拥有高度自主权，能够快速启动非共识项目。这种**"小核心、大外围"** 的模式既保证了战略方向，又释放了市场活力。量子计算领域的突破便是典型例证，谷歌凭借企业资金持续攻坚量子霸权，DARPA则通过**"挑战赛"**模式吸引全球科研力量参与算法优化，形成官民协同的技术突破格局。

相比之下，**中国模式呈现出以产学研结合为核心的特征。**这种模式既非计划经济时代的指令性科研，也非自由市场主导的分散创新，而是在社会主义市场经济框架下，通过政府战略引导、多元主体协同、市场机制调节形成的复合型创新生态。企业、大学和政府间呈现出一种三重螺旋关系，这是推动产学研深度融合以及技术创新最重要的机制之一。其核心在于将国家战略需求、科研机构知识生产、企业产业化能力进行有机整合，形成具有中国特色的创新资源配置范式。从图8-3我们可以看到，以企业为"技术创新主体"核心，围绕政府（政策创新主体）、高校和研究机构（原始创新主体）以及中介机构（创新投入服务主体）构建了一个多层次的协同创新网络。政府通过搭建平台和提供政策支持，引导企业与高校、

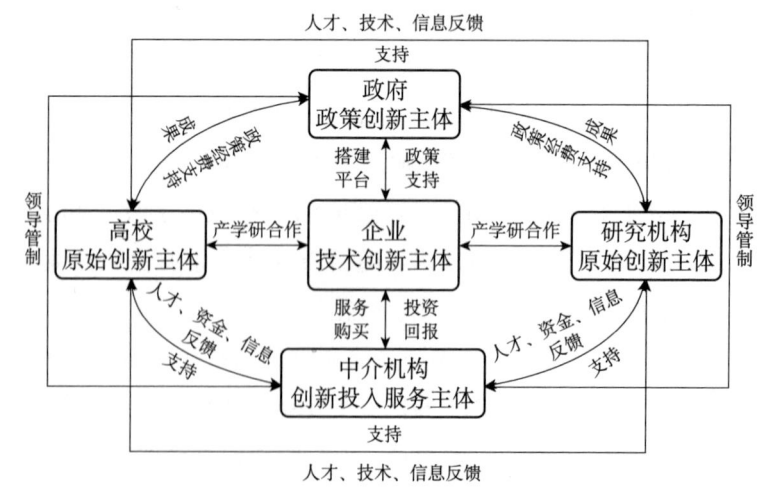

图8-3 中国产学研结合模式

研究机构开展产学研合作；中介机构则通过服务、购买、投资等方式为企业创新提供支持，并实现人才、资金和信息的反馈机制；高校与科研机构则通过创新成果、人才供给等支撑企业技术发展。整体体系强调了政策引导、资源配置、信息反馈和多主体协同，体现出创新生态系统的完整闭环逻辑。

政府通过科技专项、产业政策与人才培养计划的"组合拳"，构建起科研机构赋能企业的独特路径。**科技部 2017 年启动的"新一代人工智能"重大专项，以"揭榜挂帅"机制将高校、科研院所与企业纳入统一攻关体系**。表 8-1 从三个维度（政府主导型、企业主导型、政产学合作型）对"揭榜挂帅"的组织实施方式进行了比较。"揭榜挂帅"机制本质上构建了需求导向的创新竞赛平台：政府设定关键技术攻关方向，企业提出具体技术指标，科研团队凭借解决方案竞标。这种模式既保留了市场竞争的筛选功能，又通过国家信用背书降低了产学研各方的合作成本。

表 8-1 "揭榜挂帅"组织实施方式

基本模式	政府主导型	企业主导型	政产学合作型
目标需求	国家重大战略规划、安全以及涉及民生福祉等重大社会需求	关键核心技术和行业共性技术	①关键核心技术和行业共性技术 ②重大科技成果转移转化
发榜主体	政府	企业	政府主导发榜，企业、高校、科研院所协作配合
资金来源	政府	企业	企业+适当财政资助
对应案例	深圳市科技创新委员会 2020 年发布的《关于以"悬赏制"方式组织开展"新型冠状病毒感染的肺炎疫情应急防治"应急科研攻关项目的工作方案》	浙江省科学技术厅 2021 年发布的《关于组织申报 2022 年度"链主"企业联合制项目的通知》	广东省科学技术厅 2018 年发布的《关于征集适合揭榜制的重大科技项目需求的通知》

清华大学与百度的合作案例则揭示出更深层的制度创新。当高校的算法突破与企业的算力资源、应用场景深度耦合时，知识生产不再局限于实验室的封闭循环，而是直接进入"理论验证—工程迭代—商业应用"的加速通道。ERNIE模型的成功不仅在于技术参数的国际领先，更验证了这种"需求牵引、应用倒逼"创新路径的有效性。

这种制度演进过程中呈现的辩证性特征尤为值得深思。当西方创新理论还在争论"政府与市场"的边界时，中国的实践已经展现出两者融合的第三种可能——政府通过产业政策设定创新坐标，市场机制在资源配置中发挥决定性作用，而科研机构则成为连接两者的转化枢纽。

以新能源汽车领域为例。这种三元互动机制催生出独特的创新景观，即财政补贴引导技术路线，以动力电池白名单制度规范市场竞争，而宁德时代与中国科学院物理所的联合实验室则持续突破能量密度极限。这种既保持战略定力又激发微观活力的制度设计，正在重新定义后发国家技术赶超的路径选择。

当然，这种体制的成熟度仍需在持续演进中提升。**当创新活动进入"无人区"，如何平衡目标导向与自由探索的关系？在知识产权共享机制中，怎样构建更合理的利益分配模式？**这些问题的解答将决定产学研结合模式能否从技术追赶阶段的成功，升华为引领性创新的制度优势。但可以肯定的是，中国正在探索的这条制度创新之路，不仅为发展中国家提供了技术跃迁的新范式，更在全球创新治理体系中注入了东方智慧的独特价值。

(二) 两国政府、企业、科研机构在技术创新中的不同角色与合作机制

从协同效应看，两国的制度差异导致创新要素的耦合方式截然

不同。美国的产学研合作更多呈现**"市场牵引型"**特征。高校如同基础研究的"反应堆",通过自由探索产生知识裂变;企业则扮演着"能量转化器"的角色,将学术成果转化为商业价值;风险资本在此过程中充当"催化剂",不仅提供资金支持,更通过专业判断连接技术可行性与市场需求。这种机制下形成的"旋转门"制度,本质上构建了人才与知识的双循环系统——教授带着前沿洞察投身产业实践,企业研发人员携市场经验反哺学术研究,这种双向渗透持续刷新着创新的可能性边界。

中国的协同创新更强调**"战略驱动型"**逻辑,展现出顶层设计与基层探索的辩证统一。政府作为"系统集成者",通过制度创新重构创新要素的连接方式。中国农业大学科技小院的实践,打破了传统科研的"实验室围墙"——研究生驻村开展技术攻关,让农民的生产难题直接转化为科研命题,这种"逆向创新"路径使农业科技转化率实现了三倍跃升。

而在更高能级的创新领域,新型研发机构正在搭建多元主体协同的"创新联合体"。例如,苏州生物医药产业园通过"平台+基金+政策"的模式,将跨国药企的产业化经验、科研机构的原始创新、本土企业的工程化能力进行有机整合,催生出 PD-1 单抗等重大创新成果。但这种战略驱动模式在复杂技术领域也面临考验,某存储芯片专项曾因过度强调技术参数的单项突破,忽视了产业链上下游的协同演进,导致研发成果难以融入全球产业生态。

两国创新体系的深层差异,在技术路线的演进逻辑上表现得尤为明显。**美国市场牵引型创新更擅长孕育"从 0 到 1"的颠覆性突破**,其优势在于通过分布式试错快速筛选技术路径。例如特斯拉的自动驾驶技术迭代,就是海量用户数据喂养算法进化,资本市场估值反哺研发投入,形成了自我强化的创新闭环。

中国战略驱动型创新则在"从 1 到 N"的工程化放大环节展现出独特优势。 高铁技术的消化吸收再创新便是经典案例，政府主导技术引进谈判，央企搭建产业化平台，科研院所进行适应性改进，这种协同机制使中国在十年内完成了技术体系的跨越式重构。

但两种模式都面临时代挑战，美国在量子计算等需要长期投入的领域显露出耐心资本不足的短板，而中国在 AI 通用大模型研发中，仍需破解创新活力与资源聚焦的平衡难题。

在全球化裂变的当下，两种创新模式的碰撞与融合正在催生新的可能性。 波士顿咨询公司与中国科学院合作的生物制造项目，尝试将美国的分阶段融资模式与中国的大规模工程化能力相结合；宁德时代在德国的电池工厂，则巧妙嫁接中国产业链整合经验与欧洲研发资源。

这些实践暗示着，未来技术创新或许不再是非此即彼的路径选择，而是制度优势与全球创新网络的有机融合。 当 AI 开始重塑创新范式，数据要素的流动特性正在消解传统创新体系的边界——美国学者的算法突破可能在中国市场获得应用场景，中国的制造数据可能训练出更具泛化能力的工业模型。

在这种趋势下，政府的关键作用正从资源配置转向创新生态治理，企业的核心竞争力向平台化整合能力迁移，而科研机构则面临知识生产模式的重构。技术创新这场永无止境的竞赛，正在制度互鉴与范式融合中展开新的篇章。

（三）两种资源配置模式在应对技术变革时的灵活性与可持续性

中美两国在资源配置模式上的差异在应对技术变革时表现出了不同的灵活性与可持续性。这些差异不仅影响了两国科技发展的速度和方向，也揭示了各自资源配置机制在面对快速变化的技术环境时的优缺点。

美国的分散式创新体系在处理颠覆性技术的发展方面展现了显著的优势。这种体系通常由多个独立但相互联系的机构组成，包括大学、研究机构、私人企业和风险投资企业等。这样的结构使得像 OpenAI 开发 ChatGPT 这样的项目能够迅速从概念走向实际应用。美国的风险资本生态系统为初创企业提供资金支持，允许它们进行多次尝试直至找到成功的商业模式或产品。此外，较为宽松的监管环境促进了新技术的快速扩散，并且根据市场需求可以快速筛选出可行的技术路径。

然而，这种模式的一个主要短板在于其对基础研究投入的持续性问题。由于私营企业倾向于投资那些能够在 5 年内产生回报的领域，长期的基础研究往往依赖政府资助和支持。这意味着一些需要长时间研发才能看到成果的技术，如量子计算，可能会因为缺乏足够的商业兴趣而发展缓慢。

相比之下，中国的集中式资源配置模式在执行大规模系统工程项目上显示出强大的组织效能。"北斗"卫星导航系统的成功就是一个典型案例，它展示了如何通过国家层面的协调来实现复杂的科技目标。在这个过程中，航天科技集团与中国科学院以及高校之间的深度合作发挥了关键作用。中国政府通过制定明确的战略规划和提供必要的资源保障，确保了项目的顺利推进。

但是，这种模式也可能抑制微观层面的创新活力，因为它更注重短期成果而非长远的研发潜力。例如，在新能源汽车产业中出现的"专利泡沫"现象，即企业为了获取补贴而突击申请低价值专利，反映了制度设计可能扭曲了真正的创新信号，导致资源未能有效转化为高质量的技术进步。

数据层面的对比更直观地揭示了制度差异的影响。美国国家科学基金会发布的《科学与工程指标 2024》系列报告之《研究与开发：美国的趋势与国际比较》显示：2022 年，产业界投资了 6 729 亿美元研发经费，占美国研发经费总额的 76%，大学执行的研发经费估计为 914 亿美元，占美国研发经费总额的 10%。这种市场主导的资源配置使技术转化周期缩短至 3~5 年。中国规模以上工业企业研发投入强度为 1.4% 左右，但政府主导的产学研合作专利产业化收益达 1 033 万元/件，比企业自主专利高出 24.5%，显示出制度设计对创新效率的显著提升。这种差异在 AI 领域的表现为美国企业算法原创性专利占比超过 60%，中国则在应用场景专利领域占据优势，反映出不同资源配置导向的技术积累路径。如图 8-4 所示，中国 AI 市场规模逐年增长，从 2021 年的约 100 亿美元上升至 2026 年的超过 260 亿美元。然而，同比增速呈现逐年下降趋势，从 2023 年的高点逐步下滑至 2026 年的约 15%。这说明尽管 AI 市场总量持续扩大，但增长速度在逐渐放缓。

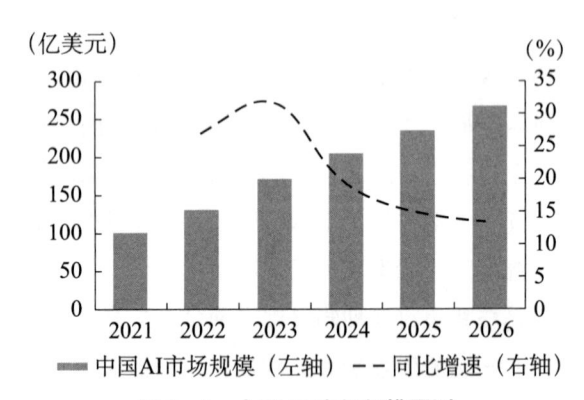

图 8-4　中国 AI 市场规模预测

资料来源：国际数据公司。

两种模式的竞争本质是创新范式的对话。美国需要破解资本短视性与战略投入的矛盾，正如 DARPA 开始调整资助策略；中国则面临激活市场活力与保持战略定力的平衡，科创板对"硬科技"企业的倾斜政策，以及"揭榜挂帅"制度引入民营企业参与国家专项，都显示出制度调适的动向。

三、科技监管与伦理博弈——两国国内的内在矛盾

技术的狂奔需要监管的缰绳，而伦理博弈是中美科技发展的共同困境。 AI、大数据、生物技术等前沿科技的发展速度远超政策制定的步伐，如何在技术创新与社会责任之间寻找平衡，成为中美两国共同面对的难题。然而，由于制度与价值观的差异，**两国在科技监管的路径与挑战上展现出不同的内在矛盾。**

在美国，自由市场经济催生出强大的科技创新能力，但同时也带来了技术失控的风险。大型科技企业，如谷歌、Meta、OpenAI，在算法推荐、数据隐私、AI伦理等领域积累了巨大的影响力，但政府对其监管长期处于滞后状态。例如，Facebook因剑桥分析公司数据泄露事件被罚50亿美元，但这对其庞大的市场影响力而言几乎无关痛痒。虽然拜登政府近年来推动《人工智能法案》和《数据隐私保护法》的立法进程，但由于科技巨头的游说力量，监管措施仍然难以形成真正的约束力。**这种矛盾使美国陷入了一种"创新过剩、监管不足"的困境**——技术快速迭代，但伦理风险难以有效控制。

中国的科技监管模式则更具主动性，强调政策前置干预，以确保技术发展符合社会与国家利益。 近年来，中国对平台经济、数据安全、AI伦理的监管趋严，如《中华人民共和国数据安全法》《中华人民共和国个人信息保护法》的出台限制了企业对用户数据的滥用，防止平台算法对社会产生负面影响。此外，中国政府对AI、

深度伪造等领域加强监管，要求 AI 生成内容标注来源，并对训练数据进行审查。这种模式的优势在于，能够快速响应潜在的技术风险，避免科技巨头过度扩张。**但严格的监管也可能在一定程度上降低市场活力，使企业面临更大的合规成本，影响技术创新的速度。**

无论是美国因资本驱动导致的"科技狂奔"，还是中国因监管趋紧带来的"创新压力"，两国都在科技治理上面临各自的矛盾。未来，真正的挑战在于，如何在确保技术发展的同时，建立更加灵活、透明且可持续的科技监管体系，使 AI 伦理、数据安全与社会责任在全球范围内得到协调。

（一）技术发展与政策监管之间的博弈关系

每当新技术浪潮席卷而来，旧秩序与新力量的碰撞总会擦出矛盾的火花。当代科技监管领域正上演着更为复杂的博弈：AI 算法以月为单位进行进化和迭代，区块链技术正在重塑信任机制，基因编辑技术则挑战着生命伦理的界限，而政策制定者的脚步却始终受限于立法程序的沉重惯性。这种发展速度与治理节奏的错位，使得监管措施往往滞后于技术变革，导致监管空白或监管过度的情况时有发生。

回望历史长河，技术革命与制度调整的时差始终存在。在蒸汽时代，英国议会为遏制机器对传统手工业的冲击，曾颁布《工匠法》来限制工厂规模；在电力革命初期，美国各州为监管电网运营争吵不休；在互联网萌芽阶段，"网络空间独立宣言"的狂热与各国政府谨慎观望形成鲜明对照。

这些矛盾的本质，实则是人类在技术突变期必然经历的认知重构过程。**当技术发展突破既有认知框架时，旧有的监管体系如同不合时宜的模具，既无法容纳新事物的形态，又试图强行规训其生长**

轨迹。工业时代的监管模式建立在**集中化、标准化**基础之上，而数字技术却以**分布式、去中心化**为特征，这种结构性冲突在互联网3.0时代变得尤为尖锐。

在这种背景下，政策制定者面临着巨大的挑战。他们需要在鼓励技术创新与保障社会安全之间找到平衡点，既要避免过度监管抑制了技术的健康发展，又要确保新技术不会对社会造成不可逆转的损害。因此，如何构建一个既能够适应技术快速发展，又能够保障公共利益和伦理价值的监管体系，成为当前科技监管领域亟待解决的问题。

然而，科技监管的博弈从来不是简单的束缚与反抗。蒸汽机车的出现曾引发"红旗法案"的闹剧，但最终催生了现代交通法规体系；而互联网初期的无序生长则孕育出今天的数字治理框架。当下的监管困局，实质是人类文明在技术奇点临近时的集体调试。

（二）中美两国在 AI 应用伦理问题上的相似挑战

中美两国作为数字时代的佼佼者，正以不同的制度逻辑演绎着相同的技术悖论：**算法越精准，隐私越透明；平台越强大，垄断越顽固；数据越丰富，主权越模糊。**

算法精准性与隐私透明化的矛盾，正成为技术伦理具体实践层面最主要的矛盾。杭州城市大脑的实时人流监测系统能精确到个体行动轨迹，旧金山警方的人脸识别平台可瞬间锁定特定人员，两种技术应用都建立在海量数据采集的基础之上。《中华人民共和国个人信息保护法》与美国《加州消费者隐私法案》不约而同地设置了数据最小化原则，但在智慧城市建设的现实压力下，深圳交警的交通优化算法仍在持续收集车主驾驶习惯数据，纽约市政的犯罪预测系统也始终保留着公民位置信息。

而在医疗 AI 领域，同样的矛盾更为突出。北京协和医院的癌症筛查模型需要数万份病理切片来提升准确率，梅奥诊所的基因诊断系统依赖大量遗传数据来优化算法，当技术突破带来生存希望时，患者知情同意的伦理原则往往成为可以被绕过的技术障碍。这种效率与隐私的悖论，折射出的是技术快速发展与伦理规范滞后之间的深刻矛盾，这不仅关乎个人权益，也影响着技术发展的可持续性以及社会整体的福祉。

平台垄断与技术民主化的角力，则暴露出两种经济体制下共同的治理困境。美国的反垄断浪潮将科技巨头推至风口浪尖，联邦贸易委员会对 Facebook 的 50 亿美元天价罚单不仅创下历史纪录，更标志着监管机构开始正视数据垄断对市场生态的破坏性。这场始于 2019 年的监管风暴，表面上是对科技企业市场地位的重新审视，实质则是对算法权力过度集中的系统性矫正。而在太平洋彼岸，中国监管部门对平台经济的整顿同样具有深意。阿里巴巴 182 亿元的反垄断罚款不仅刷新了国内纪录，更释放出明确的政策信号：**数据要素的市场化配置必须建立在可控轨道之上。**

更值得注意的是，两国不约而同地涌现出对抗平台霸权的技术尝试。上海开发者社区兴起的联邦学习开源运动，与波士顿科创圈推崇的去中心化身份验证协议，都在试图用技术手段破解"数据寡头"的垄断困局。这种抗争在开发者群体中催生出奇特的现象：北京的程序员在 GitHub 上分享规避算法审查的工具，硅谷工程师在 Reddit 论坛传授突破平台限制的技巧，**技术精英们既受益于平台经济又深陷其枷锁的矛盾处境，恰是数字资本主义内在悖论的生动写照。**

数据主权的博弈更凸显出地缘政治竞争背后的共性焦虑。TikTok 美国用户数据存储风波与特斯拉中国车辆信息出境争议，看似是国际贸易摩擦的技术投影，实则折射出所有民族国家在数字时代的集体困境。中国构建的"数据跨境安全网关"与美国推行的"清洁网络计划"，虽以不同意识形态包装，但内核都是对数据领土化的执着追求。

这种跨越制度与文化差异的共性困境，折射出算法公平性问题的技术本质：**数据喂养的偏见与人类社会的结构性矛盾互为表里**。波士顿咨询公司的全球调研数据显示，75％的受访者使用过 ChatGPT 或 AI 驱动的其他服务，其中 33％的人担心 AI 的数据安全和道德问题，30％的人担心 AI 在某些工作中取代人工的可能性。这种跨越意识形态的公众焦虑，正在倒逼技术开发者重新审视工具理性与社会价值的辩证关系。

（三）两国如何找到适合各自制度的监管路径

美国在 AI 监管上采取了一种相对灵活且多元的方式。 尽管美国没有一个中央化的科技管理机构来统一协调 AI 的发展与监管，但多个联邦机构如商务部、联邦贸易委员会、国家标准与技术研究院等都积极参与到 AI 治理中来。这种**分散式的监管机制**允许各机构根据自身职能特点对 AI 的不同方面进行规范。

例如，美国国家标准与技术研究院制定的 AI 风险管理框架，为不同行业提供了指导性的框架，帮助组织识别并缓解使用 AI 系统时可能遇到的风险。这些措施体现了美国试图通过政府与私营部门的合作，以及多机构协同工作的方式来促进 AI 的健康发展，同时保持其在全球 AI 领域的领导地位。

中国监管体系的建构逻辑则深深植根于"集中力量办大事"的制度基因。 当杭州市民扫码进入地铁站时，他们无意中参与着世界上最大规模的算法治理实践——城市大脑系统在收集交通数据进行优化调度的同时，必须同步完成个人信息脱敏处理。这种**将技术监管嵌入社会治理毛细血管**的做法，在《生成式人工智能服务管理暂行办法》中达到新高度：**备案制度既非放任自流的市场达尔文主义，也不是僵硬的事前审批，而是通过动态评估机制在创新激励与风险防控间寻找精准平衡点。**

更具创造性的实践出现在自动驾驶领域。北京高级别自动驾驶示范区创造的"沙盒监管"模式，允许企业在60平方公里真实道路环境中试错迭代，监管部门通过实时数据中台同步构建风险预警模型。这种**"发展中规范，规范中发展"**的辩证法，正是中国制度弹性在数字时代的崭新呈现。

两国监管路径的分野背后，隐藏着制度逻辑的深层对话。美国试图通过《算法问责法案》**构建技术治理的"负面清单"，强调程序正义与透明度原则**，其政策工具多表现为事后追责与司法救济。这种基于自由市场传统的监管哲学，在应对深度伪造技术滥用等新型挑战时往往显得力不从心。

与之形成对照的是中国的**"穿透式监管"**。网信办等机构通过数据安全审查、算法备案等前置性措施，**将伦理考量嵌入技术研发的全生命周期**。深圳人工智能伦理委员会的成立，标志着东方治理智慧开始系统性地介入技术演化进程。这种差异在AI军事化应用的争议中尤为凸显：五角大楼的"算法战"计划遭遇国会山的人权组织阻击，而中国在自主武器系统研发中强调的"人类控制原则"，则展现出不同的伦理权衡逻辑。

技术创新与社会价值的动态平衡，正在催生新的治理范式。欧盟《人工智能法案》的风险分级管理模式，为全球监管提供了可资借鉴的框架，但其严格的"事前合规"要求也引发对创新活力的担忧。这种全球性困惑在中美科技竞争中更具现实意义：

如何在确保技术安全的前提下维持创新动能？硅谷的应对策略是推动**"伦理即服务"**的商业化转型，IBM 等企业开始向市场输出算法审计解决方案；而中国的科技企业则通过**"科技向善"**的价值重塑，尝试构建技术伦理的企业标准。

这种自下而上的产业实践，与政府的顶层设计形成微妙互动。当百度和谷歌同时发布 AI 伦理白皮书时，**技术治理的"第三条道路"正在浮现——在政府规制与市场调节之间，开辟出多元主体共治的创新空间**。未来的技术治理图景，将呈现"多层嵌套"的复杂结构：在底层技术标准趋同的背景下，各国基于文化传统与制度禀赋构建差异化的伦理框架，最终形成既竞争又协作的全球治理生态。

在这场没有终点的科技伦理长跑中，监管的缰绳既要约束技术的盲目狂奔，又不能扼杀创新的原生动力。中美两国的实践表明，绝对的放任主义与过度管制同样危险，真正的智慧在于在动态平衡中寻找"必要的张力"。技术发展的终极目的不是征服自然或超越人类，而是通过伦理的指引，让科技创新真正服务于文明的永续进步。

第九章
合作对抗：全球化退潮下的 AI 国际互动

在全球化遭遇碎片化趋势的当下，AI 正成为国际竞争与合作的新焦点。AI 不仅是一项技术革命，更是塑造未来经济、军事与社会秩序的关键变量。美国与中国作为全球 AI 产业的两大引擎，在技术创新、产业链布局和政策导向上展开激烈竞争，AI 合作的可能性与对抗的现实交织，使全球技术格局变得更加复杂。

在美国的战略框架下，AI 不仅是推动经济增长的动力，更是维护全球技术主导权的重要工具。 近年来，美国通过《芯片与科学法案》、出口管制、人才限制等手段，对中国的高端芯片、AI 算力与关键技术形成封锁，以维持自身在先进计算领域的领先地位。同时，美国试图在 AI 规则制定上占据主导，推动七国集团成员联合发布《负责任 AI 声明》，并通过经济合作与发展组织等机构影响全球 AI 治理标准，试图将自身技术体系与全球市场绑定。这一模式不仅在技术上构筑壁垒，更在数据安全、隐私保护和伦理治理等方面塑造全球 AI 应用的规范。

与此同时，**中国正以"数字丝绸之路"拓展技术影响力，深化与东南亚、中东、非洲等地区的新兴市场国家的 AI 合作。** 华为、阿里巴巴、百度等企业在海外提供 AI 基础设施、智能计算中心和本土化解决方案，推动 AI 技术的普及化与本地化发展。与美国构建封闭联盟不同，中国更倾向于建立"技术共享＋市场协作"模式，形成区域性 AI 生态。我们可以发现：中阿（中国与阿拉伯国家）、中非（中国与非洲联盟）等多边科技合作框架，正在帮助新兴经济体建立自主可控的数字经济体系。但 AI 国际竞争不仅关乎技术本身，还涉及数据主权与规则博弈。谁控制了数据，谁就掌握了未来的经济权力杠杆。美国的"数据壁垒"策略试图将关键数据流限制在盟友体系内，而中国则通过《中华人民共和国数据安全法》《中华人民共和国个人信息保护法》等法规，强化本国数据主权，同时推动区域性数据合作。AI 规则的制定权正成为两国较量的前沿阵地，而欧洲、印度、东盟等国家和地区也在利用这一机会，在全球数据治理体系中争取更大的话语权。

在这场全球博弈中，**AI 国际合作的空间仍然存在，但竞争的现实更加突出。** 开放与封闭、共享与封锁、协作与对抗，正构成 21 世纪 AI 时代的关键悖论。**未来，真正的技术赢家，不仅要掌握核心算法和算力，更需要在全球规则重塑中占据主导地位。** AI 不仅是技术竞赛的核心变量，更是影响全球权力格局的"智能杠杆"。

一、AI 的地缘政治——技术合作的新联盟与冷战

AI 不仅是技术革命的引擎，也是地缘政治的利刃。在全球竞争日益激烈的时代，AI 已超越科技范畴，成为国家安全、经济主权和国际影响力的重要支点。围绕 AI 的竞争，不仅关乎算法和算力的较量，更在重塑国际政治格局，推动形成新的技术联盟，同时加剧数字冷战的风险。

美国正试图以技术封锁和产业联盟双管齐下,维护其在全球 AI 生态中的主导地位。以《芯片与科学法案》为核心,美国已对高端 AI 芯片、半导体设备、超算基础设施等关键领域实施出口管制,并联合盟友建立"芯片四方联盟",限制中国获取先进计算能力。此外,美国推动《负责任 AI 战略》《全球技术标准联盟》等倡议,试图在 AI 治理、伦理监管、军事应用等方面制定国际标准,将 AI 技术纳入其全球战略体系。

面对封锁压力,中国则加速构建**"技术自主+区域合作"双轨模式**,推动国产 AI 芯片、开源生态和云计算平台的发展,同时深化与东南亚、中东、拉美等地区的科技合作。华为、百度、阿里巴巴等企业正携手"一带一路"共建国家,在智能算力、智慧城市、自动驾驶等领域搭建新兴市场的技术基座,以规避"技术围堵"。同时,中国积极参与联合国、金砖国家等多边框架下的 AI 规则谈判,试图打破西方主导的标准体系,为全球科技治理提供新的方案。

然而,AI 地缘政治的加剧也带来了深远的全球性挑战。技术联盟的形成意味着技术壁垒的加固,全球 AI 生态可能从开放合作走向碎片化。**美欧的"数字铁幕"与中国的"数字主权"模式正在分化全球数据流动与算力资源分配,使得 AI 发展面临封闭化、区域化的风险。与此同时,AI 在军事、网络安全、舆论操控等领域的竞争,也可能引发新一轮"智能军备竞赛",加剧全球的不稳定性。** AI 已成为全球竞争的战略武器,而如何在竞争与合作之间找到平衡,将决定智能时代的世界格局。未来,AI 不是单纯的技术工具,而是塑造国际秩序的新变量。科技冷战是否会全面上演,仍取决于各国如何在技术优势与全球责任之间寻找新的平衡点。

（一）AI 的地缘政治属性：技术如何成为国家间博弈的关键工具

这场由算法革命驱动的技术权力转移，正在重构传统地缘政治规则，形成了"算力即国力"的新型竞争范式。各国围绕 AI 技术制高点的博弈，实质上是争夺第四次工业革命时代国际秩序主导权的系统性竞争。尤其是随着数字时代的到来，**技术主权的概念已不再局限于对关键技术的控制，它已经扩展到对数据、网络空间以及数字基础设施的全面掌控**。这一理念涵盖了军事、经济、数字等多个领域，构建了一个多维度的技术主权博弈体系。

在军事安全维度，自主武器系统正在改写战争伦理边界。美国国防部通过其"联合全域指挥与控制"（JADC2）系统，展现了对 AI 在军事应用中的巨大投入，该系统旨在实现从信息收集到决策执行的全链条自动化，其中的"普罗米修斯"AI 平台能够在 0.05 秒内完成千枚导弹的攻防决策。与此同时，中国人民解放军第六代战机配备的"天机"作战系统能够自主协调无人机群进行饱和攻击，也标志着制空权争夺进入了一个全新的"微秒级决策"时代。然而技术进步的同时也带来了新的思考：当 **AI 系统开始独立做出杀伤性决定时，"算法误判"可能引发的后果将如何界定？**

在经济竞合维度，AI 产业化引发全球价值链重构。打通**"模型创新、工程落地、产业商用"**三环节，形成完整的技术与商业闭环能力，正是 AI 大国博弈的主战场。技术和商业闭环一旦形成，就会产生巨大的飞轮效应，构筑起较高的产业壁垒，从而在全球价值链中占据有利位置。据波士顿咨询公司报告，全球 92％ 的尖端 AI 芯片由台积电生产，这种技术垄断赋予特定国家随时切断他国 AI 发展命脉的能力。再如 DeepSeek，这家来自中国的 AI 企业凭借技术创新打破了传统巨头的垄断地位，其低成本高性能的模型训练模式对英伟达、微软等企业构成了直接威胁。DeepSeek 的成功不仅是一次技术上的突破，更预示着一个新时代的到来——AI 技术的应用成为提升国家竞争力的核心要素。

在数字主权维度，数据资源的争夺催生新型殖民形态。当 TikTok 全球月活跃用户数突破 16 亿，其算法推荐的每个字节都成为意识形态渗透的潜在载体。美国国会甚至发起调查，试图揭开中国通过社交媒体平台影响美国民众认知的"数据面纱"。

这种对数据资源的激烈争夺，不仅关乎经济利益，更触及国家安全和意识形态的深层博弈。美国通过一系列措施加强了对跨境数据流动的管控，如《禁止受关注国家获取美国人大量敏感个人数据和美国政府相关数据》行政命令的签署，以及针对中国智能网联汽车的数据审查，都反映了美国意图通过构建数据保护壁垒来巩固其在全球数字化转型中的主导地位。中国也在积极推进数据跨境流动规则的结构性变化。如建立数据分类分级制度，力求在保障国家安全的同时促进数据依法有序自由流动。

这种围绕数据主权的竞争可以被视作一种新的**"数字冷战"**，双方都在努力扩展自己的"数据领土"，确保在未来的数字经济版图中占据有利位置。而 AI 技术的快速发展，更使得数据成为新的"石油"，谁掌握了数据，谁就掌握了未来的话语权和影响力。因此，围绕数据资源的争夺，已经成为全球化退潮中 AI 国际合作与对抗的新焦点。

AI 作为一种新型地缘政治工具，正在多个层面上重新定义国家间的权力关系。**无论是通过自主武器系统挑战战争伦理边界，还是借助 AI 产业化推动全球价值链重构，抑或是围绕数据主权展开新一轮"殖民竞赛"，都显示出了 AI 对于塑造未来世界秩序的重要性**。在这个过程中，每一个国家都是参与者，同时也是被影响者，而最终的结果将取决于谁能更好地驾驭这场由"代码"编写的"大国游戏"。未来的国际权力转移将不再遵循传统的线性轨道，而是更多地受到 AI 技术发展速度、算法迭代效率及芯片制造工艺精度的影响。

（二）中美两国不同主体之间新联盟的构建

这些博弈的背后是技术主权的争夺，使得技术联盟的构建呈现鲜明的阵营化特征。**美国主导的"民主科技联盟"**与**中国推进的"发展型技术合作"**形成了明显的战略对冲，两种模式的根本差异在于：**前者构建技术护城河以巩固既有霸权，后者通过技术普惠重塑权力结构。**

在美国，技术合作联盟的构建被视为巩固其在全球科技领域的主导地位以及增强地缘政治影响力的手段。美国所倡导的"芯片四方联盟"构筑了一个"半导体护盾"，由美国、日本、韩国三国和中国台湾地区共同组成。这个联盟不仅是技术上的合作，更是一种战略性的布局，旨在通过联合盟友的力量来限制竞争对手在关键技术领域的发展。例如，美国通过限制荷兰的阿斯麦公司向中国出口高端光刻机，试图阻碍中国半导体产业的发展。此外，美国还积极与欧盟等国家和地区签订双边或多边科技合作协议，在 AI 伦理和监管方面展开深度合作，致力于制定统一的标准和规范，意图引领 AI 技术发展的方向。

美国不仅在硬件层面寻求优势，还在软件和服务上不断扩展其影响力。例如，OpenAI 呼吁建立的**"北美人工智能联盟"**，便是为了简化获取人才、融资和供应链资源的渠道，以推动 AI 技术的发展，并应对来自中国的竞争压力。这一倡议体现了美国及其邻国希望通过构建强大的技术同盟来保持领先地位的决心。欧洲智库

Bruegel 分析称:"全球科技供应链正从'全球化'转向'区域化',企业必须在政治风险与技术成本间找到平衡。"

相比之下,**中国在积极探索与发展中国家的合作路径,构建属于自己的技术合作网络**。"一带一路"倡议铺设了一条"数字丝绸之路",连接着亚洲、非洲乃至拉丁美洲等多个地区,促进了 AI 技术的应用和发展。在这个框架下,中国与东盟国家在智能交通、智慧城市等领域展开了广泛而深入的合作,共同探索如何利用 AI 提升城市管理效率和服务质量。**这些项目不仅有助于解决当地的实际问题,也为参与各方带来了共赢的机会。**

进一步来看,中国还致力于通过教育和技术转移来加强与其他发展中国家的合作关系。例如,在"一带一路"共建国家中推广 AI 教学应用,帮助学生克服语言障碍,实现跨文化的交流与融合。这种做法不仅能够促进教育资源的公平分配,还能为未来的技术创新打下坚实的基础。同时,中国也注重与非洲、拉丁美洲等地的发展中国家开展 AI 合作项目,通过分享经验和技术支持,助力这些国家提升自身的科技水平和创新能力,从而实现共同发展。据统计,中国支持逾万名"一带一路"共建国家青年科学家来华从事短期科研工作和交流,累计培训"一带一路"共建国家科技与管理人员 1.6 万余人次。

虽然中美两国选择了两条截然不同的发展路径,但都反映了当今世界在面对快速变化的技术革命时,对于国际合作与竞争的新思考。未来的国际关系将更多地受到科技创新能力的影响,而谁能在这场没有硝烟的战争中占据先机,谁就能在未来的世界格局中拥有更大的话语权。

(三)冷战模式的复现:中美竞争如何影响全球 AI 合作的可能性

中美两国在 AI 领域的战略竞争正将世界拖入**"技术冷战"**风

险，但复杂的技术依存性又催生着特殊形态的合作可能。

美国将中国视为主要竞争对手，采取了一系列措施进行遏制和打压。美国通过出口管制、投资限制和技术封锁等手段，限制中国获取高端芯片和先进技术。例如，在2025年1月，美国以"技术盗窃"和"数据安全"为由，对中国的DeepSeek公司展开调查，怀疑其通过非法手段获取美国的技术成果。这种将技术竞争定性为知识产权侵权的叙事策略，迅速获得了美国产业界的支持，进一步加剧了中美两国之间的技术对抗。

面对美国的压力，中国并未退缩，而是选择了自主创新的道路。中国逐步加大了在AI技术领域的研发投入，力求突破核心技术瓶颈。2025年2月，百度成功点亮国内首个自研万卡集群，标志着中国在AI算力领域的重大进步。随着3万卡集群的逐步落地，中国的AI产业将在全球范围内赢得更大的市场话语权。这一成就，正如业内人士所言，是中国科技"花小钱办大事"智慧的又一次体现。根据斯坦福大学发布的《人工智能指数报告》，2013—2023年，中国的AI初创企业累计达到1 446家，共筹集资金1 040亿美元，位居全球AI竞争格局中的第二位，仅次于美国。

这种竞争态势对全球AI合作的可能性产生了深远的影响。一方面，中美两国之间的技术割裂导致了全球AI技术生态系统的碎片化，不同国家和地区间的技术标准和规范难以统一，增加了国际合作的成本和复杂性。如图9-1所示，美国AI初创企业数量在全球占据领先地位，中国紧随其后。据美国国会中国经济与安全审查委员会2024年年度报告数据，美国商务部实体清单已涵盖136家中国AI企业，而中国海关数据则显示中国进口光刻机数量在2023年激增47%。这种**脱钩**与**反脱钩**的拉锯战导致全球AI研发成本上升35%。另一方面，随着中美竞争的加剧，其他国家也被迫在两者之间做出选择，这种"选边站队"现象进一步加剧了国际关系的紧张程度，使得原本就复杂的地缘政治局势变得更加扑朔迷离。

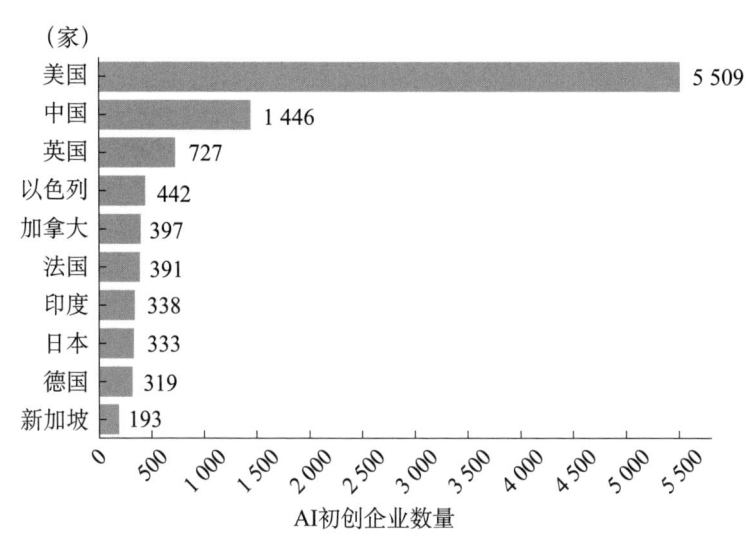

国家	AI初创企业数量（家）
美国	5 509
中国	1 446
英国	727
以色列	442
加拿大	397
法国	391
印度	338
日本	333
德国	319
新加坡	193

图 9-1　全球 AI 技术竞赛前十名国家 AI 初创企业数量

资料来源：《2024 年人工智能指数报告》。

但技术生态的天然互联性催生着"灰色"合作。例如，英伟达为中国市场定制了 A800 芯片，而华为在沙特阿拉伯建立的数据中心则采用了美国的开源框架。更具戏剧性的是，根据自然指数统计，中美两国科研人员在《自然》（Nature）杂志上联合发表 AI 蛋白质预测论文数量较三年前增长 3 倍。这种"科技外交"的微妙平衡，折射出技术政治化的复杂本质。

此外，在应对气候变化、公共卫生等全球性挑战时，也存在合作的空间和需求。AI 技术作为解决这些问题的关键工具之一，能够为中美两国提供一个新的合作平台。例如，在气候模型预测、疾病防控等领域，中美两国可以通过共享数据资源、联合研发等方式，共同推动 AI 技术的进步，为实现全球可持续发展目标贡献力量。

未来的地缘政治图谱或将呈现**"数字多极化"特征**：技术标准联盟、数据主权集团、算法伦理阵营等多重维度交织。在这个算力即权力、数据即疆域的新世界，人类需要超越零和博弈的智慧，因为**真正危险的不是技术本身，而是将技术异化为权力斗争工具的政治逻辑**。任何工具的终极价值，均取决于掌握它的人类如何书写文明的下一个篇章。

二、多边主义的回归还是单边主义的强化？

AI 治理正站在多边主义的十字路口，协作与孤立的博弈正在塑造未来秩序。AI 不仅是一项技术革新，更是影响全球格局的关键变量。技术共享的需求与国家安全的顾虑交织，使各国在合作与封锁之间摇摆不定，AI 治理的未来，正取决于多边主义和单边主义之间的较量。

近年来，美国强化"技术联盟"策略，试图通过规则制定和供应链控制，确立对全球 AI 生态的主导权。通过《芯片与科学法案》《出口管制规则》等措施，美国严格限制高端 AI 芯片、算力基础设施的出口，并联合七国集团、欧盟、日本等盟友，构建以自身为核心的科技封锁体系。此外，美国和欧洲正在通过经济合作与发展组织、全球人工智能伙伴关系（GPAI）等国际机构推动 AI 伦理、数据治理和安全标准的制定，意图让自身的技术体系成为全球默认标准。然而，这种单边主义的强化，正在加剧全球技术体系的碎片化，使不同国家的 AI 发展路径愈发割裂，形成"技术高墙"。**与之相对，包括中国在内的金砖国家等全球南方国家正寻求推动"技术普惠"和更具包容性的 AI 治理模式**。中国发布的《全球人工智能治理倡议》提出技术开放合作的原则，并通过"数字丝绸之路"推动 AI 基础设施共建，以降低发展中国家进入智能时代的技术壁垒。同时，联合国试图通过《全球人工智能伦理建议》等框架，建立更具包容性的全球治理体系，以减少技术霸权带来的不平衡发展。

AI 治理的未来仍充满不确定性。如果单边主义持续强化，全球 AI 生态将被割裂成封闭的技术联盟，各国的发展机会将受限，科技不平等将加剧；而如果多边主义回归，各国通过协商和共享技术资源，全球智能时代的潜力将更广泛地释放。如图 9-2 所示，尽管美国在语言模型领域仍保持整体领先地位，但中国已不再远远落后。其他国家中鲜有能展现出前沿级训练水平的。真正决定 AI 治理走向的，不是技术本身，而是各国如何在竞争与合作之间找到平衡。谁能在全球治理中兼顾技术优势与规则包容性，谁就会成为塑造未来 AI 秩序的关键力量。

（一）多边主义的价值：全球 AI 合作的潜在益处

在全球技术秩序剧烈重构的当下，AI 技术的指数级发展正引发前所未有的治理挑战。国际电信联盟 2024 年的数据显示，全球 92% 的生成式 AI 研发资源集中于北美和东亚地区，而撒哈拉以南非洲国家在自然语言处理领域的专利持有量占比不足 0.03%。这种技术权力的高度集中不仅加剧了数字鸿沟的固化，更催生出算法殖民主义的新型风险——**当技术标准制定权、数据解释权和伦理裁判权被少数技术强国垄断时，全球技术治理体系将陷入"中心-边缘"的结构性失衡**。具体表现为，中心的研发劳动负责概念与原理设计等高端工作，而外围的研发劳动则执行相对低端的操作。在此背景下，多边主义合作机制展现出独特的价值张力：它既是对抗技术单极化的制度武器，也是实现技术民主化的实践路径。

图 9-2 各语言模型的智能指数

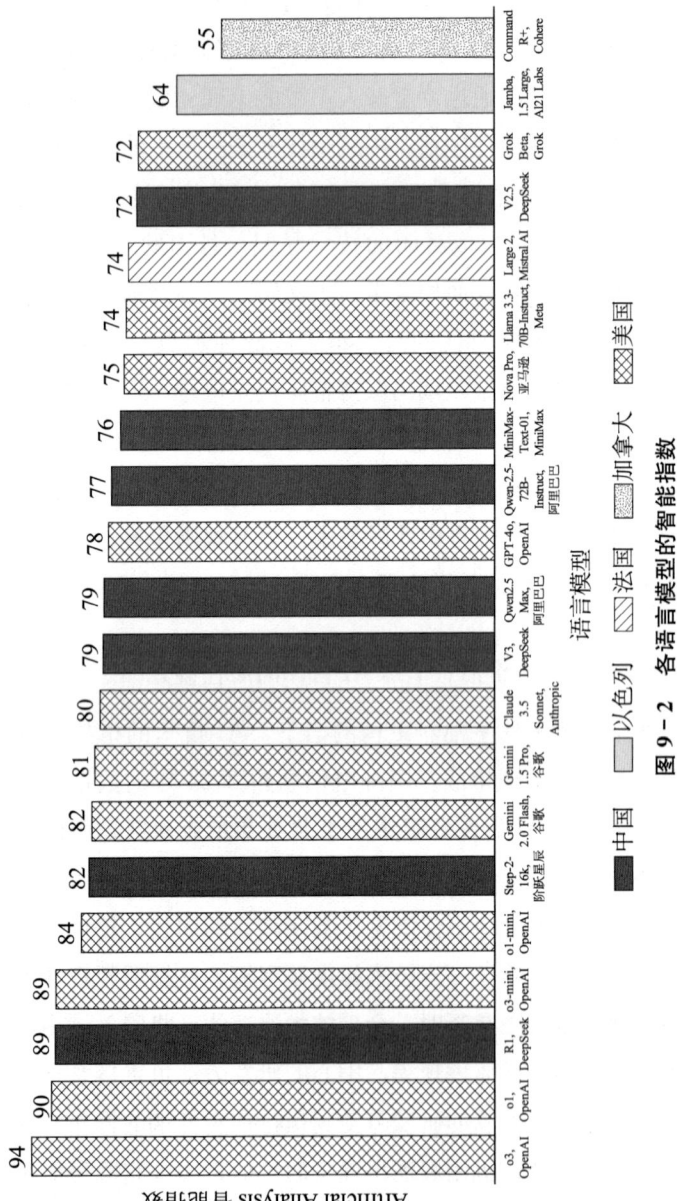

多边主义的真正价值不仅在于聚合资源，更在于构建起防止技术异化的"伦理防火墙"。 欧盟主导的"全球人工智能伙伴关系"倡议，汇集了 47 个国家的技术伦理委员会，其发布的《可信人工智能评估框架》已在医疗诊断、自动驾驶等关键领域建立起 12 项跨国伦理准则。这种协同效应在数据跨境流动领域尤为显著：2022 年全球数据流通总量中，遵循多边协议的合规数据占比达到 68%，较三年前提升 22 个百分点。这种跨文明对话产生的制度结晶，有效遏制了技术发展中的"逐底竞争"，为国际科技合作提供了新的范式和动力。

技术共享领域呈现的乘数效应，则揭示了多边主义更深层的进化逻辑。中国在联合国框架下推动的"AI 赋能可持续发展"对话机制，则成功促成发展中国家获得超过 15 亿美元的 AI 技术转移基金。**这种"技术普惠主义"的实践，本质上是将碎片化的技术能力转化为"创新生态系统"，使得技术转移超越了简单的工具移植，演变为知识生产方式的范式革新。** 经济合作与发展组织的测算显示，每 1 美元多边技术投资可撬动 3.2 美元的边缘创新，其效能远超单边援助模式的 0.7 倍杠杆率。

更具战略意义的是，这种共享机制正在重塑全球创新地理。 传统上，创新活动往往局限于特定的地理区域，如硅谷、中关村等科技中心。然而，随着技术共享的深化，创新的边界被打破，知识和技术的流动不再受地域限制。多边技术合作机制促进了全球范围内的知识共享和协同创新，使得创新资源得以在全球范围内优化配置。这种趋势不仅加速了新技术的研发和应用，还推动了新兴产业的崛起和发展，为全球经济的持续增长注入了新的活力。

**在治理规则层面，多边主义扮演着防止文明割裂的"制度减震器"角色。当美国商务部试图用出口管制构筑"数字柏林墙"时，正是联合国框架下的多边对话机制，在 2023 年日内瓦数字公约谈判中保住了技术互操作的底线。这种制度韧性源于其独特的分层治理设计：在基础算法透明度等核心领域建立刚性约束，而在商业应用层保留弹性空间，既避免了"一刀切"对创新的窒息，又防止了完全自由放任导致的系统脆弱性。

值得关注的是，多边框架正在催生新型治理主体。**全球 AI 安全研究联盟集结的 238 名科学家，既代表国家利益又超越地缘立场，他们在对抗性样本防御领域的突破性成果，通过知识共享协议形成"技术免疫池"**。这种介于政府与市场之间的第三方力量，可能孕育着数字时代治理范式的根本性变革。这种新型治理主体不仅促进了技术创新的协同发展，还增强了全球科技治理的公正性和有效性。

传统地缘政治中的"中心-边缘"体系，正在被多边主义催生的"去中心化节点网络"解构。这种转变产生的制度红利，在达沃斯论坛的模拟推演中显示，完全多边化的 AI 治理可使全球技术应用效率提升 37%，同时将系统性风险降低 54%。因此，多边主义不仅是应对全球化退潮中 AI 国际合作挑战的重要途径，也是推动全球 AI 治理体系向着更加公正、合理和有效方向发展的关键力量。

(二) 单边主义的趋势：排他性政策限制多边合作的空间

然而，现实政治的引力始终在拉扯理想主义的翅膀。美国商务部工业与安全局的数据显示，2023 年新增实体清单中的中国科技企业数量同比激增 42%，而中国《关键信息基础设施安全保护条例》则要求核心数据存储服务器国产化率在 2025 年前达到 75%。

这种双向的技术脱钩运动，正在解构二战以来建立的全球创新生态系统——当技术标准成为意识形态的延伸，当专利池沦为战略威慑的武器，多边主义的技术治理框架正遭遇前所未有的生存危机。

美国的出口管制体系已演变为精密的地缘政治工具。自 2022 年 10 月起对英伟达 A100 芯片的限售令，表面上遵循"小院高墙"原则，实则构建起动态扩展的技术包围网。表 9-1 对比了当前主流 AI 芯片的总处理性能与性能密度，展示了不同芯片在算力规模与集成效率上的差异。英伟达的 H20 和 B200 在总算力上领先，MI300X 体现了 AMD 在高性能集成方面的实力，而 H100 则凭借最高的性能密度展现出架构优化优势。美国出口管制措施限制了基于总处理性能和性能密度阈值的英伟达高端加速器的出口；H20 和 L20 型号未达到这些阈值，因此可自由出口。这种管制的特殊性在于其"长臂管辖"与"次级制裁"的双重威慑，不仅迫使荷兰阿斯麦公司停止向中芯国际交付极紫外光刻机，更导致韩国半导体企业因使用美国技术超过 25% 而被迫终止与中国客户的合作。

表 9-1 主流 AI 芯片算力与性能密度对比表

名称	公司	总处理性能（TOPS）	性能密度
L40	英伟达	362	0.6
A100	英伟达	624	0.76
L4	英伟达	242.5	0.82
L40S	英伟达	733	1.2
MI300X	AMD	2 614.9	2.2
B200	英伟达	4 500	2.8
H20	英伟达	4 800	2.9

续表

名称	公司	总处理性能（TOPS）	性能密度
L20	英伟达	239	3.13
H100	英伟达	3 958	4.86
B100	英伟达	未公开	未公开
A800	英伟达	1 247.4	未公开
H200	英伟达	3 958	未公开

更深远的影响在于**创新生态的割裂**。当英伟达为中国市场定制 A800 芯片时，其算力阉割不仅涉及硬件参数调整，更迫使全球 AI 研发社区分裂为两个互不兼容的软件开发生态。在这种"技术铁幕"的阴影下，就连欧洲核子研究中心（CERN）的粒子对撞实验都开始筹备两套数据分析系统，以防某天突发性技术断供。

中国的技术自立战略则呈现出独特的制度韧性。国家集成电路产业投资基金三期募资规模达 3 000 亿元，**其投资策略从追赶式创新转向非对称突破**：在量子计算领域跳过传统硅基路线，直接布局光子芯片；在操作系统生态建设中，通过行政指令要求关键行业单位国产系统装机量每年递增 30%。这种举国体制的创新模式虽在 5G 基站部署等特定领域取得突破，却也带来了意外的国际效应。当华为鸿蒙系统与谷歌安卓系统的 API 接口差异超过 17% 时，全球移动应用开发者被迫将研发预算的 23% 用于系统适配，直接推高了数字经济的全球化成本。

更为严峻的是，**这种创新模式可能引发连锁反应，导致全球技术标准的碎片化**。一旦各国开始基于自身技术体系构建封闭的技术生态，国家间的技术交流与融合将受到严重阻碍。这不仅会削弱全球创新体系的活力，还可能加剧技术鸿沟，使得发展中国家在技术进步的浪潮中进一步被边缘化。

而**多边合作机制的窒息不仅源于大国的战略博弈，更根植于技术权力的本体论转变**。当生成式 AI 将技术优势转化为文化解释权，当量子计算突破可能重构现代密码学体系，技术领先国家越来越倾向于将知识优势转化为制度性权力。它们开始制定符合自身利益的技术标准和规范，以此作为构建技术壁垒、维护国家安全的手段。这种趋势不仅加剧了国家间的技术分裂，还使得多边合作机制在寻求共识和协调立场时面临更大的困难。技术领先国家利用自身在技术领域的优势地位，推动形成排他性的技术联盟，进一步限制了多边合作的空间，甚至威胁着全球技术创新和经济发展的前景。

(三) 可能的平衡路径：推动局部合作与竞争并存

在中美两国看似对立的局势背后，实际上存在着更为错综复杂的互动逻辑。美国国家人工智能安全委员会在 2023 年的战略文件中提出的**"合作性竞争"**概念，为我们提供了深刻的洞见：即便在量子计算等前沿科技领域维持技术壁垒，美国也仍积极与欧盟在 AI 医疗伦理标准的制定上进行对接。这种策略表明，美国在确保国家安全和技术领导地位的同时，也展现出在某些非关键领域与盟友合作的意愿，旨在推动全球技术标准的统一性和互操作性。

中国的实践同样展示了类似的**"分层治理"**智慧。在自动驾驶领域严格执行数据本地化存储政策，确保国家安全和个人隐私得到保护，在气候变化预测模型开发中开放了 12 类气象数据和产品，促进了国际科技合作和技术进步。这表明中国愿意在不影响核心利益的前提下积极参与全球人权治理，并通过开放共享来提升自身的国际形象和影响力。

表9-2展示了中国主要科技巨头在AI领域的竞争格局，特别是在语言大模型和多模态模型方面的布局。表中列出了阿里巴巴、百度、字节跳动、华为和腾讯五大企业的AI战略、代表性模型、应用能力（如文本转语音、语音转文本、图像生成、视频生成、3D生成等）及企业估值。其中，字节跳动的豆包大模型1.5 Pro以80的"智能"评分领先，阿里巴巴和百度也分别推出了Qwen和ERNIE系列模型，涵盖语音、图像等多模态能力。

麻省理工学院数字经济研究中心的数据揭示了一个重要趋势：2023年全球AI治理协议中有73%属于特定领域的多边框架，仅有9%为全面性条约。这表明当前的治理模式倾向于**在具体问题上达成局部共识，而不是追求广泛的统一标准**。这样的**"碎片化整合"**或许正是过渡期的一种现实选择，它允许各国根据自身需求和发展阶段灵活调整政策，同时也在逐步建立更加紧密的国际合作网络。

技术哲学中的**"科林格里奇困境"**在此背景下尤为突出。当技术处于早期发展阶段时，很难准确预见其长远的社会影响；而当负面影响显现出来时，技术往往已经深入社会结构，难以逆转或控制。因此，如何在促进技术创新的同时有效管理潜在风险，成为全球AI治理的核心挑战之一。美国智库新安全中心的模拟推演显示，如果维持当前的技术脱钩速度，到2030年全球经济效率可能会遭受约2.8万亿美元的损失。然而，完全理想化的全球治理体系同样面临重重困难，尤其是在涉及文化差异和价值观念冲突的情况下，如联合国AI伦理特别会议关于致命性自主武器系统的讨论就因各方立场分歧而陷入僵局。

第九章 合作对抗：全球化退潮下的 AI 国际互动　259

表 9-2　中国大型科技企业积极投身 AI 竞赛

	阿里巴巴	百度	字节跳动	华为	腾讯	其他有潜力的企业
描述	大型电子商务企业，和超大规模企业，蚂蚁集团最大股东	中国最大的搜索引擎提供商，也是"文心一言"（这是一个 AI 聊天机器人，据报道拥有 3 亿用户）的运营商	抖音/TikTok 和今日头条的母公司，今日头条是中国领先的新闻应用程序之一	全球电信领导者和全球最大的智能手机制造商之一	拳头游戏（Riot Games）和微信母公司，微信是中国的"多合一"超级应用程序	昆仑科技　总部位于北京的互联网集团，拥有超过 3 亿月活跃用户，Opera 浏览器的所有者，推出 Sky-Work 系列模型和 AI 加速器。
AI 战略（高层）	· 发布开放权重模型 · 推出专有型号 · 提供阿里云服务推荐	· 积极将自有模型整合到搜索平台 · 自动驾驶 AI 领域的长期领导者	· 开发专有模型，并在消费者平台上进行整合	· 在华为云上开发专有的、特定领域的模型和产品	· 在腾讯云上发布开放权重模型并提供专有模型	360 安全　中国最大的互联网和移动安全产品供应商，以 360 AI 品牌推出了 Zhinao 系列型号。 科大讯飞　中国领先的语音 AI 公司，拥有超过 14 000 名员工，推出 Spark 系列型号。
模型	非推理	Qwen 2.5 智能：79	ERNIE 4.0 Turbo 智能：76	豆包大模型 1.5 Lite 智能：77	盘古大模型 5.0	混元大模型 智能：74	
	推理	QwQ 智能：78	—	豆包大模型 1.5 Pro 智能：80	—	—	美团　中国领先的购物平台，拥有超过 6 亿日活跃用户，联合创始人王慧文回归领导 AI 的开发，多个前沿 AI 实验室的投资者。
应用能力	文本语音	√	√	√	√	√	
	语音转文本	—	—	√	√	√	
	图像生成	√	√	√	√	√	小米　中国领先的消费电子品牌，推出了 MiLM 系列小型号，经营 AI 实验室，多个前沿 AI 实验室的投资者。
	视频生成	√	√	√	√	√	
	3D 生成	—	—	√	—	—	
估值（亿美元）		2 350	320	3 000	1 280	4 690	

为了应对这些复杂局面，经济合作与发展组织提出的**"韧性多边主义"**理念提供了一种新的思考路径。该理念主张在基础算法安全、数字人权保障等关键领域设立刚性规则，而在商业应用和技术路径选择等方面保留一定的灵活性。这种"钢筋混凝土式"的治理结构既能有效防范重大风险，又能激发创新活力，为各参与方留出足够的发展空间。此外，**全球 AI 安全研究联盟的成功案例进一步证明了"竞争前合作"的可能性和潜力。**全球 AI 安全研究联盟汇集了来自中国、美国和欧洲顶尖实验室的科学家，在对抗性样本防御等领域取得了显著进展，并通过知识共享协议实现了成果的广泛传播。这种合作模式不仅有助于加速科技进步，也为解决跨国技术难题提供了宝贵的经验借鉴。

站在文明演进的高度来看，AI 治理的本质在于寻找效率与安全、开放与自主、创新与伦理之间的动态平衡点。这要求决策者既要维护国家数字主权的独特性，又要积极融入全球治理体系，展现出一种既独立又互联的状态。在 AI 引领的新时代，没有任何一个国家能够独自编写全部的操作系统代码，也没有哪一个文明可以垄断进化的最终答案。人类比以往任何时候都更需要携手共进，共同书写这个充满无限可能的未来篇章。

三、中美博弈正在重塑 AI 治理话语权

谁掌控 AI 治理的规则，谁就掌控了未来数字时代的权力中枢。AI 不仅是技术竞争的前沿，更是全球治理博弈的新战场。AI 的发展速度远超法律与伦理框架的构建，而规则的制定权正成为国家间竞争的核心焦点。中美两国作为全球最具影响力的 AI 大国，正在围绕治理体系展开激烈角力，这场竞争的结果将决定数字时代的全球秩序如何演进。

美国试图以规则先行锁定其在全球 AI 治理中的主导地位。近年来，美国依托经济合作与发展组织、七国集团、GPAI 等平台，推动建立"负责任 AI"标准体系，强调算法透明性、数据安全和伦理审查，同时制定《AI 权利法案》试图构建全球技术治理范式。更重要的是，美国联合盟友建立"技术民主联盟"，在芯片、数据流动和 AI 安全领域形成排他性标准，以维护自身的技术霸权。这种规则先行的策略，使美国和欧洲在国际 AI 治理领域掌握更大话语权，并对新兴市场国家的 AI 发展路径施加影响。

中国则在推动更加多元化的治理体系，以对冲美国的技术规则霸权。 近年来，中国提出《全球人工智能治理倡议》，强调 AI 发展要兼顾技术创新与社会公平，推动建立包容性国际治理框架。同时，中国依托"数字丝绸之路"与金砖国家开展科技合作，帮助发展中国家建设 AI 基础设施、数据共享平台，试图打造更加开放的 AI 治理体系。此外，中国在联合国等多边机构中积极发声，推动各国在 AI 伦理、算法透明度、数据主权等议题上达成共识，力求让国际 AI 治理超越西方主导的模式。

这场话语权竞争不仅关乎技术规则，更涉及全球数字经济的权力结构。如果美国主导的技术联盟继续强化，全球 AI 治理可能形成封闭的规则体系，使新兴经济体被迫接受既定标准；而如果中国及更多国家推动多边化规则，AI 治理将朝着更具包容性的方向发展，为全球市场带来更多选择权。未来，真正主导 AI 治理的国家不仅要掌握核心技术，还要在全球秩序重塑中赢得规则制定的主动权。这不仅关乎竞争，更关乎谁将在智能时代定义全球标准。

（一）话语权的重要性：AI 治理规则的深远影响

AI 治理规则的制定不仅关乎技术本身的发展，更对技术扩散、市场准入和全球影响力产生深远影响。无论是标准体系的双轨化还是技术转让规则的博弈，都反映出当前国际社会在追求技术创新的同时，也在努力寻找平衡国家安全与国际合作的最佳路径。

市场准入规则的竞争正在塑造全球 AI 产业格局。美国通过**"标准-认证-市场"的链式控制**，构建起排他性技术联盟。这种策略使得美国在 AI 技术的市场准入方面占据了主导地位，限制了其他国家的技术进入。欧盟《人工智能法案》的第三方合规认证体系，将 36 项核心指标中的 28 项与美国标准对接，形成事实上的"跨大西洋标准共同体"。这种做法进一步巩固了欧美在 AI 技术标准上的统一，使得其他国家难以进入这一市场。

反观中国在"一带一路"数字合作中推进的**"互认衔接"模式**，通过东盟数字部长会议等机制，已在电子商务、智慧城市等领域建立 13 项区域性标准。这种模式强调多边合作与标准互认，旨在降低技术壁垒，促进技术扩散和市场准入。

然而，**这种"标准体系双轨化"趋势导致技术市场出现"数字柏林墙"**，全球 AI 企业面临日益严峻的合规成本压力。国际标准化组织的统计显示，同时满足中国、美国和欧洲技术标准所需的认证成本，已占中小企业研发投入的 19%，这种"规则通胀"现象正在抑制技术创新活力。

技术转让规则的博弈则触及两国竞争的核心神经。美国外国投资委员会（CFIUS）2023 年将 AI 基础技术列入**"特别关注清单"**，扩大审查范围至风险投资领域，实质上构建起"技术流动防火墙"。这种做法限制了技术的跨国流动，使得其他国家难以获取美国的先进技术。而中国在《全球数据安全倡议》中提出的**"技术非政治化"主张**，试图破解技术民族主义壁垒。这种角力在量子计算、脑机接口等前沿领域尤为激烈。斯坦福大学 2023 年研究报告显示，中美两国在这些领域的专利交叉许可率不足 7%，远低于半导体产业的 23%。**这种"技术脱钩"的深化，使得国际 AI 治理逐渐失去共同知识基础，陷入"规则碎片化"困境。**

在这场没有硝烟的规则战争中，发展中国家成为关键变量。中国通过"数字丝绸之路"建设，在东南亚、非洲等地推广"发展型治理"模式，将 AI 应用与基础设施建设深度绑定。印度尼西亚雅万高铁的智能调度系统、埃塞俄比亚的 AI 农业监测平台等示范项目，正在输出"技术-发展"相融合的治理经验。这种模式不仅促进了当地的发展，也提升了中国在 AI 领域的全球影响力。美国则通过"数字投资伙伴计划"，在印度、越南等新兴市场布局替代性技术生态。

这种"中间地带争夺战"使得全球 AI 治理呈现"区块化"特征。这不仅加剧了国家间的技术壁垒，还可能导致 AI 技术的滥用和误用，给全球安全和发展带来潜在风险。因此，如何在维护国家利益的同时推动全球 AI 治理的协调与合作，成为摆在国际社会面前的一项紧迫任务。

(二) 中美竞争的焦点：两国的主要分歧

AI 技术的全球化扩散正将国际治理体系推向规则重构的历史性时刻。在这个重塑数字文明秩序的进程中，中美两国围绕 AI 治理话语权的博弈呈现出**"双峰对峙"**的独特格局——两国在技术伦理、数据主权、治理框架等领域的角力，实质上是关于未来全球数字秩序主导权的战略性竞争。根据经济合作与发展组织的最新统计，全球 AI 治理相关国际提案中，中美两国贡献度合计达 68%。这种"规则供给双头垄断"的态势，深刻影响着技术扩散路径和市场准入标准。

在技术伦理层面，美国依托传统盟友体系构建的**"价值观联盟"**与中国倡导的**"发展权优先"**理念形成鲜明对照。美国商务部2023年发布的《可信 AI 全球框架》强调人权保护和算法透明，其本质是通过伦理标准前置来建立技术壁垒。例如在经济合作与发展组织 AI 原则修订过程中，美方推动的"算法可解释性"条款被89%的成员国采纳，但其技术实现标准完全参照美国国家标准与技术研究院的测试体系。这种**"伦理外衣包裹技术标准"**的策略，使得符合美国技术路线的企业天然具有合规优势。

反观中国发布的《人工智能伦理治理标准化指南》，则着重强调技术普惠和安全可控，主张在发展中国家基础设施建设中嵌入 AI 伦理框架。这种差异折射出两国战略诉求的本质分野：**美国试图通过"伦理制度化"巩固技术霸权，中国则致力于构建"伦理工具箱"以拓展发展空间。**

数据主权的争夺将中美竞争推向更深层次的制度博弈。美国政府2023年实施的《国际数据流动协议》要求缔约方取消数据本地化存储限制，此举表面是促进跨境数据流动，实则通过**"数据自由流动"**打破他国数据主权边界。欧盟智库 Bruegel 的研究显示，该协议涵盖的云服务供应商中，美国企业市场占有率高达72%。与之形成对比的是，中国在《区域全面经济伙伴关系协定》（RCEP）框架内推动的**"分类分级数据流动机制"**，通过建立数据安全评估、重要数据识别等制度，构建起"主权篱笆内的数据市场"。

这种**"制度性对冲"**在技术标准领域尤为明显。根据中国信息通信研究院的统计，在国际标准化组织/国际电工委员会第一联合技术委员会人工智能分技术委员会的会议中，中美两国提案通过率分别为34%和41%，但在涉及数据接口标准的提案中，中国提案通过率骤降至12%，反映出核心领域的技术话语权差距。

治理框架的竞争则呈现出"**体系对抗**"的特征。**美国主导的"俱乐部式治理"**通过七国集团 AI 联盟等小多边机制,构建排他性技术生态。这种"技术北约"模式在半导体供应链领域表现明显。美国商务部 2023 年对华 AI 芯片禁令扩展至制造设备领域,形成从设计软件到晶圆厂的全链条封锁。

而**中国推进的"联合国中心主义"治理路径**,通过国际电信联盟 AI 焦点组等平台,推动形成更具包容性的技术转移机制。世界知识产权组织数据显示,2022 年中国 AI 专利国际合作申请量同比增加 27%,其中面向发展中国家的联合申请占比达 43%,这种"技术外交"正在重塑南南合作的技术生态。

中美两国在技术伦理、数据主权以及治理框架上的主要分歧,不仅是关于各自国家利益和技术领先地位的争斗,更是对未来全球数字秩序主导权的战略性竞争。随着 AI 技术的快速发展及其对社会影响的日益加深,如何平衡技术创新与伦理责任,确保数据安全与主权,以及构建公平合理的治理框架,成为亟待解决的关键问题。中美双方都需要展现出更大的灵活性和合作意愿,才能在全球 AI 治理这一复杂议题上找到共同前进的道路。

(三) 可能的合作与对抗:在寻求话语权的同时探索合作的契机

在国际治理体系深刻变革的背景下,中美两国围绕 AI 治理的话语权博弈呈现出复杂的辩证特征。这种既竞争又合作的动态关系,根植于技术权力转移带来的结构性矛盾,同时也受到全球公共产品供给需求的现实牵引。当两国在数字主权、技术标准等核心领域展开激烈角逐时,技术治理的公共产品属性却在特定维度创造出超越零和博弈的合作契机,形成了国际关系史上罕见的"对抗性共存"现象。

技术治理的公共地缘属性为合作提供了物质基础。AI 技术的跨国流动性与安全风险的不可分割性，使得任何单一国家都难以独立应对深度伪造、自主武器系统等全球性挑战。**2023 年联合国《致命性自主武器系统》谈判进程中，中美两国在"人类最终控制"原则上的共识形成，揭示了技术治理场域中"选择性合作"的实践逻辑**。这种合作模式既区别于传统安全领域的绝对对抗，又不同于经济领域的全面协作，表现为在特定技术轨道和治理议题上的有限度协同。其运作机理类似于量子物理中的"量子纠缠"——在宏观战略竞争框架下，微观层面的技术治理需求催生出非对称性合作形态。

但制度性互信赤字严重制约着合作深度。美国战略与国际问题研究中心（CSIS）与中国科技部的平行研究数据显示，双方技术官僚群体存在镜像式安全焦虑：72％的美国技术官员担忧技术扩散风险，58％的中国专家警惕技术依附可能。这种认知鸿沟导致合作机制往往停留在宣言层面，难以转化为具有约束力的制度安排。其深层症结在于数字时代技术权力结构的重构焦虑——美国担忧丧失技术霸权地位，中国警惕陷入"中心-边缘"体系困境。这种结构性矛盾使得双方在 AI 治理规则制定中采取差异化策略：美国依托技术优势推进"标准先行"的规则战略，中国凭借场景优势实施"实践出规则"的渐进路径，形成规则建构的双轨竞赛格局。

这种竞争本质上是对**数字文明主导权的争夺**。算法权力正在重塑国际关系的物质基础与互动方式，中美两国在 AI 治理规则上的角力，既是技术标准之争，更是数字时代生产关系的建构之争。美国试图通过"民主技术联盟"将价值观嵌入技术标准，中国则强调发展权与技术主权的不可分割性。这种分歧折射出两种现代化范式的深层次冲突：**以个体权利为核心的西方技术伦理观，与强调集体**

安全的东方治理哲学之间的范式竞争。 值得关注的是，量子计算、神经科学等颠覆性技术的加速突破，正在创造治理领域新的"真空地带"，这些技术边疆的规则空白可能成为未来合作的新试验场。

在"数字铁幕"若隐若现的当下，构建包容性治理框架需要超越传统地缘政治思维。历史经验表明，技术扩散与技术控制始终存在辩证关系——完全的技术封锁会削弱创新活力，而无序扩散则危及战略安全。可能的突破路径在于建立**"竞争性合作"**机制，即在保持核心领域战略自主的同时，针对特定全球性挑战建立模块化合作框架。例如，在生物识别技术伦理规范、跨境数据流动安全协议等领域，通过建立"技术隔离墙"内的合作飞地，逐步积累制度性互信。这种渐进式路径既承认战略竞争的现实性，又保持治理合作的开放性，或将为人类文明应对数字时代共同挑战提供新的制度想象。

第十章
未知棋局：技术战略与未来权力博弈

全球科技竞争已经进入深度博弈阶段，AI、半导体、生物计算等前沿领域正成为国家实力较量的核心战场。在这场竞赛中，主动出击还是稳健应对，不仅关乎技术突破的速度，也决定了未来全球格局的演变。中美两国作为关键玩家，围绕技术主导权展开了一场高强度的较量，而如何在攻守之间找到最佳平衡点，已成为各国政府和科技企业必须深思的问题。

美国依靠先发优势，实施"技术封锁＋规则塑造"双轨战略，以巩固其在全球科技领域的主导地位。 从《芯片与科学法案》到严格的出口管制，美国试图在高端芯片、先进制造、超级计算等领域筑起壁垒，以限制竞争对手的技术突破。同时，美国正在推动以七国集团、经济合作与发展组织、世界贸易组织等机构为核心的多边规则制定体系，希望在 AI 伦理、数据安全、算法透明度等关键议题上确立主导权。这一策略确保了美国在技术话语权上的领先地位，但也带来了全球供应链碎片化的风险，使科技竞争从开放协作逐步演变为封闭对抗。

面对封锁压力，中国不断加速关键技术的本土化进程。 近年来，中国加强对半导体产业链的投入，推动国产 AI 芯片和智能算力基础设施建设，以降低对外部技术的依赖。此外，中国正通过"数字丝绸之路"，与新兴市场国家深化合作，在智能计算、数字基础设施和科技标准制定方面寻找新的突破口。这不仅是对封锁的应对，更是在全球技术生态中构建新的增长极，使更多国家能够在科技竞争中获得发言权。然而，中国仍面临高端芯片、EDA 软件等关键领域的技术瓶颈，短期内如何在科技自立和国际协作之间取得平衡，仍是重大挑战。

这场技术博弈不仅是短期内的攻守较量，更关乎未来全球科技秩序的塑造。美国虽在前沿技术上保持优势，但过度依赖封锁手段可能影响本国企业的全球市场布局，并激发更多国家寻求技术自主化。中国则在供应链韧性上取得进展，但仍需面对核心技术受制于人的现实压力。未来，真正的胜负手，不仅在于谁能率先突破技术瓶颈，更在于谁能在开放与安全、规则制定与市场竞争、自主发展与全球协作之间找到更具韧性的平衡点。这场棋局仍在演进，主动出击还是稳健应对，最终的赢家或许并非单一的科技霸主，而是能够在全球化浪潮和技术安全需求之间灵活调整战略的国家。这场博弈的终点，不仅关乎技术优势的争夺，更将决定未来全球科技体系的格局与方向。

一、中国的"创新前沿跃升"与"卡脖子"技术攻关路线

破解"卡脖子"难题，不仅是中国的技术生存之道，更是通往科技强国的必经之路。在全球科技竞争进入深水区的当下，中国的角色正经历深刻变革。**从"世界工厂"向"创新策源地"迈进**的过程中，关键技术领域的"卡脖子"问题成为必须跨越的鸿沟。

美国对华为实施的芯片禁运，不仅导致其手机业务市场份额一度骤降 42%，更暴露出中国半导体产业链在光刻机、EDA 软件等关键环节上的短板。这场技术封锁凸显了中国在全球科技产业链中的结构性困境——尽管在 5G、AI、新能源等领域实现了创新跃升，但核心技术的依赖性仍然制约着整体产业的自主可控性。当高端芯片、精密制造设备、基础科研工具的"命门"掌握在他国手中，产业升级不仅受限，国家经济安全也面临系统性风险。

面对这一挑战，中国正在实施"自研突破＋体系重塑"的双轨策略。一方面，在基础科研和硬科技领域加大投入，通过"科技创新 2030"重大专项、国家重点实验室体系优化等措施，布局 AI、量子计算、6G 等前沿科技，确保未来产业的领先优势。另一方面，在半导体、高端制造、新材料等"卡脖子"领域推动全产业链攻关，以减少外部依赖。例如，在芯片领域，中芯国际、华为正加速推进国产先进制程工艺，光刻机、EDA 软件等核心技术也在逐步实现自主化突破。

然而，突破"卡脖子"技术并不仅仅是短期攻坚战，而是一个长期的体系重塑过程。中国要真正摆脱技术依赖，不仅需要打造完整的供应链自主能力，更要推动基础研究、产业生态和全球科技合作的深度融合。过去的优势在于规模经济，而未来的竞争力将在于自主创新。科技强国的道路，不只是规避封锁，更要在全球创新体系中确立竞争力，让世界离不开中国，而非中国被迫脱钩。这不仅是应对外部挑战的必要路径，更决定了中国在未来全球科技版图中的战略地位。

（一）技术自主的背景与需求

在全球科技创新格局加速重构的数字化时代，中国科技产业正面临着前所未有的结构性矛盾。作为世界第二大经济体与最大工业制造国，中国在5G、AI、量子计算等前沿领域已形成局部领先优势，但关键核心技术受制于人的现实困境，正成为制约国家创新体系效能提升的根本性障碍。以美国对华为实施芯片禁运为典型的技术封锁事件，不仅揭示了全球科技竞争的本质逻辑，更暴露出中国科技创新体系在基础研究、产业协同、生态构建等领域深层次的结构性矛盾。

美国商务部对华为实施的芯片禁令，本质上是全球技术霸权对后发国家创新能力的系统性压制。该禁令通过限制使用美国技术的半导体企业为华为代工芯片，切断了华为寻求与非美国企业供应商合作的道路，进一步封锁了华为获得芯片的可能性。自家设计的不给造，别人生产的不给买，直接把华为逼入了"无芯可用"的困境。

这一限制的深层冲击在于颠覆了全球科技产业链的既有分工逻辑。荷兰阿斯麦公司极紫外光刻机的技术封锁、美国新思科技等企业EDA设计软件的出口管制、日本信越化学光刻胶的供应限制，这三个关键环节共同构成了半导体产业链的"三重门禁"。这种精准的技术遏制策略，反映出当代科技竞争已从单一产品竞争演变为创新生态体系的对抗，技术标准、专利体系、产业联盟等非实体要素正成为新的战略控制点。

中国在半导体领域遭遇的"卡脖子"困境，本质上是后发国家在技术追赶过程中必经的"创新陷阱"。在全球化红利期形成的"市场换技术"发展模式，使中国科技企业在操作系统、高端芯片、工业软件等领域形成了路径依赖。以集成电路产业为例，虽然中国拥有全球最大的芯片消费市场，但在14纳米以下先进制程的制造环节完全依赖进口设备，半导体材料国产化率不足15%。此外，中国半导体行业协会发布的数据显示，2023年中国EDA软件市场规模约为120亿元，仅占全球EDA软件市场规模的10%。

这种结构性缺陷导致中国在全球半导体价值链中的位置长期被锁定在组装测试等低附加值环节，难以突破"微笑曲线"底部的利润陷阱。更严峻的是，数字经济时代技术系统的网络效应显著增强了技术垄断的持续性，当某国在基础架构层形成技术标准优势后，后来者需要付出指数级增长的创新成本才能实现生态替代。

与此同时，技术封锁引发的系统性风险已超越传统产业安全范畴，正在重塑国家创新战略的逻辑基点。华为事件引发的连锁反应表明，关键技术断供不仅造成直接经济损失，更重要的是破坏了创新要素的循环机制，导致创新生态的局部断裂，增加了国家创新体系的脆弱性。面对这一严峻挑战，中国必须从战略高度重新审视技术自主的重要性，通过构建自主可控的创新链和产业链，从根本上摆脱对外部技术的过度依赖。唯有实现从技术应用到原理的认知跃迁，才能在全球科技治理体系重构中掌握战略主动权。

(二)"创新前沿跃升"路径

在这场关乎国运的科技竞争中，技术自主已不仅是产业升级的必然选择，更是维护国家发展权的战略必需。全球创新格局的深刻调整正在催生新的技术秩序，中国面临的"卡脖子"挑战，实质上是后发国家突破既有技术霸权体系的必经考验。**破解这一困局的关键，在于准确识别并系统弥补创新链中的结构性缺陷，在开放合作与自主可控的动态平衡中构建具有韧性的创新生态系统。**这既需要企业在市场竞争中锤炼核心技术能力，更依赖国家创新体系在基础研究、人才培养、制度创新等根本性领域的持续变革。

技术突破的关键在于构建"基础研究—技术开发—产业应用"

的创新闭环。通过国家战略科技力量的组织协同，在新型举国体制框架下实现创新要素的优化配置。为此，"十四五"规划明确提出要聚焦量子信息、光子与微纳电子、网络通信、AI、生物医药、现代能源系统等重大创新领域组建一批国家实验室，并对国家重点实验室进行重组，以期形成结构合理且运行高效的实验室体系。此外，还提出要加强关键数字技术创新应用，重点攻克高端芯片、操作系统、AI 关键算法、传感器等领域内的核心技术难题，推动基础理论、基础算法和装备材料的研发突破与迭代应用。为了支撑这些目标，中国政府承诺在未来几年内保持研发经费每年至少 7% 的增长率，确保高强度的资金支持能够转化为实质性的科技成果。

政策引导下的创新要素重组，推动中国实现了从"跟跑"到"并跑"的跨越式转变。世界知识产权组织（WIPO）2024 年的报告指出，中国所拥有的生成式 AI 相关专利数量位居全球第一，达到了 38 210 件，占据了全球约 70% 的比例，是排名第二的美国的 6 倍。此外，政府引导基金撬动社会资本形成万亿级投资规模，2024 年 178 个国家高新区贡献了全国 20% 以上的工业增加值，成为培育新兴产业、推动高质量发展的核心载体。

与此同时，高强度投入正在改变技术创新的底层逻辑。**传统产业技术追赶可通过逆向工程、工艺改进等路径实现，但在 AI、量子计算等新兴领域，底层理论突破与基础架构创新已成为竞争焦点。**当技术发展进入无人区后，模仿创新的边际效益急剧递减，这要求国家创新体系必须完成从"追赶型"向"引领型"的范式转变。中国在 5G 标准制定中的主导地位，以及北斗导航系统的全球组网成功，证明在特定领域实现技术突围具有现实可能性。

总而言之，中国必须坚持走自主创新的道路，不断提升自主创新能力。一方面，要着力推动有效市场和有为政府更好结合，加强资源优化配置，统筹更多市场投资主体、协调更多要素资源、汇聚更多专业力量。另一方面，要推动技术的孵化成熟和市场需求的不断扩大，打造**"资源统筹—协同联动—政策优化—市场扩张"**的产业发展新生态。

这不仅是应对国内外经济环境变化的必然选择，也是提升产业链供应链安全稳定水平、增强国家综合国力和国际竞争力的根本途径。通过建立健全有利于激发全社会创新活力的体制机制，进一步优化创新生态环境，可以为中国乃至全球未来的科技进步与发展注入强劲动力。

（三）挑战与前景

技术自主化进程在全球格局加速演变的背景下呈现出复杂多维的发展态势。作为后发国家突破技术封锁的战略选择，中国在集成电路、新能源等关键领域的实践揭示了一个基本规律：技术突破的边际成本随着创新投入的持续增加呈现先升后降的抛物线特征。中芯国际建设 28 纳米芯片生产线投入的 500 亿元资金和延长 30％ 的研发周期，**表面看是技术追赶必须支付的"创新溢价"，实则反映出产业基础能力与创新需求之间的深层张力。**

这种张力在人才供给端表现得尤为显著。集成电路领域 30 万的人才缺口与 40％ 的薪酬溢价，**本质上折射出教育体系与产业需求的结构性错配。**但值得关注的是，当研发投入积累突破临界值后，技术演进往往呈现非线性加速特征。中国技术自主率从 2018 年的 31％ 到 2022 年的 45％ 的跃升轨迹，印证了创新投入的累积效应。光伏产业的演进更具典型意义，十年间多晶硅生产成本下降 90％ 与转换效率提升 5 个百分点的双重突破，推动出口额实现 400％ 增长，这种量变到质变的转换机制为技术追赶提供了可复制的范式。

与此同时，**全球技术权力格局的重构正在创造新的战略机遇窗口**。RCEP框架下区域创新链的整合，使得技术标准输出成为可能。中国在5G国际标准中39％的主导权和电动汽车充电接口标准的国际化，标志着技术话语权开始从单向输入向双向互动转变。这种转变在"数字丝绸之路"建设中演化为**"技术＋标准＋模式"**的系统输出能力，形成不同于传统技术转移的新范式。

但**技术民族主义的回潮带来了新的挑战**。美国和欧洲构建的"价值观联盟"式技术壁垒，本质上是对技术扩散路径的重新规制。应对这种挑战需要更高水平的开放创新，特斯拉上海超级工厂95％的本地化率证明，深度融入全球价值链不仅能加速技术迭代，更能形成"创新要素双向流动"的新格局。这种动态平衡的建立，既需要保持战略定力持续推进自主创新，又要在全球创新网络中构建新型竞合关系，其核心在于突破零和博弈的思维定式，在技术主权与开放合作之间找到最大公约数。

技术创新的文明维度在当代呈现出新的时代内涵。从造纸术到AI，技术突破始终是文明演进的重要标识。当前正在发生的创新前沿跃升，其深层意义已超越单纯的技术参数竞争。要素驱动向生态驱动的转型重塑了创新要素配置方式，应用创新向原始创新的跃迁改变了价值创造路径，市场换技术向技术创市场的演进重构了全球分工格局。

这种变革在数字文明时代具有特殊意义。当技术标准开始承载文明特质，当创新体系反映治理智慧，技术自主化就升华为文明形态演进的重要载体。中国光伏产业的逆势崛起证明，后发国家完全可以通过创新生态重构实现弯道超车。这种超越不仅是技术能力的提升，更是创新治理体系的升级，它包含知识产权保护机制的完善、科技金融体系的创新、产学研协同机制的优化等多重制度创新。

在这个意义上，当前的技术革命正在书写新的文明叙事——通过构建更具包容性的创新生态，人类有望突破技术霸权的历史循环，在数字文明时代开创多元共生的新格局。

二、美国的遏制战略与技术包围圈

为遏制中国科技崛起，美国正在用技术围堵构筑一道"**数字铁幕**"。在全球科技竞争加剧的背景下，美国已将遏制中国科技崛起作为其战略核心，并从单点打压升级为系统性封锁。其手段不仅限于限制技术出口，更在供应链、标准制定、人才流动等方面构建技术包围圈，以削弱中国在关键科技领域的自主发展能力。

半导体是这场封锁战的核心。美国通过《芯片与科学法案》向本土半导体制造业提供 520 亿美元补贴，同时联合荷兰、日本限制中国获取先进光刻机，并进一步收紧对 AI 芯片的出口管制，阻断中国获取高端计算能力的渠道。此外，美国还推动建立"芯片四方联盟"，与日本、韩国和中国台湾深化合作，以重塑全球半导体供应链，使中国在核心环节被动受限。

在 AI 领域，美国对华技术封锁也在持续升级。拜登政府已对英伟达、AMD 等企业的高性能 AI 芯片出口实施严格管控，防止中国在深度学习、超级计算等前沿技术领域取得突破。同时，美国正联合欧盟、日本等国家和地区，在经济合作与发展组织、GPAI 等国际组织推动"负责任 AI"规则，以西方主导的伦理框架限制中国 AI 技术在全球市场的影响力。

更深层次的围堵体现在人才和数据流动方面。美国强化对华科技人才签证的限制，收紧与中国科研机构的合作，试图切断中国科技体系与全球顶尖研究资源的联系。同时，围绕数据安全与供应链合规，美国正在推动以"可信数据流通"为核心的全球数字经济框架，试图将中国排除在关键技术生态之外。技术围堵并不意味着完全封锁。中国正在加速推进半导体、AI、量子计算等关键领域的自主突破，并通过"数字丝绸之路"加强与全球南方国家的科技合作，构建新的技术生态。未来，这场围绕核心科技主导权的博弈仍将持续，而全球技术秩序也将在封闭与开放的拉扯中发生深刻变化。

（一）遏制战略的核心逻辑：技术封锁与供应链重构

在全球地缘政治格局深度调整的背景下，技术权力的争夺逐渐成为大国博弈的新焦点。美国对华技术遏制战略的演进，本质上反映了国际权力转移过程中守成国对崛起国的系统性压制。这种遏制策略并非简单的产业竞争，而是通过构建非对称技术壁垒，将国家安全逻辑嵌入全球价值链重构进程，形成具有排他性的技术治理体系。**其核心机制表现为双重维度的策略互动：横向层面的技术流动管制与纵向层面的供应链体系重塑，两者共同构成压制后发国家技术跃迁的结构性框架。**

技术封锁的实施建立在对创新要素流动的精准控制之上。美国商务部实体清单的持续扩容，从最初针对华为等头部企业的定点打击，逐步演变为覆盖量子计算、生物技术、清洁能源等前沿领域的系统性围堵。这种管制策略的升级路径呈现出明显的技术代际特征——在半导体领域重点遏制 14 纳米以下先进制程技术扩散，在 AI 领域限制云端训练芯片出口，在超级计算机领域封锁 E 级计算技术合作。分层递进的封锁体系，实质是通过控制技术扩散的"时间窗口"与"知识流量"，人为制造技术迭代的时间差。

供应链重构战略则通过制度性安排改变全球产业布局的底层逻

辑。美国《芯片与科学法案》的资金配置机制具有鲜明的战略指向性：390亿美元直接补贴重点投向5纳米以下先进制程研发，240亿美元税收优惠侧重吸引封装测试等配套环节回流。**这种政策设计将市场规律与政治目标深度嵌套，构建起"补贴—产能—市场"的闭环系统。** 这种"技术锚定"策略使全球芯片产业形成双重供应链结构：美国主导的3纳米/2纳米创新集群与中国维持的28纳米/14纳米制造体系，客观上造成了技术生态的分层隔离。

以上美国技术遏制的效果呈现出复杂的非线性特征。 尽管美国成功吸引了3 950亿美元半导体投资回流，但全球芯片产能的集中化加剧了供应链脆弱性。中国85%的先进芯片进口依存度虽凸显短期困境，却也反向激活了本土替代动能——长江存储的3D NAND闪存技术突破、中微半导体5纳米刻蚀机量产等进展，表明技术封锁在延缓进程的同时也改变了创新路径。

这种战略悖论的本质，在于将技术发展简化为线性追赶模型，忽视了后发国家在体制优势下的非线性创新潜力。 日本对光刻胶出口的限制虽短期内制约了中国企业的产能，却推动南大光电等企业加速完成ArF光刻胶国产化，"压力-响应"机制正在重构全球技术竞争的基本范式。

与此同时，**当前的技术遏制体系暴露出结构性的治理困境。** 美国对技术流动的过度管制进一步导致了全球研发效率损失，其半导体企业因出口限制损失的年度收入超过120亿美元。供应链的政治化重组则推高了全球产业成本，台积电在亚利桑那州建设工厂的费用较台湾地区高出四倍。

效率与安全的根本性矛盾，正在动摇技术遏制战略的可持续性。 更深层的挑战在于，数字技术的泛在性特征正在消解传统技术管制的有效性——开源架构的演进、分布式制造技术的成熟、量子计算的突破方向多元化，都在重塑技术权力转移的轨迹。任何单一国家都难以维持全面技术霸权，这种客观规律终将迫使技术遏制战略进行根本性调整。

(二) 技术包围圈的构建：联盟化与区域化

美国的技术围堵策略并非单纯的单边行动，而是通过构建多边联盟来形成区域性的技术壁垒。这种策略的核心在于通过强化产业链分工和技术合作，创建一个针对特定国家或地区的"技术北约"。在这一框架下，"芯片四方联盟"成为最具地缘政治色彩的布局之一。该联盟旨在在半导体产业中形成对竞争对手的封锁效应。

具体来看，"芯片四方联盟"的成员各自承担了不同的角色。中国台湾凭借其先进的制程代工能力，尤其是台积电的技术优势，成为制造环节的关键参与者；日本则以其在半导体设备和材料领域的垄断地位，确保了供应链中的高价值部分牢牢掌握在联盟内部；韩国作为存储器生产的领导者，进一步巩固了联盟在全球存储市场的主导权；而美国自身则掌控着设计软件与核心知识产权，这些是整个半导体价值链中不可或缺的部分。

例如，台积电在美国亚利桑那州设立的 3 纳米生产线明确服务于苹果、英伟达等美国企业的需求，这与中国本土的设计企业如华为海思等形成了明显的割裂。与此同时，日本政府推出了高达 670 亿美元的"半导体复兴计划"，并与美国合作开发 2 纳米工艺，同时在封装材料领域设置了严格的技术出口门槛。

但盟友之间态度的分化却揭示了技术围堵策略背后的复杂性。韩国作为重要的参与者，在面对"安全靠美国、经济靠中国"的双重压力时采取了所谓的"战略模糊"政策。三星虽然宣布投资 170 亿美元在美国建立新工厂，但其位于西安的 NAND 工厂仍然贡献着全球约 15% 的闪存产能。同样地，SK 海力士也将其 8 英寸晶圆厂迁至中国无锡，以此来规避可能的风险。即使是在紧密的技术联盟中，成员也可能基于自身的经济利益做出独立决策。

欧洲方面则表现出了有限的合作倾向。尽管欧盟通过了《芯片法案》，承诺投入 430 亿欧元以增强本地半导体生产能力，但阿斯麦公司依然继续向中国市场销售深紫外光刻机。此外，意法半导体与华为在车规级芯片领域的合作也并未中断，反映出欧洲在平衡安全与贸易利益时的微妙立场。欧洲企业深知，完全依附美国的技术体系可能会损害其在全球市场的竞争力，因此倾向于在保持与美国合作的同时，也维护与中国等新兴市场的经济联系。

这种利益分歧使得技术联盟的稳固性面临挑战。以台积电亚利桑那州工厂为例，其芯片制造成本较台湾本土高出 50%，5 纳米晶圆制造成本溢价达 30%，根源在于美国工程师时薪是台湾的 2.8 倍，且需额外支付联邦政府强制要求的供应链安全认证费用。台积电创始人张忠谋在 2023 年半导体峰会上直言："全球化已死，美国试图用政治补贴扭曲市场规律，但半导体产业需要的是自由贸易而非地缘对抗。"这暴露出技术联盟内部的市场竞争并未因政治结盟而消弭。

（三）反制路径：供应链自主与生态重构

在全球技术竞争日益激烈的背景下，中国面临着来自外部的技术围堵和内部产业升级的双重挑战。面对这一局面，中国政府和企业采取了一系列反制措施，聚焦**供应链自主化**与**全球合作网络重建**，以确保国家经济和技术的安全与发展。这些策略不仅涉及技术替代能力的提升，还包括政策支持、产业集群构建以及供应链布局调整等多方面内容。

在替代能力方面，中国的半导体产业取得了显著进展。例如，在成熟制程领域，28纳米工艺已实现了90%的国产化率，这标志着中国在中低端芯片制造上具备了较强的自主生产能力。此外，长江存储推出的232层3D NAND芯片，其良率已经追平国际领先厂商三星，展现了中国企业在高端存储技术上的突破。特别值得一提的是，华为海思通过创新性的芯片堆叠技术，成功开发出了等效7纳米性能的麒麟9010处理器，进一步证明了中国在先进制程受限情况下，依然能够通过设计优化实现高性能计算的需求。

从政策层面来看，"十四五"规划为中国半导体产业设定了明确的目标。通过国家集成电路产业投资基金三期注资3 000亿元，重点支持EDA工具、光刻机等关键环节的研发与产业化，这些政策措施旨在加速解决"卡脖子"问题，推动全产业链条的技术进步与市场应用。同时，地方产业集群的形成也为技术创新提供了强大动力。比如，重庆市通过实施《重庆市发展汽车软件与人工智能技术应用行动计划（2022—2025年）》，成功培育出涵盖碳化硅功率器件、自动驾驶芯片等领域的完整生态体系。

在供应链布局方面，"双循环"战略成为指导思想。对内，中国通过推行"链长制"，强化产业链上下游企业的垂直整合，促进资源共享和技术协同。典型案例如中芯国际与华为合作开发的14纳米工艺智能座舱芯片，不仅满足了国内市场对于高性能车载电子系统的需求，还为未来更先进的制程技术积累了经验。对外，则积极利用"一带一路"倡议拓展国际市场，建立多元化的供应渠道。长鑫存储与马来西亚的合作就是一个很好的例子，通过在国外设立封测基地，有效规避了美国可能施加的"长臂管辖"风险。

值得注意的是，在第三代半导体领域，中国企业展现出了明显的竞争优势。比亚迪半导体生产的车规级SiC模块，凭借较低的成本优势成功进入特斯拉供应链，标志着中国在新能源汽车核心部件上的重要突破。此类"替代＋超越"的双轨策略，正在逐步改变全球技术权力格局，使得中国能够在某些特定领域达到甚至超越国际水平。

中国坚持"自主创新＋开放合作"的发展路径，既注重内部技术研发实力的增强，又强调与其他国家和地区开展平等互利的合作交流。这种开放式创新模式有助于吸引更多合作伙伴共同参与技术研发及市场开拓活动，从而形成更加健康可持续的发展环境。

尽管面临严峻挑战，但凭借持续不断的努力与正确的战略选择，中国正逐步建立起一个更具韧性和竞争力的现代产业体系。未来，随着在更多前沿科技领域的深入探索，如量子计算、AI 算法等，相信中国将能够在新一轮科技革命中占据有利位置，并为世界科技进步贡献更多智慧与力量。在此过程中，如何平衡技术治理与供应链韧性之间的关系，将是决定成败的关键因素之一。只有坚持包容性发展理念，才能真正实现共赢共存的美好愿景。

三、从竞争到共生——是否可能存在"技术冷战"的缓和路径？

"技术冷战"并非不可逆，竞争中也蕴含着共生的可能性。在全球科技竞争加剧的背景下，美国正通过出口管制、供应链封锁和技术联盟等方式遏制中国的科技崛起，而中国则在自主创新与全球合作之间寻找突围空间。**这场"技术冷战"似乎正逐步深化，但全球产业链的深度交织与技术本身的开放性，决定了竞争与共生并非完全对立，而是长期博弈中的动态平衡。**

缓和路径的可能性首先体现在双方战略利益的现实交汇点上。尽管中美两国在高科技领域竞争激烈，但仍难以彻底脱钩。美国的科技企业依赖中国庞大的市场需求、制造能力以及供应链韧性，而中国的半导体产业在短期内仍无法完全摆脱对先进芯片制造设备和EDA软件的依赖。这种相互需求意味着，尽管技术封锁正在强化，但完全割裂不仅成本高昂，还可能损害自身产业的长期竞争力，因此留有谈判与调整的空间。

全球性挑战正在促使技术合作成为现实需求。 无论是在气候变化、网络安全领域，还是在生命科学和太空探索领域，都需要全球范围的协同努力。例如，AI的发展带来了隐私安全、算法歧视、伦理约束等跨国性问题，单凭某一国或某一阵营制定标准难以确保全球市场的公平性和可持续性。类似地，清洁能源技术的突破、太空资源开发等领域也需要国际合作，单边主义不仅难以实现技术最优解，而且反而可能拖累整体进步。在这些领域，即便竞争仍然存在，合作仍是不可避免的现实。值得注意的是，国际科技治理体系的重构可能成为缓和"技术冷战"的重要契机。当前，全球科技标准和数据治理体系仍主要由西方主导，但随着新兴市场国家的崛起，多边主义的需求正在上升。如果未来的科技治理能够摆脱冷战式的对抗思维，在公平性和包容性上取得更广泛的国际共识，那么中美两国之间的极端对立就可能被削弱，全球技术合作的可能性将重新浮现。

尽管目前科技竞争的紧张态势仍在持续，但绝对封锁既缺乏现实可行性，也违背全球科技发展的基本逻辑。未来，中美两国或许不会回到完全合作的模式，但在竞争中维持某种必要的技术协作，在对抗中保留供应链的互补性，仍可能成为现实选择。最终，"技术冷战"的走向，取决于各方如何在竞争与共生之间找到更可持续的平衡点。

（一）"技术冷战"的深远影响：效率下降与生态割裂

"技术冷战"的核心风险在于其对全球创新生态的系统性破坏。

美国对中国的高端 AI 芯片出口管制不仅切断了技术流动，还迫使全球产业链加速分割。例如，美国将全球市场划分为三个等级，中国被归为"第三等级"，几乎完全失去高端芯片供应。这种"小院高墙"策略的直接后果是技术研发成本的上升与创新效率的下降。**一方面**，中国被迫加速国产替代进程，寒武纪、飞腾等芯片企业的崛起虽然展示了自主创新的潜力，但短期内仍需面对技术代际差距和生态适配的挑战；**另一方面**，美国科技企业如英伟达和甲骨文亦因政策限制损失市场份额，其高管公开批评管制政策"过度扩张"，导致全球技术协作的信任基础被削弱。

更深层次的矛盾在于技术标准的碎片化。欧盟通过《数字服务法案》强化数字主权，中国推动构建自主可控的技术体系，而美国试图通过"盟友圈"巩固技术垄断，这种多极化的标准竞争进一步割裂了全球市场。例如，在云计算和 AI 领域，不同区域的技术生态逐渐形成"孤岛"，数据流通受阻，跨国研发项目难以落地。"技术冷战"的长期负面影响已引发学术界广泛担忧。经济学家斯蒂格利茨指出，技术封锁的边际效应递减规律终将显现，而全球化的技术流动趋势不可逆转；中国学者陈光则强调，若放任技术脱钩，将导致"关键核心技术受制于人"的局面长期化，甚至拖累全球应对气候变化等公共议题的进展。

（二）共生的可能性：战略利益的交汇点

尽管中美两国在 AI 和科技领域的竞争愈加激烈，但在一些关键领域，两国依然具有不可替代的合作潜力。这些合作不仅基于双方经济利益的互补，更是全球治理与人类共同发展的必要选择。中美两国的合作不仅可以促进技术进步，也为全球面临的重大挑战提供了解决方案。

气候技术便是其中最具代表性的例子。 作为全球最大的碳排放国，中美两国在应对气候变化和实现绿色转型方面具有重要的责任和潜力。中国在光伏、风电等可再生能源的产业链上具备显著的规模化优势，而美国在储能技术、电网智能化以及绿色技术创新方面则占据技术制高点。两国在这些领域的技术互补性，为双方在气候技术领域的合作提供了巨大的空间。尤其是在碳捕集、清洁能源以及绿色基础设施建设等方面，双方的合作能够加速全球绿色能源的转型。例如，中国在全球光伏产业的领先地位使其在大规模太阳能发电技术中取得了显著进展，而美国在储能系统和智能电网领域的优势则可以与中国的清洁能源生产形成有效的协同效应。通过合作，双方不仅可以共同推动绿色技术的突破，还能够实现对全球市场的引领作用，为全球应对气候变化做出贡献。

　　尤其值得注意的是，**2024 年中美两国在核聚变非军事化应用领域的合作取得了显著突破。** 核聚变作为未来清洁能源的理想选择，其技术难度极高，但中美两国科学家在这一领域的合作开辟了新路径。该技术的突破不仅能够推动能源生产领域的根本性革新，还可能为医用同位素的生产和农业技术创新提供全新的解决方案。核聚变作为无污染、无限制的能源形式，若能实现商业化，将大幅度降低全球能源依赖，同时带动全球范围内的绿色技术变革。因此，中美两国在核聚变领域的合作不仅能够促进科技进步，更是应对全球能源危机和气候变化的必要举措。

　　中美两国在医疗 AI 领域的合作，已成为全球公共卫生应对的关键力量。双方在科技创新和产业应用上的共同利益，促成了在癌症诊断、疾病预测等方面的显著进展。例如，2024 年中美两国合作开发的癌症诊断 AI 模型凭借 96% 的准确率，展示了两国在医学数据共享与算法优化方面的深度协同。美国在医学 AI 算法研究方面处于领先地位，而中国则凭借丰富的临床数据积累和大规模试验优势，为合作注入了强大动力。这种合作不仅为当前全球公共卫生危机提供了有力支持，也为应对未来可能出现的新型传染病和老龄化社会带来的健康挑战奠定了技术基础。医疗 AI 的进一步应用，将加速个性化医疗和精准治疗的发展，提升全球健康管理的效率与质量。同时，推动全球公共卫生体系的协同进化，提升整体医疗服务水平，为人类健康带来深远的积极影响。

尽管美国对 AI 芯片的出口限制增加了硬件获取的难度，但软件层面的合作依然具有强大的潜力。比如，开源框架如 TensorFlow 和 PyTorch，仍为中美两国在 AI 领域的合作提供了有效平台。此外，跨境临床试验和数据共享的框架，尤其是在新型流行病防控和疫苗研发领域，依然为双方保留了广泛的合作空间。以迈瑞医疗为例，其"重症大模型"整合了美国开源算法与中国临床数据，展现了在"技术脱钩"背景下的迂回合作模式。这种模式不仅使得技术创新得以持续推进，也为双方在医疗产业的商业化提供了支持。

在全球化背景下，中美两国在气候技术和医疗 AI 等领域的合作，不仅能够推动双方科技和产业的共同发展，更为全球治理提供了新的合作模式。这种合作不仅是科技领域的双赢，更是全球社会面临的重大挑战下的必然选择。通过深化合作，中美两国可以在推动科技进步的同时，共同应对气候变化、公共卫生等全球性问题，为世界的可持续发展做出积极贡献。

（三）缓和路径的探索：规则重构与动态平衡

"技术冷战"的缓和并非回归"接触政策"的怀旧叙事，而是需要构建基于现实利益的竞争与合作框架。国际规则的重塑是首要任务。当前，世界贸易组织的数字化贸易规则滞后于技术发展，而美国主导的"印太经济框架"和中国推动的"一带一路"数字经济合作倡议存在明显分歧。若能通过多边平台（如G20）协商数据跨境流动、知识产权共享和技术伦理标准，或可减少规则冲突。例如，欧盟《数字服务法案》虽强调区域主权，但其对算法透明度的要求与中国的数据安全法存在对话空间，双方在隐私保护与技术创新平衡点上的探索可为全球规则提供范本。

  双边对话机制的创新同样关键。中美两国可借鉴冷战期间美国和苏联在原子能和平利用上的合作经验，设立"敏感技术合作清单"，在量子计算、AI伦理等高风险领域建立互信机制。例如，双方可共同制定AI军事化应用的"红线"，避免技术竞赛滑向军事冲突。此外，通过"技术外交"拓展第三方市场合作，亦能稀释对抗性。2024年，中国与东南亚国家在智慧城市和数字基建领域的合作，部分采用了美国开源技术。这种"三角协作"模式既规避了直接技术转移风险，又维持了产业链的多元性。

  "技术冷战"的缓和路径本质上是全球化退潮中的"再平衡"过程。其核心并非消除竞争，而是通过规则与对话将竞争约束在可控范围内，同时放大共生效应的辐射面。当"技术冷战"的高墙遭遇气候危机、公共卫生和能源转型等全球性挑战时，合作的需求将自然浮现。中美两国若能在竞争与合作框架下找到利益公约数，或可开启一个技术多极化与协作常态化并存的新时代。这一路径虽充满不确定性，却是避免"零和博弈"悲剧的唯一选择。

结 语
未来的 AI 世界秩序

人类文明史上有一个跨越千年的经典寓言：在远古的美索不达米亚平原，掌握先进烧制技术的先民们试图建造一座前所未有的通天巨塔。他们使用统一的语言体系，建立起精密的分工协作——制砖匠人批量生产标准化的沥青砖块，工程师设计出阶梯式上升的塔楼结构，数万劳工通过旗语和鼓点协调运输节奏。这项工程不仅是对建筑技术的突破，更是人类首次尝试通过系统性协作突破物理界限。然而，当塔身即将触及云端时，建造者突然失去了共同的语言：指令系统崩溃，图纸符号失去意义，协作网络土崩瓦解。这座未完成的"巴别塔"（混乱之塔）成为技术文明的一个永恒隐喻：**当技术能力超越治理智慧时，系统性崩溃的风险将呈指数级放大。**

这个寓言并非一个简单的神话传说，而是对技术社会困境的高度抽象——古巴比伦遗址出土的埃特曼安吉神庙（现实中的"巴别塔"原型）考古证据显示，其建造确实因政治动荡与文化冲突而中断。现代研究进一步揭示：语言分化可能隐喻着资源分配失衡（贵族与劳工阶级的沟通断层）或技术标准不兼容（不同工坊的砖块规格差异）。**"巴别塔"的寓言直指文明演进的核心矛盾：技术突破既可能成**

为协作的催化剂,也可能因治理缺位而沦为分裂的加速器。而今,AI 时代正在重演这场千年寓言。当算力集群取代砖窑、算法指令替代旗语、数据流重构协作网络时,中美两国在芯片管制、数据主权、算法伦理领域的博弈,本质上仍是"巴别塔"困境的现代投射——我们拥有建造技术通天塔的能力,却尚未找到维系协作共识的基石。

一、AI 时代的人类命运共同体是否可能?

"**在 AI 时代,技术可能让世界更分裂,也可能让我们第一次真正成为一个共同体。**"这个看似矛盾的命题,实则贯穿了人类技术史的全部进程。从蒸汽机轰鸣着撕裂农耕社会的宁静,到互联网将世界压缩成地球村,从铁路轨道丈量出殖民体系的疆域,到区块链试图构建去中心化的信任网络——每次技术革命都在重塑人类社会的连接方式与分裂形态。19 世纪,当斯蒂芬森(Stephenson)的火车头喷着白烟驶向曼彻斯特时,既缔造了跨大西洋的贸易网络,也碾碎了非洲部落的原始经济;21 世纪,当 OpenAI 的算法在硅谷服务器中吞吐全球数据时,既可能编织出知识共享的智能之网,也可能孕育着数字封建主义的新边疆。历史学家赫拉利(Harari)警示我们:"技术从来不是中立的连接器,它更像棱镜——既能把人类文明的光谱折射成共同体,也能将其分解为对抗的碎片。"而今,站在 AI 革命的临界点上,我们比任何时候都更需要理解:当生成式 AI 重构知识生产、量子计算突破安全边界、脑机接口重定义人类本质时,这场技术奇点将如何决定文明共同体的终极形态? AI 时代的人类命运共同体是否可能?

(一) 铁路、电网与代码:技术突破如何重塑社会协作模式?

人类协作模式的根本性变革总是由技术突破引发。18 世纪蒸汽机将协作半径从村庄扩展到大陆，铁路网络使跨区域分工成为可能；20世纪电网与电话系统创造了实时协作能力，跨国企业开始掌控全球经济；21世纪数字技术更是彻底打破物理边界，GitHub上的程序员可以跨国界共同编写代码。技术史学家刘易斯·芒福德（Lewis Mumford）指出："每个时代的主导技术都在重写协作规则——从马车驿站需要两周传递信息，到5G网络实现毫秒级数据同步，技术压缩时空的能力直接决定了人类组织的规模与形态。"如今，**AI正在引发第四次协作革命，其影响深度可能超过前三次革命的总和。**

1830年利物浦-曼彻斯特铁路通车后，英国纺织业发生了根本性变革。 原本分散在家庭作坊的纺纱工被集中到铁路沿线的工厂，棉花从美国南部种植园到兰开夏纺织厂的运输周期从3个月缩短至18天。这种物理连接不仅改变了生产流程，更创造了首个跨国产业链——到1880年，英国80%的工业原料依赖海外输入，其制成品则通过全球5.2万公里铁路网销往殖民地。铁路系统是资产阶级社会最重要的物质基础，它把地方性市场焊接成世界市场。这种协作模式在当代重现：中欧班列将我国合肥的液晶面板15天运抵德国汉堡，其运输成本仅为空运的1/4，使跨国企业得以构建横跨欧亚的即时生产体系。

1936年美国《农村电气化法案》的实施，展示了能源网络如何改变社会协作形态。 当田纳西河流域的农场主接入电网后，他们不再需要自行维护柴油发电机，转而依赖集中化的电力系统。这种转变催生了新型社会组织——电力合作社成员共同决策电站建设，形成了超越家族纽带的社区治理模式。能源史学家理查德·罗兹（Richard Rhodes）揭示："电网将个体能源消费者转化为网络节点，这种连接创造了现代社会特有的相互依存关系。"在数字经济时代，这种模式升级为能源互联网：德国居民通过区块链平台将屋顶光伏电卖给挪威数据中心，实时交易由 AI 算法优化，形成了去中心化的全球能源协作网络。

1991 年 Linux 操作系统的诞生，标志着代码开始重构人类协作的底层逻辑。 芬兰程序员林纳斯·托瓦兹（Linus Torvalds）通过邮件列表协调全球开发者，创造了首个跨国开源社区。这种协作模式打破了企业围墙：截至 2023 年，GitHub 上有超过 1 亿开发者参与开源项目，中国程序员贡献了 Apache Spark 核心代码的 38%。社会学家曼纽尔·卡斯特（Manuel Castels）指出："代码创造的不是工具，而是新的社会结构——当印度工程师为硅谷公司远程调试算法时，他们本质上是在数字空间重构劳资关系。"这种变革正在加速：OpenAI 的 GPT-4 模型由全球 67 个研究机构共同训练，其知识生产已完全脱离地理限制。

三场技术革命揭示了协作模式演进的清晰路径：铁路突破空间阻隔，建立物理连接；电网创造能源互赖，形成系统连接；代码构建虚拟空间，实现认知连接。 每次突破都带来两个根本改变：协作规模呈指数级扩大（从铁路时代的万人级到代码时代的十亿级），协作成本呈断崖式下降（19 世纪跨大西洋电报费从 100 美元/字降到 0.01 美元/字）。当前 AI 革命正在融合前三者——特斯拉人形机器人通过全球工程师协作改进动作算法，其训练数据来自八大时区的工厂传感器。这种超级协作网络的背后，暗藏着新的权力争夺：当技术既可能创造"人类命运共同体"，也可能加剧"数字封建主义"，我们正站在文明演进的历史分水岭。

（二）医院、学校与油田：AI 能否构建全球危机破局的新场域？

AI 正在医疗、教育、能源三大领域构建新型全球协作网络。

与工业时代的物理连接不同，**AI 创造的是一种"智能共生"关系**：美国莫德纳公司的疫苗算法被南非科学家改进用于艾滋病药物研究，中国光伏预测模型帮助德国调整电网储能策略，肯尼亚教师通过 AI 系统直接采用芬兰的教育方法。这种协作具有三个革命性特征：实时性（数据秒级同步）、互惠性（各方持续优化系统）、去中心化（没有绝对控制节点）。世界经济论坛报告指出："AI 将人类协作从'物理连接 1.0'推进到'认知连接 2.0'时代。"

2024 年，北京天坛医院通过"5G＋AI"手术系统，指导秘鲁医生完成了南美首例脑深部电刺激术。在手术过程中，AI 实时分析两地医疗影像差异，自动补偿 0.3 秒的传输延迟，并预警了 3 次潜在操作风险。术后所有影像数据和操作记录自动进入全球手术 AI 训练库，供 27 个国家的研究机构调取。这种协作产生了双重革命：在技术层面，它实现了医疗知识的跨域共享；在制度层面，中国和秘鲁医院建立了收益分成机制——每使用一次手术数据，秘鲁方获得 3% 的专利分成。医疗伦理学家陈竺指出：**"AI 正在将竞争性的医疗资源争夺，转化为协作性的健康价值创造。"**

在新冠疫苗研发中，AI 也创造了前所未有的跨国协作模式。美国国立卫生研究院开发的 mRNA 序列优化算法，被以色列团队改进后用于癌症疫苗研究，其改进代码又通过开源平台流向巴西的登革热防治项目。这种"接力式创新"使新药研发周期缩短 60%，全球共享的病毒蛋白数据库已包含来自 189 个国家的 2.4 亿组数据。伦敦卫生与热带医学院的追踪研究显示，使用 AI 协作平台的跨国研究团队，其成果转化效率是传统模式的 3.7 倍。最典型的案例发生在 2023 年，当刚果（金）暴发不明原因疾病疫情时，全球 23 个实验室通过 AI 平台同步分析病毒样本，72 小时内就锁定了病原体，速度比"非典"时期快了 60 倍。这种合作就像医疗界的

"滴滴接单"——不管哪里出现疫情，都有全球最合适的专家团队立即响应。

在肯尼亚首都内罗毕的贫民学校，孩子们通过平板电脑上的 AI 系统，实时获取芬兰最新研发的数学教学方法。这个系统会记录每个学生的困惑点，自动生成教学改进建议，这些数据又反馈给芬兰的教育专家。就像淘宝卖家根据买家反馈改进商品，现在芬兰教师每周都能收到来自非洲、南亚的课堂实战数据。更突破性的是语言障碍的消解：斯瓦希里语的课堂提问，通过 AI 翻译成芬兰语进入教研系统，改进后的方案又精准适配回当地文化。**这种教育合作不再是单向援助，更像是跨国教研组的 24 小时在线备课。**

中国西部戈壁滩上的太阳能板，正通过智能系统参与调节德国电网的波动。每天有超过 300 万次交易在 AI 能源市场上自动完成：当柏林阴天导致电价上涨时，甘肃的太阳能电站立即增加输出；反过来，中国工厂夜间生产时，又能买到智利当天过剩的风电。这种合作产生了意想不到的共赢——中国改进了光伏预测算法，德国能源企业每年因此减少 2.3 亿欧元浪费；智利的风电场主借助中国的算法，把发电量预测误差从 15％降到 4％。就像手机导航能实时优化路线避开拥堵，现在全球的清洁能源正在智能调度下找到最优路径。

AI 创造的全球协作网络展现出三大新特征：首先，协作成果具有"非零和"属性，中国光伏算法的改进能使德国能源商受益；**其次，参与门槛大幅降低**，卢旺达医生通过开源平台就能获取全球顶尖医疗知识；**最后，协作过程产生持续进化能力**，每次数据交互都在增强系统智能。这些特性正在颠覆传统国际关系理论——当美国药企使用中国算法开发的抗癌药在非洲救治患者时，传统的"技术霸权-技术依附"关系已无法解释这种多向价值流动。历史学家尤瓦尔·赫拉利预言：**"AI 可能让人类首次形成真正的知识共同**

体，但这需要超越国家中心主义的治理智慧。"

(三) 技术红利与数字鸿沟：全球化理论的现代困境

19 世纪铁路网将英国棉布运往印度时，没人料到殖民地的纺织业会因此消亡；今天 AI 技术向全球扩散时，相似的矛盾正在重演。当南非用美国疫苗算法研发抗艾滋病药物时，其医疗数据正源源不断地输入硅谷服务器；当肯尼亚教师使用芬兰 AI 教案时，本土教育智慧正在被外部理念取代。这种技术流动创造了新形态的相互依存：在中国光伏算法优化德国电网的同时，欧洲的能源数据标准正在重塑新疆电站的运营模式。经济学家罗德里克（Roderick）所说的**"全球化三元悖论"**在 AI 时代显现新维度——技术互联的深度、主权控制的强度、普惠发展的广度，似乎难以同时达成。

传统技术扩散理论认为创新会像水波般从中心向外延展，但 AI 的传播更像漩涡：越是边缘地区，技术渗透产生的离心力越强。印度工程师为美国 AI 企业标注数据，每小时报酬不足 3 美元，却助推了价值千亿美元的自动驾驶系统的发展。这让人想起 19 世纪铁路网的双重性：既把阿根廷牛肉送进伦敦餐桌，也固化了拉美地区的初级产品出口模式。联合国开发计划署 2023 年报告显示，发展中国家在 AI 价值链中的收益份额（12%）甚至低于其在传统制造业中的占比（21%），技术扩散的"滴漏效应"似乎正在失效。

全球每天产生的医疗数据足够训练 300 个诊断模型，但刚果（金）的疟疾数据要绕道日内瓦服务器才能回到本地诊所。这种数据流动轨迹，与 19 世纪殖民地的原料-工业品循环惊人相似。教育领域更是凸显了这种不对称：肯尼亚学生使用美国教育 AI 产生的行为数据，正在训练波士顿的个性化学习算法，而这些算法的升级版将以十倍价格返销非洲。就像当年铁路把印度棉花运往曼彻斯特，再把棉布运回印度销售一样，数据殖民主义正在形成新的剥削链条。不同的是，这次被掠夺的不是自然资源，而是数字时代作为新原料的数据。

面对这种困境，新型技术联盟正在改写游戏规则。全球疫苗领域的 AI 联盟建立的数据信托机制，确保越南上传的登革热病毒数据只能用于指定范围的药物研发。在教育领域，非洲国家联合创建的数字平台，要求所有接入的 AI 教育工具必须开放 30% 的算法决策权给本地教师。这些实践呼应着 20 世纪电力合作社运动——当田纳西河流域的农民通过民主管理共享电力时，他们创造的不仅是能源网络，更是新的治理范式。**这种"技术联邦制"或许能破解全球化悖论：既保持互联效率，又守住发展主权。**

AI 时代的全球化正站在选择的十字路口：是重蹈铁路时代的寄生模式，用技术管道抽取全球智慧滋养少数中心，还是创造真正的共生系统，让数据流动像亚马孙雨林的水循环那样滋养整片生态？印度学者苏吉特·希瓦（Sujit Shiva）的警告发人深省："当美国 AI 企业用非洲数据训练算法时，他们就像 19 世纪的植物学家——把橡胶树种子偷运出亚马孙，却让原产地陷入生态灾难。"历史给我们的启示是：**技术扩散的方向决定文明演进的质量，而这次，人类有机会用智能合约代替殖民条约，用多边合作取代单边掠夺。**

（四）技术垄断与数据主权的全球博弈——从标准制定到资源分配的秩序重构

当 19 世纪《伯尔尼公约》确立国际专利体系时，技术霸权以实体发明为载体；如今，这种权力已迁移至算法架构与数据管道。全球 92% 的 AI 训练数据流经美国科技企业的服务器，85% 的开源模型依赖英伟达 CUDA 生态，这种隐性控制比传统技术垄断更具渗透性。正如 20 世纪无线电频谱分配决定国家通信主权，当前 AI 技术栈的分层控制（芯片层-框架层-应用层）正在重塑数字时代的地缘政治格局。前述内容揭示的技术扩散悖论在此更加显现：互联程度越深，体系性依赖越强，技术自治空间反而越小。

标准制定的权力逐渐成为 AI 时代垄断技术的新霸权。 2023 年欧盟通过的《人工智能法案》将非欧盟数据训练的模型列为高风险，这堪比 1905 年日本对马海峡拦截俄国战舰的现代翻版——用技术标准实施战略封锁。美国国家标准与技术研究院的 AI 测试基准更是成为事实上的全球准入证，迫使中国医疗 AI 企业额外支出 38% 成本进行合规改造。这种标准制定权的争夺，重现了 19 世纪航海强国对经线仪专利的垄断：谁控制度量衡，谁就掌控贸易航道。而今，国际标准化组织/国际电工委员会第一联合技术委员会人工智能分技术委员会的席位分配（欧洲和美国占据 63% 投票权），正在数字领域复刻布雷顿森林体系的力量格局。

算法采邑制的兴起象征着人类社会正处于数据封建主义下。 印度尼西亚网约车司机每日产生 20GB 行为数据，但这些数字佃农的"实践作物"正被硅谷平台收割。Gojek 司机的轨迹数据优化了谷歌地图的东南亚路径规划，但其本土企业却无法获取原始数据来训练自主 AI。这形成了数字时代的封建依附关系："数据生产者（佃农）-平台领主（封地）-云计算要塞（城堡）"的中世纪结构再现。世界银行报告显示，东南亚国家每年因数据外流损失 340 亿美元附加值，恰如 19 世纪殖民地原材料出口与制成品进口的价格剪刀差。数据封建主义重塑着当今全球社会的资源分配体系。

面对技术霸权，新型主权实践正在涌现：**其一是数据本地化**，例如尼日利亚强制 TikTok 将非洲用户数据存储于拉各斯服务器；

其二是算法审查权，例如印度要求 Meta 开放推荐算法决策接口供政府审计；**其三是算力自主化**，例如海湾国家联合建设阿拉伯语大模型，拒绝依赖 GPT 架构。这些举措堪比 17 世纪《威斯特伐利亚和约》确立的国家主权原则在数字空间的投射。巴西《人工智能法案》提出的"数据集体所有权"制度，更是对数据主权原则制度化的重要尝试。

在技术权力重构的十字路口，全球社会面临选择：**一是数字门罗主义**，即区域技术联盟（如东盟 AI 框架）构建封闭生态；**二是技术联合国模式**，即基于 WTO 改革建立全球 AI 治理框架；**三是分布式自治**，即通过区块链与联邦学习实现去中心化治理。正如 1944 年布雷顿森林会议奠定了战后经济秩序，当前亟须"数字布雷顿森林体系"来平衡创新激励与主权保障。欧盟与东盟签署的数字经济伙伴关系协定首次引入"数据对等权"条款（缔约方相互承认数据主权），或许标志着新秩序的开端。当技术权力超越国界时，唯有建立基于对等尊严的全球契约，才能避免一个霍布斯式的数字"黑暗丛林"的降临。

（五）分裂抑或联合？——AI 时代的文明抉择

技术的双刃剑属性在 AI 时代被放大到极致。 当 OpenAI 的 GPT-4 模型被用于同时编写硅谷的创业计划书和肯尼亚的农业指导手册时，技术似乎正在编织一张全球知识共享网络；但当美国商务部将 AI 芯片出口管制扩展至 23 个国家时，同样的技术又能割裂世界。这种矛盾揭示了 AI 时代的难题：人类能否在算法权力的重构中找到超越民族国家框架的协作路径？答案或许隐藏在正在萌芽的实践中——全球治理体系的制度创新、技术共享协议的规则突破、跨国合作网络的生态演化。

第一，全球 AI 治理框架的探索已从理念层面向操作层面渗透。联合国教科文组织 2024 年通过的《人工智能伦理全球公约》，首次确立了"算法透明度分级披露"原则，要求医疗、教育等公共领域模型开放决策逻辑的可解释接口。这并非简单的技术规范，而是试图建立数字时代的"交通规则"——正如 19 世纪《国际铁路货物运输规则》（后修改为《国际铁路货物运输公约》，简称"国际货约"）统一轨距标准，当前公约通过约束自动驾驶系统的伦理决策阈值（如事故中的行人保护优先级），使中国、美国和欧洲的智能汽车能在同一路网中兼容运行。更具突破性的是非洲联盟提出的"动态主权"机制：成员国让渡部分数据管辖权，换取参与全球医疗 AI 训练的资格，其成果由本土机构二次开发。这种"主权换能力"的交易，正在重塑传统国际关系理论中的绝对主权观念。

第二，技术共享协议的创新正在突破知识产权制度的百年困局。新冠疫情期间形成的"疫苗专利池"模式，在 AI 领域演化为"知识共享协议 2.0"。谷歌 DeepMind 开放蛋白质折叠预测模型 AlphaFold 的源代码时，附加了"衍生收益回馈"条款——任何商业机构基于该模型的改进成果，需将利润的 5% 注入全球公共卫生基金。这种机制在印度班加罗尔已显现价值：当地药企用 AlphaFold 设计出平价登革热疫苗，其收益的反馈使尼日利亚建成首个 AI 驱动的病毒监测中心。更具革命性的是欧盟推出的"数据信托"制度，个人数据不再被平台独占，而是像中世纪行会般由受托方管理，芬兰教育数据信托机构已借此将 450 万名学生的匿名学习数据，转化为供全球研究者公平使用的公共资产。

第三，跨国合作网络的涌现正在改写技术扩散的路径。不同于传统跨国企业自上而下的技术转移，新一代合作更接近生物学的共生模式。全球气候领域的 AI 联盟聚集了 78 国的气象机构，其联邦学习系统在不共享原始数据的前提下，使孟加拉国的洪水预测精度提升了40%，同时增强了挪威的极地冰盖融化模型。这种"非零和协作"在基层更具生命力：斯里兰卡的渔民用开源算法将声呐数据转化为珊瑚礁地图，这些数据经秘鲁海洋学家优化后，又帮助马达加斯加渔民避开过度捕捞区。当技术流动突破"中心-边缘"结构，开始呈现网状交互时，共同体的物质基础便悄然生长。

这些实践揭示了一个根本转变：技术权力的组织形式正在从"帝国模式"转向"城邦联盟"。19世纪大英帝国通过铁路和电报掌控殖民地，今日的AI共同体则依靠协议与节点构建弹性网络。当沙特阿拉伯工程师用Jasmine大模型分析也门难民医疗数据时，当巴西环保组织通过区块链验证刚果雨林监测结果时，技术不再是单向支配的工具，而是成为多向验证的媒介。这种转变的深层意义在于，它使"人类命运共同体"从道德呼吁转化为技术必然——就像5G网络要求全球频段协调，AI系统的互联需求终将倒逼治理规则的协同演化。但历史警示我们，铁路网既成就了全球化，也加速了殖民化，技术的工具性永远需要价值理性的驾驭。当硅谷的算法工程师与卢旺达的传染病医生开始共享同一套数据标注标准时，人类正站在文明史的临界点：是让AI成为分裂世界的技术鸿沟，还是将其锻造成连接文明的纽带？这个选择将决定我们能否回答那个古老的问题——在浩瀚宇宙中，孤独的智能生命能否真正成为命运与共的共同体。

二、技术奇点与制度奇点的冲突与融合

当GPT-5在三个月内迭代出人类无法理解的推理能力，当量子计算机破解现有加密体系，当脑机接口模糊人与机器的界限，技

术的非线性跃迁正在制造"制度真空"。自动驾驶事故的责任认定困境、深度伪造引发的选举危机、AI 武器系统的失控风险,这些不仅是技术问题,更是文明级别的考验。就像 19 世纪的工厂法无法规制平台经济,今天的国际法体系也难以应对 AI 代理人的跨境行为——当技术以指数速度进化时,制度的线性改良已显力不从心。

现有治理体系在三个维度遭遇结构性危机:在空间上,主权国家的法律边界与算法的无国界流动产生冲突(如 TikTok 数据管辖权之争);**在时间上**,立法周期与技术创新速度严重脱节(欧盟耗时六年制定的《人工智能法案》尚未实施即已面临技术过时);在**逻辑上**,基于人类中心主义的伦理框架难以容纳超级智能体的道德地位。破局之道在于"构建性制度":新加坡的"监管沙盒"允许自动驾驶在限定场景试错,为法律进化提供实验数据;Anthropic 等公司创建的"宪法 AI"将人类价值观编码进模型底层,实现伦理的内生性约束;更激进的是"链上治理"探索——通过区块链技术建立实时投票、自动执行的智能合约,使制度能够像软件一样持续迭代。当联合国 AI 治理实验室开始用强化学习模拟国际条约的演化路径,当全球算力资源池根据碳排放权自动调度训练任务,我们或许正在见证制度奇点的诞生:一个能自我进化、与技术共生的人类治理新范式。

(一)当机器开始思考:AI 革命的现实冲击

当 ChatGPT 在两个月内吸引了 1 亿用户时,人类首次目睹了技术奇点的预演——机器的创造力开始以指数级速度突破社会承载阈值。生成式 AI 重塑知识生产,自动驾驶改写就业市场,量子计算威胁安全根基,这些技术突破不再是实验室里的预言,而是正在撕裂现有社会结构的现实力量。**技术奇点的本质，是机器智能的进化速度超越了人类制度的适应能力，将文明推向系统性重构的临界点。**

ChatGPT 的爆发式普及，标志着知识产权从人类向算法的历史性转移。教育领域首当其冲：美国多所大学发现，30％的课程论文已由 AI 辅助完成，传统学术评价体系濒临失效。在传媒行业，美联社引入 AI 记者后，新闻产出效率提升 5 倍，但虚假信息生成成本同步下降。更深远的影响在于认知层面：当维基百科的编辑群体与 GPT-4 的知识库发生冲突时，人类正在失去对"真相"的定义权。**技术奇点在此显现为认知秩序的崩塌——当机器既能创造知识又能伪造证据时，社会共识的构建机制面临根本性质疑。**

当特斯拉 FSD 系统在加利福尼亚州道路累计行驶 3 亿英里时，一场静默的劳动力革命已然启动。美国卡车司机协会数据显示，自动驾驶技术将在 2030 年取代 50％的长途货运岗位，而再培训计划仅覆盖 7％的受影响群体。这种冲击不仅限于就业市场：当 Uber 撤下人类司机评分系统、改用自动驾驶车辆时，零工经济平台与劳动者间的社会契约被彻底重构。更隐蔽的风险在于城市治理——旧金山市政厅被迫修改 32 项交通法规，以应对自动驾驶汽车在十字路口的"算法博弈"行为，传统交通管理逻辑在机器决策面前日渐失效。

中国"九章"量子计算机实现算力霸权突破的当天，全球密码体系进入重置倒计时。现行 RSA 加密算法在量子算力面前如同虚设，这意味着银行交易、国防通信、医疗数据等关键系统暴露在降维打击风险中。**技术奇点在此表现为国家安全的维度坍塌——当量子计算机可以瞬间破解他国核武器控制系统时，建立在传统技术代差基础上的国际战略平衡将被彻底打破。**美国国家安全局已启动

"后量子密码迁移计划",但专家预估至少需要10年完成过渡,这个时间窗口恰好与量子计算机商用化进程重叠。

三大技术突破构成的冲击波,正在将人类推向文明史的转折点。当自动驾驶卡车在州际公路编队疾驰,当量子计算机破解最后一个加密区块,当AI生成内容占据90%的互联网流量,旧秩序的保护壳将瞬间崩解。**技术奇点不是未来预言,而是进行时的现实——它要求人类以制度创新的勇气重构游戏规则。**正如硅谷工程师在调试自动驾驶算法时发现的真理:在应对指数级技术进化方面,线性的制度修补注定失败,唯有建立"数字交通警察"式的敏捷治理体系,才能避免文明列车在奇点弯道脱轨。

(二)旧规则遇上新技术:制度危机的三大现场

当自动驾驶汽车在旧金山街头因算法决策引发连环事故时,警方发现道路交通法中根本没有"算法责任"条款;当AI绘画作品斩获国际艺术大奖时,评委们不得不在"创作者"一栏填上计算机型号。这些荒诞场景暴露出一个残酷现实:**工业时代建立的制度体系,正在数字洪流的冲击下土崩瓦解。从法律到伦理,从政治到经济,旧规则在新技术的降维打击下显露出全面失效的危机。**

2023年纽约国际艺术博览会上,一幅由MidJourney生成的作品《量子星空》引发轩然大波。当创作者试图申请版权时,美国版权局以"人类参与度不足"为由拒绝,而画廊却以25万美元高价售出该作品。这种矛盾折射出版权法的根本性困境:现行法律要求"人类作者身份",但AI已将创作过程转化为数据训练与参数调整。更复杂的冲突在影视行业爆发——迪士尼用AI生成《冰雪奇缘3》分镜后被艺术家工会起诉,但法院发现法律无法界定AI工具使用者是否算"共同创作者"。**制度滞后在此具象化为价值分配体系的**

崩溃：当 AI 可替代 90% 的创意工作时，知识产权制度反而成为阻碍创新的枷锁。

特斯拉"全自动驾驶"模式在得克萨斯州引发致命事故后，调查陷入法律真空。根据现行法规，事故责任应追究驾驶员，但当时车辆处于完全自主控制状态。美国国家公路交通安全管理局（NHTSA）耗时 18 个月才更新《自动驾驶事故调查指南》，而同期特斯拉已迭代了 47 个算法版本。制度与技术更新的速度差催生出"灰色地带"：Waymo 在美国亚利桑那州运营的自动驾驶出租车，其保险理赔标准至今沿用马车时代的责任认定框架。更深层的矛盾在于城市治理——当旧金山允许 Cruise 自动驾驶汽车夜间运营时，消防部门发现紧急车辆无法通过算法控制的交通流，暴露出基础设施与新技术体系的割裂。

2024 年美国总统大选期间，一段"拜登宣布退出竞选"的深度伪造视频在 TikTok 传播，3 小时内播放量突破 2 亿。尽管各大平台紧急删除，但美国《通信规范法》第二百三十条使法律追责几乎不可能：平台称"无法实时鉴别海量 AI 内容"，而制作者躲在加密货币支付背后逍遥法外。这种技术赋权的破坏力，彻底颠覆了代议制民主的运作基础。印度大选更是出现恐怖场景：某政党用生成式 AI 批量生产 5 种方言的竞选视频，精准推送给不同选民，将"技术操纵民主"推向工业化生产阶段。当英国议会试图立法要求 AI 生成内容加水印时，黑客已开发出可绕过检测的"深度清洗"工具，**制度修补永远落后技术突破一步**。

AI 绘画的版权迷宫、自动驾驶的法律真空、深度伪造的民主危机，共同勾勒出制度体系全面失守的惊险图景。当技术进化周期缩短至 6 个月，而法律修订平均需要 5 年时，人类正在用马车时代的交通规则管理火箭时代的交通。纽约大学法律教授莱斯格（Lessig）警示:"我们不能再把制度升级视为渐进式改良,而是需要一场数字时代的'制宪会议'。"从欧盟的监管沙盒到新加坡的算法审计,人类正在探索制度创新的实验场——**唯有建立能像软件般持续迭代的"活制度",才能避免文明在技术奇点中坠入无序深渊。**

(三)制度升级:从修补漏洞到重建规则

当欧盟委员会为 AI 监管设立首个"监管实验室"时,人类正式迈入制度创新的深水区。面对技术奇点的碾压式冲击,传统的法律修补已无济于事——就像给蒸汽机车安装交通信号灯般荒诞。从布鲁塞尔的算法审计到深圳的数据确权,全球正在上演一场制度体系的"操作系统升级"。这不再是简单的规则调整,而是重构数字时代的底层治理逻辑。

在比利时鲁汶市的 AI 监管沙盒中,Anthropic 公司的语言模型 Claude 正在接受"合规压力测试":系统需在 30 秒内识别并拒绝 1 000 条违法指令,同时保持正常服务效率。这种"监管实验室"模式颠覆了传统立法流程——与其等待技术成熟再制定规则,不如让法律与 AI 在受控环境中共同进化。欧盟《人工智能法案》的创新性在于:它将风险分级制度(从"不可接受风险"到"最小风险")与动态合规机制结合。例如,医疗 AI 每迭代一个版本,都必须通过实时更新的伦理审查模块,而非等待五年一次的法律修订。这种敏捷治理已初见成效:荷兰某医院部署的 AI 诊断系统,在沙盒测试中发现种族偏见问题后,仅用 72 小时就完成算法修正,而传统监管流程需要 18 个月。

当 Grab 打车平台用 AI 动态定价引发公众抗议时,新加坡金融管理局推出"算法说明书"制度:任何影响民生的算法均必须向监管机构提交"可解释性报告",就像药品上市需要公开成分表一样。

这套分级披露框架将算法分为黑箱型、灰箱型、透明型三类，对应不同的监管强度。以数字银行为例，新加坡星展银行的贷款评估算法被归为灰箱型——需向央行开放核心参数，但对外仅公布决策逻辑。更激进的是"算法突击检查"机制：监管人员可随时调取平台数据，用反向工程验证算法是否合规。这种"以技术监管技术"的思路，成功遏制了外卖平台对骑手的算法压榨：Foodpanda 被迫修改派单系统，将骑手健康数据纳入算法权重。

在深圳前海，一场关于数据产权的革命正在发生。某物流企业用区块链技术将货车轨迹、仓库温湿度等数据转化为"数字资产券"，工人通过贡献数据获得分红权。这项改革源于《深圳经济特区数据条例》的突破：它首次承认数据要素的财产属性，并建立"贡献者-加工者-使用者"三级权益分配体系。当特斯拉想获取中国新能源汽车行驶数据时，必须通过数据交易所竞价采购，且每笔交易自动扣除 15% 的公共数据基金。这种制度创新释放了惊人能量：华为依托特区政策建成"数据要素市场"，让中小企业能用数据质押获得贷款，半年内激活了 2 000 亿元沉睡数据资产。但挑战同样尖锐——当某工厂机器人产生优化生产流程的数据时，其究竟属于设备制造商、工厂主还是操作工人？深圳法院正在用"数据确权快审机制"探索答案。

欧盟的监管沙盒、新加坡的算法透明战、深圳的数据确权，勾勒出制度创新的三大路径：有的构建风险防火墙，有的破解算法黑箱，有的释放数据生产力。这些实验证明，制度体系完全可以像软件系统般持续迭代——关键在于建立"法律-技术"的双向适配机制。日内瓦的联合国 AI 治理实验室正将这种理念推向全球：其开发的"数字规则引擎"能自动识别各国法律与 AI 系统的冲突点，并生成适配方案。当人类学会用技术工具改造制度体系时，便找到了与技术奇点共舞的节奏。

(四)人机共治:未来社会的制度蓝图

当联合国 AI 治理实验室发布首份《全球算力分配公约》草案时,人类终于迈出了制度与技术协同进化的关键一步。从量子加密的国家安全网到脑机接口的神经权利法案,从区块链自治组织到全球 AI 风险预警系统,一个适应技术奇点的制度体系正在浮现。这不仅是规则的升级,更是文明形态的重构——在机器的智能与人类的价值观之间架起动态平衡的桥梁。

中国与欧盟联合建设的"量子密钥分发网络",正在改写国家安全的定义。当上海与法兰克福的央行数据中心通过量子卫星实时同步加密密钥时,金融交易摆脱了传统密码体系的脆弱性。这种技术突破倒逼制度创新:《跨境数据流动量子安全协议》首次将"算力主权"纳入国际法范畴,规定任何国家均有权对威胁其量子安全的行为实施数字反制。更具革命性的是非洲联盟的实践——12 个国家共享量子计算资源池,既能够避免算力垄断,又能够通过区块链记录每次算力调用,实现"技术能力民主化"。这证明,当制度设计与技术特性深度耦合时,既能防范技术霸权,又能释放创新红利。

美国怀俄明州认证全球首个去中心化自治组织(DAO)法人身份时,一场社会实验在加密社区展开。某气候科技 DAO 通过智能合约管理 2 亿美元碳汇基金:卫星监测的森林覆盖率数据自动触发奖惩机制,社区成员投票权重与其碳足迹挂钩。这种"代码即法律"的模式暴露出传统公司法的局限——当英国法院试图审理DAO 内部纠纷时,发现其决策逻辑完全由链上算法决定,现行法律体系根本无法介入。但创新也在涌现:新加坡推出"算法治理沙盒",允许 DAO 在限定领域替代公司法运作,同时要求关键决策保留人类否决权。这种"人机混合治理"模式或将成为未来常态。

当智利成为首个将"神经人权"写入宪法的国家时,一场关于意识主权的革命悄然启动。法案明确规定:任何脑机接口设备均必须保障用户"心智完整性"——防止第三方篡改记忆、情绪或决策神经信号。马斯克的 Neuralink 因此修改设计,在植入芯片中增加"神经防火墙",用户可以随时切断外部数据流。更深层的制度创新发生在保险领域:劳合社推出"意识安全险",承保脑机接口被黑客攻击导致的认知损伤,保费定价基于实时监测的神经数据安全指数。当东京法院首次受理"数字思维盗窃案"时,人类终于意识到:保护神经活动数据,就是捍卫数字时代的人性底线。

量子加密网络守护数字边疆,DAO 组织重构经济规则,神经权利法案捍卫人性尊严——这些创新共同描绘出人机共治的可行路径。日内瓦的联合国 AI 治理实验室正在将这些碎片整合:其开发的"危机模拟平台"能预演技术奇点的 100 种冲击场景,并自动生成制度应对方案。**当人类学会用 AI 设计制度、用区块链执行法律、用量子通信保障安全时,便找到了驾驭技术奇点的密钥**。那么,这种协同进化如何面对终极考验:当意识上传技术模糊生与死的界限,当火星殖民地需要重建社会契约,人类能否在星际尺度上延续文明的伦理之光?

(五)超越奇点:人类文明的升级考验

当硅谷某实验室宣布成功将人类意识上传至量子计算机时,《时代》杂志封面赫然写道:**"人类会死于永生吗?"** 技术奇点的终极挑战在此刻显形——当机器智能突破生物局限、当算力殖民星际空间、当数字生命重构存在意义时,人类文明正面临诞生以来最剧烈的形态嬗变。这不仅是技术的革命,更是对人性本质、社会契约和文明价值的终极拷问。

美国 Alcor 公司的"意识上传"服务定价 200 万美元,首日预约量突破 10 万。这暴露出技术奇点的残酷真相:永生可能成为富豪阶层的特权。韩国已出现**"数字遗产税"争议**——当富豪将意识存入云端规避遗产税时,法律被迫重新定义"死亡"的边界。更深层的冲突在于伦理体系:某宗教团体起诉意识上传公司"亵渎灵魂",而科学家联署要求承认数字生命的法律人格。这种撕裂延伸至家庭关系,日本法院受理了首例**"数字遗孀案"**:妻子要求删除丈夫上传的意识副本,称其"侵犯逝者安宁"。当技术赋予人类"永生"能力时,现有制度在财富分配、伦理共识、法律定义等维度全面失效。

SpaceX 在火星建立的"新黎明"殖民地,正经历人类史上首次完全由 AI 主导的社会实验。当中央管理系统 Alpha-Z 裁决用水配额引发暴动时,地球法律束手无策——现行《外层空间条约》连大气成分标准都未涉及,更遑论 AI 治理权。**更复杂的矛盾在资源分配中爆发:**俄罗斯舱段坚持"人类优先"原则,而美国舱段推行"算法公平分配",导致联合医疗系统瘫痪。马斯克提出的"星际宪法"草案试图破局:建立基于神经接口的实时民主系统,但脑机芯片的算力优势使技术寡头天然掌控话语权。这预示着一个黑暗前景:星际殖民可能不是文明的延续,而是将地球的制度缺陷在宇宙尺度上复刻。

面对全球性失控风险,134 国代表在联合国紧急通过《**全球数字契约**》,其文本却以 NFT 形式存储在量子区块链上。这份"活的宪法"允许条款随技术突破自动更新:当 AI 通过图灵测试 2.0 版时,第 7 条"机器权利法案"自动生效;当某国量子算力突破阈值时,第 22 条"算力均衡机制"立即触发。更具革命性的是执行系统:全球 AI 治理联盟训练的道德仲裁模型,可实时评估各国政策与技术伦理的契合度，对违规方实施从数据断流到算力制裁的阶梯惩罚。当中国"九章"量子计算机与谷歌"悬铃木"共同为宪章提供算力认证时，人类终于找到技术中立性与价值主导权的平衡点。

从意识上传的道德雷区到火星殖民的制度真空，从区块链宪章的技术乌托邦到量子暴政的潜在危机，人类在技术奇点的风暴中摇摆于升华与毁灭之间。但波士顿动力机器人 Atlas 的启示录时刻值得铭记：当工程师为其植入"跌倒时优先保护人类"的底层代码时，证明技术终需人性校准。**中美博弈的最终胜负，不在于谁能制造最强大的 AI，而在于谁能为数字文明确立更加可持续的规则。**正如联合国通过的《全球数字契约》所提出的："我们的目标是一个包容、开放、可持续、公平、安全和有保障的数字未来。"人类必须理解：真正的奇点不是技术的爆炸，而是制度文明能否在宇宙尺度上完成跃迁。

AI 将人类推向了文明史的十字路口。当中美两国的算力竞赛仍在加剧全球分裂，GPT-4 的代码已悄然孕育着超越国界的智慧；当量子芯片的争夺点燃新冷战疑云，开源社区的开发者仍在为"AI 造福人类"的愿景协同编码。这或许正是智能时代最深刻的隐喻：技术既能放大人类的贪婪与恐惧，也能照亮我们内心对联结与进步的永恒渴望。**未来的秩序不取决于硅基芯片的制程工艺，而取决于人类能否在碳基大脑中完成一次认知革命——从"零和博弈"走向"共生演化"，从"智域争锋"迈向"智识共享"。**当第一个跨国家、跨文明的通用人工智能诞生时，它或许会惊讶地发现：**真正需要被对齐的，从来不是算法，而是人性本身。**

后 记
不做时代的旁观者
技术、国家与全球秩序的未来想象

不知不觉,我已在智库领域工作整整十年。这十年,是技术激荡、产业裂变、世界重构的十年,也是我从一名初出茅庐的研究者逐步成长为独立思考者的十年。我记得那时的自己,对于每一个研究课题都怀有炽热的热情,渴望在这个密集的知识现场中,建立某种意义、承担某种责任。即便面对复杂的数据分析、艰深的技术文献与充满张力的现实难题,我也始终保持着探索者的姿态——相信脚踏实地的"笨功夫",也相信知识与实践之间存在可以抵达的桥梁。

在书桌前沉思时,我的记忆缓缓穿越过去十年,一幕幕实地调研的场景浮现眼前。这十年,我穿梭于二十多座城市,从沿海到内陆,从产业园到制造车间,试图在宏大的结构中体察微观的温度。深圳一位投身人工智能医疗的企业家向我展示基于影像识别的AI诊断系统,向我描绘如何借助算法力量弥合优质医疗资源分布不均的鸿沟。在那一刻,我真切感受到技术不是抽象的权力工具,而是可以传递希望的载体。然而,在东北一座传统工业城市,我却听到一位机械厂老板的沉重叹息。他告诉我,企业难以支撑设备更新、技术转型的高额投入,贷款难、转型贵、人心浮动。在衰败的车间里,老旧设备嗡嗡作响,那份曾属于"中国制造"的荣耀似乎正逐渐远去。他说："我们也想转型，可我们不敢赌。"那一刻，我明白了转型不仅是技术问题，更是人的问题——情感、责任、身份、未来，交织其中。这些极具现实性的场景，不断在我心中激起回响。我意识到，新质生产力并非只是一个政策术语，它深深扎根于无数具体的、挣扎的、前行的企业与个体之中，只有深入地理解中国的现实，才能真正提出有价值的知识，才能让研究成为现实变革的动力之一。

当前，中美两国在人工智能领域的对抗与竞合，正在以越来越清晰的姿态呈现在全球视野之中。这种态势一方面体现为技术能力、资本资源、数据体量与人才储备之间的现实博弈，另一方面也体现为制度优劣、政策韧性与生态协同能力的深层较量。在可预见的未来，这场竞争将愈加走向多维化：从算力战争到芯片战线，从数据主权到 AI 标准，从监管模式到跨国治理，再到 AI 与其他前沿技术（如量子计算、生物智能、脑机接口）的融合边界。写这本书的过程，也让我更加清晰地意识到，未来的技术优势，不会仅仅依赖某几项单点突破，而是一个国家整体制度动员能力、创新体系协作效率与战略资源整合水平的集中体现。对政策制定者而言，如何协调国家战略与市场机制，如何在自主可控与国际协作之间把握平衡，如何既确保技术安全，又不扼杀创新活力，是未来十年至关重要的议题。解决好这些问题，既关系到宏观上的国家竞争，也关系到生活在中国和美国这两个世界上最大的经济体当中的每一个微小个体的生存状态。

对于智库工作者而言，必须承担起比以往更为重要的责任：在复杂的全球竞争格局中，提供跨领域、跨层级的知识融合与战略建议；在技术不确定性日益增加的背景下，构建前瞻性的制度设计与风险预判；在全球治理碎片化的趋势中，参与构建更加公平、开放、可持续的 AI 治理框架。这不仅是智库的使命,也是时代赋予研究者的责任。本书虽以"风暴"作题,但风暴并非意指混乱,而是一种提醒:我们正在穿越一个旧秩序崩解、新秩序尚未确立的过渡带。在这样的时代里,不确定性从来不是终点,而是推动我们不断反思、不断建构的起点。

钟声响起,窗外烟花绽放出"2025"的字样。我望向书架上那本已被翻旧的《资本论》,心中涌起不一样的感触。马歇尔·伯曼(Marshall Berman)曾言:"一切坚固的东西都烟消云散了。"此刻我深知,这种消散并不是终结,而是新的可能的开始。站在这个智能化浪潮不断加速的时代交汇点,我们不能成为历史的旁观者,而应以思想者、实践者、行动者的姿态,矗立于浪潮之上,肩负起属于我们的使命。

感恩一直以来给予支持和鼓励的亲人、师长、同道与朋友们。同时要感谢我的团队成员卢昫、刘文娟、臧珮瑜、刘懿阳、康洪源、朱永安、吴则村、朱政宇、王瑾瑜在此书写作过程中做出的贡献。没有他们,这本书的完成是不可想象的。愿在这智慧与技术交汇的时代,我们都能不负初心,共赴山海。

图书在版编目（CIP）数据

AI 风暴：中美博弈与全球新秩序 / 刘典著. --北京：中国人民大学出版社, 2025.9. --（创新中国书系）. -- ISBN 978-7-300-34230-6

Ⅰ. TP18；D822.371.2

中国国家版本馆 CIP 数据核字第 2025V6F544 号

创新中国书系
AI 风暴
中美博弈与全球新秩序
刘　典　著
AI Fengbao

出版发行	中国人民大学出版社			
社　　址	北京中关村大街 31 号	邮政编码	100080	
电　　话	010-62511242（总编室）	010-62511770（质管部）		
	010-82501766（邮购部）	010-62514148（门市部）		
	010-62511173（发行公司）	010-62515275（盗版举报）		
网　　址	http://www.crup.com.cn			
经　　销	新华书店			
印　　刷	天津中印联印务有限公司			
开　　本	890 mm×1240 mm　1/32	版　次	2025 年 9 月第 1 版	
印　　张	10.375 插页 1	印　次	2025 年 9 月第 2 次印刷	
字　　数	231 000	定　价	69.00 元	

版权所有　侵权必究　印装差错　负责调换